专家与您手拉手系列丛书

山药、马铃薯栽培技术问答

赵 冰 编著

中国农业大学出版社

图书在版编目(CIP)数据

山药、马铃薯栽培技术问答/赵冰编著．—北京：中国农业大学出版社，2007.1

(专家与您手拉手系列丛书)

ISBN 978-7-81117-016-0

Ⅰ.山…　Ⅱ.赵…　Ⅲ.①山药-栽培-问答　②马铃薯-栽培-问答　Ⅳ.①S632.1-44　②S532-44

中国版本图书馆 CIP 数据核字(2006)第 028330 号

书　　名　山药、马铃薯栽培技术问答
作　　者　赵　冰　编著

策划编辑　张秀环　　**责任编辑**　韩元凤
封面设计　郑　川　　**责任校对**　陈　莹　王晓凤
出版发行　中国农业大学出版社
社　　址　北京市海淀区圆明园西路 2 号　**邮政编码**　100193
电　　话　发行部 010-62731190,2620　读者服务部 010-62732336
　　　　　　编辑部 010-62732617,2618　出　版　部 010-62733440
网　　址　http://www.cau.edu.cn/caup　**E-mail**　cbsszs@cau.edu.cn
经　　销　新华书店
印　　刷　北京鑫丰华彩印有限公司
版　　次　2007 年 1 月第 1 版　2009 年 11 月第 5 次印刷
规　　格　850×1 168　32 开本　9.75 印张　241 千字　彩插 1
印　　数　12 001～17 000
定　　价　17.00 元

内 容 提 要

本书以一问一答的形式，简洁的语言，全面介绍了山药、马铃薯生产中的各类问题，包括生产的概况、类型与品种、主栽品种的识别与使用、各种栽培技术、病虫害防治技术、贮藏与加工技术等。本书的编写原则以实用为主，图片丰富，分类问答，针对性强，可供广大菜农查疑解惑，也可为城镇家庭园艺爱好者种植山药、马铃薯提供操作指导。

农业部农业结构调整重大技术研究专项（编号：04-06-02B）
天津市农业科技成果转化与推广项目（编号：0504050）

前　言

随着中国加入世界贸易组织(WTO),我国的农业产业结构也在进行大幅度的调整,以便顺应国内外新的形势。很多地方政府和众多商家已经把在国际市场上有竞争力的蔬菜产品作为新的经济增长点进行开发,并且投入了大量人力、物力和财力,这使得国内蔬菜产业出现了百年未遇的良好发展时机。

国内生产的山药、马铃薯不仅在产量上居世界第一位,而且在国际市场上也是具有很强竞争力的蔬菜产品。然而也必须清醒地看到,由于30年来乡镇企业的快速发展以及城市范围的不断扩大,蔬菜种植能手越来越少,山药、马铃薯由于栽培上要求比较特殊,需要较多的生产经验,这方面的能手就更加难找。现在全国各地都面临着这些困惑,怎样解决这一问题已成了当务之急。

《山药、马铃薯栽培技术问答》即是在此形势下呼之欲出的,其宗旨就是要给各地从事山药、马铃薯种植业的新手提供一份易学易用的栽培技术资料。所以在写作方式上追求简明扼要,并加大了对主栽品种的介绍力度。每种蔬菜均分为五大部分予以介绍,即类型与品种、生物学特性、各种栽培技术、病虫害防治技术、贮藏与加工技术等。这些都是栽培者必须要了解的知识。

衷心希望通过此书能帮助农民朋友增产增收,发家致富!

编　者

于中国农业大学蔬菜系

2006年3月

作者通信地址： 北京市海淀区圆明园西路2号

中国农业大学蔬菜系山药课题组

邮政编码： 100094　　**联系电话：** 62732319

目　录

山　药

山　药

一、山药的类型与品种

☞ 1. 山药有几种类型？有哪些代表性品种？

山药属于薯蓣科薯蓣属植物。薯蓣属植物大多是珍贵的药材，对许多疾病有很好的疗效。薯蓣科有 10 个属，薯蓣属是其中的一个属，仅这一个属就有 600 多种薯蓣类植物，而且可食用的有 50 余种，山药是其中的一个种。在世界范围内，食用类薯蓣可划分为 4 个起源和栽培中心：一是中国南部起源中心，包括台湾、广东、海南、云南、贵州、西藏和印度东北部，以及中国南海诸岛的热带和亚热带地区，主要食用的薯蓣属植物有大薯、黄独和小薯蓣等。二是中国中部起源中心，包括华北、华中、华东和华南、西南、西北、东北的部分省区，以及朝鲜、日本等国，主要食用薯蓣类植物就是山药。三是非洲西部起源中心，主要食用圆薯蓣、卡宴薯和非洲苦薯蓣等。四是加勒比海水域起源中心，包括其周围各国，主要食用加勒比薯。

中国是山药的原产地。2 000 多年以前的《山海经》就载有“景山，北望少泽，其草多薯蓣。”文中所指景山，就是当今山西省南部闻喜县境内的中条山高峰；我国古代所说的薯蓣，就是当今的山药。我国古代医书《图经本草》指出：山药以“北都、四明者最佳”。北都即当今山西省省会太原，四明即当今浙江省的四明山。可以认为，太原主要是长形山药的原产地，浙江省四明山是圆形山药的原产地。由于历史演变、地理影响、形状差异、产地不同等因，山药的别名、俗名很多，据不完全统计，山药的各种名称有350种之多，如山薯、土薯、土鼠、掌薯、大薯、田薯、甜薯、密薯、绵薯、长白薯、早白薯、白圆薯、佛掌薯、薯药、怀药、毛山药、长山药、淮山药、怀山药、家山药、野山药、太谷山药、太原山药、怀庆山药、河南山药、山西山药、蛋山药、山芋、长芋、山蓣、土蓣、鲜蓣、玉延、儿草、淮山、怀山、白苕、红苕、山羊、佛掌莳、淮山莳、天公掌、广东淮山、广西淮山等。

山药除了长山药、圆山药类型，还有栽培面积较广的扁山药类型。三者之间，不仅形状互不相同，而且性状也有差异。其中，长山药的地下块茎外形表现为长圆柱形，它的主栽品种最多，如农大短山药、农大长山药、河南怀山药、太谷山药、梧桐山药、汾阳山药、嘉祥细毛长山药、水山药、群峰山药、农大双胞山药、日本大和黑皮等。

扁山药的地下块茎外形表现为各种形状的五股八杈形，极不规则，扁山药的典型形象为银杏薯，似银杏树叶，像脚丫子，或者为下宽上窄的酒壶状。它也叫"脚板苕"。还有一些地方，人们根据扁山药下部为大头的形状和大小，将其分作大头薯、小头薯和没头薯。另外，也有一些是以产地起名的，或者是以颜色的深浅命名的。湖南、江西、四川、广西、重庆、山东和台湾等地，有很多的扁山药品种，一般都称为"脚板薯"、"佛掌薯"等，很容易与别的薯蓣属植物混淆。再加之扁山药类型的变异形状也很多，因而又出现了棒薯、银杏薯和八字薯等名称。它的主栽品种有农大扁山药1号、大久保德利2号、安砂小薯、瑞昌脚板薯等。

圆山药的地下块茎外形表现为近椭圆形、团块状和短粗圆筒状等，我国的圆山药主要分布在南方水田和黏湿土地区，如广东、福建、台湾、海南和浙江等地，但圆山药的具体品种缺乏整理，多以农家品种居多。科研单位选育的有农大圆山药 1 号。

☞ 2. 怎样识别并选用主栽品种“农大短山药”?

农大短山药是中国农业大学山药课题组从国内外引入的 27 个长山药品种中,通过辐射育种所选育出的一个新品种系列(已获得国家发明专利,专利号:03109078.8)。该品种系列包括农大短山药 1 号(菜药兼用型短山约)、农人短山药 2 号(菜用型短山药)、农大短山药 3 号(药用型短山药)等 3 个新品种。

(1)农大短山药 1 号(菜药兼用型短山药)

其性状表现为块茎质硬,雪白,粉性足,药性好,黏液汁较多,烘烤后有枣香味。新鲜块茎中的含水率 80%,粗蛋白含量2.39%,黏度 164 厘泊,锌含量 2.7 μg/g,锰含量 3.6 μg/g。生食、熟食、加工制药皆宜,尤其适合小孩和老人冬、春两季作为补品食用。该品种植株生长势中等,茎蔓长 3～4 m,断面圆形,绿色。基部叶片较大,互生,上部叶片对生,也有轮生的,叶长 7～15 cm,叶宽 3～5 cm,三角状卵形,尖头,叶色较深,叶质较厚,缺刻较浅,叶柄较长,叶脉 7 条。叶腋间着生零余子。一代零余子椭圆形,长 1.6 cm,直径 1.1 cm,表皮褐色。块茎长棒形,长 35～45 cm,直径为 3～5 cm,单重 350～400 g,每 667 m^2 产量为 1 500 kg,特别适合北方的黄棕壤以及石灰性土壤种植,病虫害极少。该品种是雄株,穗状花序,每个花序有 16～18 朵雄花。雄花无梗,乳白色,有 6 个雄蕊,中间有残留的子房痕迹,在晴天傍晚开花。块茎表皮褐色。有吸收根 9～15 条,须根较多,较细,一般应搭架栽培。用 5 g 一代零余子(已脱毒处理)或用 50 g 分切种薯播种,春种秋收。该品种掘沟浅,深度不超过 50 cm,省工效果明显,易于管理,非常适合山药高品质栽培。

(2)农大短山药2号(菜用型短山药)

其性状表现为块茎肉色雪白，粉性足，黏液汁很多。新鲜块茎中的含水率82%，粗蛋白含量2.01%，黏度158厘泊，锌含量1.5 μg/g，锰含量1.2 μg/g。生食熟食皆宜，熟食发面发沙，味道微甜，适合小孩和老人食用。该品种植株生长势中等，茎蔓长3～4 m，断面圆形，绿色。基部叶片较大，互生，上部叶片对生，也有轮生的，叶长7～15 cm，叶宽3～5 cm，三角状卵形，尖头，叶色深绿色，叶质较厚，缺刻较浅，叶柄较长，叶脉7条。叶腋间着生零余子。一代零余子椭圆形，长1.8 cm，直径1.2 cm，深褐色。块茎长棒形，长40～45 cm，直径为3～5 cm，单重400～500 g，每667 m^2 产量为1 800 kg，适合沙壤土和壤土种植，病虫害较少。该品种是雄株，穗状花序，每个花序有15～18朵雄花。块茎表皮灰黄色。有吸收根7～11条，须根较少，较细，一般应搭架栽培。用5 g一代零余子(已脱毒处理)或50 g分切种薯播种，春种秋收。该品种掘沟浅，深度为50～60 cm，省工效果明显，易于管理，非常适合山药高品质栽培。

(3)农大短山药3号(药用型短山药)

其性状表现为块茎质硬，雪白，粉性足，药性好，黏液汁较多，有甜药味。新鲜块茎中的含水率75%，粗蛋白含量2.93%，黏度231厘泊，锌含量3.9 μg/g，锰含量1.8 μg/g。该品种植株生长势中等，茎蔓长3～4 m，断面圆形，绿色。基部叶片较大，互生，上部叶片对生，也有轮生的，叶长6～13 cm，叶宽3～4 cm，三角状卵形，尖头，叶色较深，叶质较厚，缺刻较浅，叶柄较长，叶脉7条。叶腋间着生零余子。一代零余子椭圆形，长1.5 cm，直径0.9 cm，深褐色。块茎长棒形，长 35～44 cm，直径为 3～4 cm，单重 300～400 g，每 667 m^2 产量为 2 000 kg，特别适合壤土种植，病虫害较少。该品种是雄株，穗状花序，每个花序有 13～15 朵雄花。雄花无梗，乳白色，有 6 个雄蕊，中间有残留的子房痕迹，在晴天傍晚开花。块茎表皮浅褐色。有吸收根 7～9 条，须根较多，较细，一般应搭架栽培。用 5 g 一代零余子（已脱毒处理）或 50 g 分切种薯播种，春种秋收。该品种掘沟浅，深度为 40～50 cm，省工效果明显，易于管理，非常适合山药高品质栽培。

☞ 3. 怎样识别并选用主栽品种"农大长山药"？

农大长山药是中国农业大学山药课题组通过辐射育种并经过多年系选试验，所选育出的菜药兼用型山药新品种系列（已获国家发明专利，专利号：200410037596.9）。该品种系列包括农大长山药 1 号、农大长山药 2 号、农大长山药 3 号等 3 个新品种。

(1)农大长山药 1 号

其性状表现为块茎质硬，雪白，粉性足，药性好，黏液汁较多，有甜药味。新鲜块茎中的含水率 76%，块茎长棒形，长 55～65 cm，直径为 4～5 cm，单重 700～800 g，每 667 m^2 产量为 3 200 kg，特别适合壤土种植，病虫害很少。块茎表皮浅褐色。有吸收根 7～9 条，须根较多，较细，一般应搭架栽培。生产小山药用一代零余子（已脱毒处理）播种，生产商品山药需用小山药或山药栽子、山药段子播种。该品种高产优质，易于管理，非常适合山药高品质栽培。

(2)农大长山药 2 号

其性状表现为块茎肉色雪白，粉性足，黏液汁很多。生食、熟食皆宜，熟食发面发沙，味道微甜。新鲜块茎中的含水率82%，块茎长棒形，长70～75 cm，直径为4～5 cm，单重900～1 000 g，每667 m^2 产量为3 000 kg，适合沙壤土和壤土种植，病虫害很少。块茎表皮灰黄色。有吸收根7～11条，须根较少，较细，一般应搭架栽培。生产小山药用一代零余子(已脱毒处理)播种，生产商品山药需用小山药或山药栽子、山药段子播种。该品种高产优质，易于管理，非常适合山药高品质栽培。

(3)农大长山药3号

其性状表现为块茎质硬，雪白，粉性足，药性好，黏液汁较多，烘烤后有枣香味，生食、熟食、加工制药皆宜。新鲜块茎中的含水率81%，块茎长棒形，块茎表皮黄褐色，长75～85 cm，直径为4～5 cm，单重1 000～1 200 g，每667 m^2 产量为3 500 kg，特别适合北方的黄棕壤以及石灰性土壤种植，病虫害极少。块茎表皮黄褐色。有吸收根9～15条，须根较多，较细，一般应搭架栽培。生产小山药用一代零余子(已脱毒处理)播种，生产商品山药需用小山药或山药栽子、山药段子播种。该品种高产优质，易于管理，非常适合山药高品质栽培。

☞ 4. 怎样识别并选用主栽品种“梧桐山药”？

该品种为山西省孝义市梧桐乡地方品种。该品种植株生长势强，茎蔓右旋，多分枝，紫绿色，蔓长3.5～4.5 m。叶片绿色，较小，基部心脏形，缺刻大，先端长而尖。叶柄较长，叶脉7条，基部有2条分枝，叶片互生，中上部叶对生，间有轮生。块茎圆柱形，表皮褐色，栽子细而短(8～13 cm)。块茎长50～80 cm，直径4～6 cm，瘤大而密，黑色，须根粗而长，较坚韧，不易拔掉。零余子多，较大，长1.5～2.0 cm，直径0.8～1.5 cm，带甜味。块茎黏液多，黏丝不易拉断，肉极白，质脆，易熟，带甜药味，品质优良，食药兼用。每 667 m^2 产可达 2 000～2 200 kg。

☞ 5. 怎样识别并选用主栽品种“太谷山药”？

该品种为山西省太谷县地方品种。该品种植株生长势中等，茎蔓绿色，长 3～4 m，圆形，有分枝。叶片绿色，基部戟形，缺刻中等，先端锐尖。叶脉 7 条，叶片互生，中上部对生。雄株叶片缺刻较大，前端稍长；雌株叶片缺刻较小。叶腋间着生零余子，形体小，产量低，直径 1 cm 左右，椭圆形。块茎圆柱形，不整齐，较细，长 50～60 cm，直径 3～4 cm，畸形较多，表皮黄褐色、较厚，密生须根，色深。栽子细短，肉极白，肉质细腻，黏液多，烘烤后有枣香味。品质优良，食药兼用，以药为主，是太谷中药的重要原料。加工损耗率较高，质脆易断。每 667 m^2 产 1 500～2 000 kg。

☞ 6. 怎样识别并选用主栽品种“汾阳山药”？

汾阳山药为山西省汾阳市冀村乡地方品种。该品种生长势强，茎蔓右旋，多分枝，紫绿色，蔓长 3.5～4.5 m。叶片绿色，较小，基部心脏形，缺刻大，先端长而尖，叶柄较长，叶脉 7 条，基部有两条分枝。叶片互生，中上部叶对生，间有轮生。块茎扁圆柱形，表皮褐色。栽子细而短，一般长 8～13 cm。块茎长 50～80 cm，直径 4～6 cm，生长期为 160 天。须根粗而长，较坚韧，不易拔掉。零余子多，较大，长 1.5～2.0 cm，直径 0.8～1.5 cm，带甜味。块茎黏液多，黏丝不易拉断。肉极白，质脆，易熟，带甜药味。品质优良，绵中带沙，药食兼用。在当地，4 月上中旬播种，10 月中下旬采收。畦宽 130～150 cm，每畦种两行，行距为 60～70 cm，株距为15～20 cm。每667 m^2 产量为1 800～2 000 kg。

☞ 7. 怎样识别并选用主栽品种"怀山药"?

怀山药的产地为温县、泌阳、博爱、武陟、孟县等原怀庆府所辖县、市，以及黄河以北的河南各县。这些地方有着得天独厚的山药生长发育条件。北有太行山作屏障，冬季的寒流不能长驱直入其境，沁河、丹河和卫河横贯域中，夏季的热浪有诸河调节，虽非多雨之地，却有河流灌溉，因而不会过于干旱。当地土质都是黄河、沁河多次泛滥和改道形成的土层深厚、自然肥力较强的白捏土或沙捏土(沙壤土)。所以，多年来当地所产怀山药，一直受到国内外药商的青睐。怀山药植株生长势强，茎蔓圆形，紫色，右旋，长2.5～3 m，多分枝。叶片绿色，叶表面光滑，基部戟形，缺刻小，先端尖。有叶脉7条，基部4条，有分枝。叶片互生，中上部对生，叶腋间着生零余子。块茎近圆形，表皮浅褐色，密生须根。栽子粗短，一般长度为10～17 cm。挖沟栽培的适宜密度为每667 m^2 4 000～4 500株。以药用为主，药食兼用，适于做山药干。怀山药块茎坚实，肉白，粉足，久煮不散，并有中药味，且块茎上有褐色斑痣。块茎长60～70 cm，直径3 cm以上，单株块茎重0.5～1.0 kg，重者有2.0 kg，每667 m^2 产量为2 000～2 500 kg。

☞ 8. 怎样识别并选用主栽品种"麻山药"?

麻山药系河北省保定市蠡县地方品种，在河北省安国县、高阳县、定兴县也有大量栽培。茎蔓细长，绿色或紫绿色。叶片对生或三叶轮生，叶片三角状卵形，绿色。叶腋间生零余子，大而多。块茎圆柱形，长60～70 cm，最长可达80 cm，直径为7～8 cm。表皮暗褐色，粗糙。须根较长，粗而密。块茎单重 800～1 500 g，整形好，皮厚，质地细软，含水分多，肉白，品质好。10 月中下旬刨收。栽培前，施足底肥，做畦，行距 60～80 cm，株距 15～20 cm，开沟后将种薯放入沟内，覆土。苗高 15 cm 时插架。7 月上旬开始增加浇水次数，追肥 1 次。4 月上旬切段播种，每段长 15～20 cm。生长期 180 天左右。不宜在盐碱地栽培，喜疏松肥沃土壤。每667 m^2 产量为 2 500～4 000 kg。

☞ 9. 怎样识别并选用主栽品种“农大双胞山药1号”？

农大双胞山药 1 号是从江苏省南部的双胞山药选育而来，双胞率更高，块茎整齐度更高，栽培地域更为广泛，适合华北、西北、华中、华南等地栽培。它属于短蔓菜药兼用山药品种。蔓长 60～80 cm，仅为普通山药蔓长的 1/5。可以搭 1 m 矮架栽培，也可以免搭架匍匐地面生长，不仅抗风，而且保墒。其性状表现为块茎质硬，雪白，粉性足，耐煮性好，炖汤极为适宜，品质优。新鲜块茎中的含水率 82%，粗蛋白含量 2.09%，黏度 144 厘泊，锌含量2.6 μg/g，锰含量 3.2 μg/g。该品种的显著特点是“双胞”生长，一株山药结两根块茎，双胞率高达 90%，三胞、四胞、单胞的比率不到 10%。块茎长 60～78 cm，圆柱形，单重 600～1 000 g，最大的达 1 500 g。一般每 667 m^2 产量为 2 500～3 500 kg，高产者达4 000 kg 以上。病虫害很少。

☞ 10. 怎样识别并选用主栽品种“群峰山药”？

群峰山药是辽宁省鞍山市选育的地方品种，属于长山药变异的一个新品种。该品种生长势强，有主蔓 2～3 个，侧蔓 8～15 个，块茎短而多，一般长 30 cm 左右，短的 10 cm 左右，长的 40 cm 左右，一株可以长好几个山药块茎。该品种吸收根可达 17～33 条，长达 60～76 cm，这在山药中很少见。但因为有的植株分枝过多过细，致使块茎太短，影响商品质量，虽可食用，但最好用于加工。从分枝部位和分枝特点来看，与普通长山药遇有硬土或石块所造成的块茎分叉截然不同。适宜密度为每 667 m^2 栽植 2 900 株。每667 m^2可产块茎 3 000～4 000 kg。

11. 怎样识别并选用主栽品种“水山药”？

水山药又叫菜山药、凤山药，是江苏沛县农民从淮山药的变异植株中选育出来的不结零余子的新品种。目前，在江苏西北部一带发展很快，仅丰县一地的种植面积已达 4 000 hm^2。水山药植株生长势强，蔓长 3～4 m，圆形，紫色中带绿色条纹。主蔓多分枝，除基部节间分枝较少外，每个叶腋间均有侧枝。叶片小，黄绿色，戟形，缺刻大，先端长而尖，叶柄较长，叶脉 5 条，基部 2 条多分枝。叶片互生，中上部对生，间有轮生。水山药为穗状花序，花小，黄色，单花，花被 6 个。蒴果三棱状，不结种子。块茎圆柱形，表皮黄褐色，瘤稀，须根少且短。块茎肉白色，稍带玉青色，光鲜质脆，黏液汁多，块茎直径为 3～7 cm，长 140～150 cm，最长可达170 cm；单株块茎重 1.5～2.0 kg，最重者可达 6.8 kg，每 667 m^2 可产块茎 3 000～5 000 kg。挖沟栽培的适宜密度为每667 m^2 栽植3 000 株。水山药因为年年用块茎繁殖，又不长零余子，种性容易退化。繁种时要特别注意优选栽子。

☞ 12. 怎样识别并选用主栽品种“农大扁山药1号”?

农大扁山药 1 号是菜药兼用山药品种，是从引进的日本大久宝德利 2 号的基础上经过多年系选而育成。植株生长势强，叶色浓绿，下部节位的叶片为短心脏形，上部节位的叶片稍长，叶腋间着生零余子较多。不仅耐寒，也相当耐热，还抗病。在全国范围内均可栽培，块茎肉质细腻，白色。新鲜块茎中的含水率 81%，粗蛋白含量 2.49%，黏度 353 厘泊，锌含量 2.9 μg/g，锰含量 3.7 μg/g。外皮淡黄褐色，须根很少，是一个早中熟品种。外形变化较多，为下宽上窄的酒壶状。也有长得比较短粗的长棒状的，还有薯肉肥厚的短扇状的。一般长度为 20～30 cm，单重 400～800 g。生食、熟食皆宜，做成山药汁时，比长山药更有甜味，黏液汁较多，煮食比芋头更好。只要地温稳定在 10℃即可定植。它对土壤没有特殊要求，只需要有 30 cm 以上的耕土层。栽植时，一般畦宽 72 cm，株距为 25～30 cm，应设立支架。每 667 m^2 可产块茎 3 000～4 000 kg。

☞ 13. 怎样识别并选用主栽品种“农大圆山药1号”?

农大圆山药 1 号是以日本丹波圆山药变异薯块为基础，经过多年系选而育成的菜药兼用山药品种，植株生长势强，叶色较浅，耐寒、耐热和抗病性均很好，在全国范围内均可栽培。块茎肉质细腻，白色，品质出众，新鲜块茎中的含水率 79%，粗蛋白含量2.67%，黏度 434 厘泊，锌含量 2.4 μg/g，锰含量 3.9 μg/g。块茎外皮深黄褐色，块茎外形以圆球状、团块状和短粗圆筒状为主，少量也有下宽上窄的酒壶状。植株所结零余子很少。种薯采用柑橘切割法，每块种薯的重量保持在 40～50 g。一般长度为 20～38 cm，单重 280～900 g。一般应搭架栽培，每 667 m^2 产量为1 900～2 800 kg。

二、山药的形态特征和生长特性

14. 山药根系有哪些特性？

长期以来，人们常把吃的山药误认为是山药的根。直到现在，有些著作中还认为山药是以块根为产品。山药长得确实像根，长在地下，毛根又很多，因此很容易被人误解。实际上，我们吃的山药，是它的茎的变态，是一种块茎，不是根。

山药真正的根在哪里呢？吃山药的人一般是见不到的。山药种薯萌芽后，在茎的下端便长出 10 条左右的粗根，开始多是横向辐射生长，离土壤表面仅有 2～3 cm，而后大多数根集中在地下5～10 cm 处生长。当每条根长到 20 cm 左右后，进而向下层土壤延伸，最深可延伸到地下 60～80 cm 处，与山药块茎深入土层的深度相适应，但一般很少超过山药地下块茎的深度(图 1)。

因为山药的这些根都发生在山药嘴处，所以一般都叫嘴根。这是维持山药一生的主要根系。山药的这些根，一

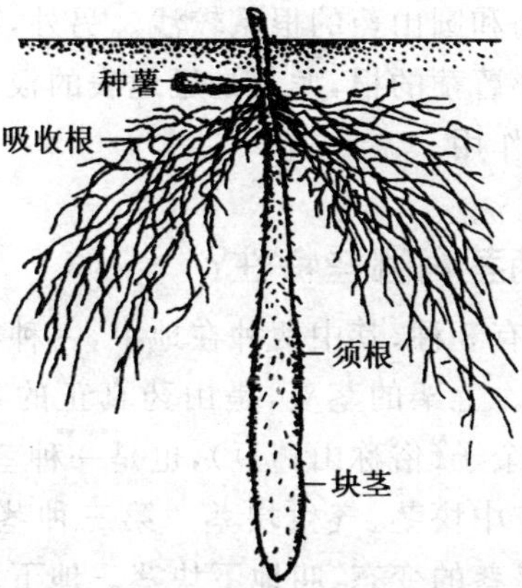

图 1　长山药地下部生长示意图

方面支撑着地上部茎叶的生长；另一方面在土壤中吸收水分和养分，供应庞大的地上部茎蔓和地下部块茎的生长需要。因此，嘴根通常也叫做吸收根。随着地下块茎的伸长和肥大，在新块茎上会长出很多不定根，这就是我们在吃山药时所遇到的烦人的毛毛根，也叫须根。在块茎上端的不定根，特别是在近嘴根处，也有相当的长度，可以在土层中吸收水分和养分，协助嘴根营养植株。但到了块茎下端，特别是在土壤深层的不定根，则很短，也很细，基本上没有吸收水分和养分的能力。在土壤特别干旱时，块茎可以长出大量的纤维根。纤维根具有吸水能力。

山药根系不甚发达，而且多分布在土壤浅层，但吸收水分和养分的任务很繁重。地上茎蔓长达 3 m，有的甚至更长，还要攀缘上架，叶片布满架材，这些都是靠根系供给营养，进而才能枝叶繁茂，并进行光合作用，制造更多的营养，不断将营养转移贮存在地下块茎中，逐渐形成产品器官。因此，在栽培中需要注意深耕养根，才能获得优质高产。比较起来，扁山药和圆山药的根系较浅。另外，薯蓣属的一些种类，如亚洲小薯蓣的根，尤其是近地表的根，长有小刺，对块茎具有保护作用。

15. 山药茎有哪些特性？

山药的茎有 3 种，其中两种在地上，一种在地下。地上部分茎有两种。上架的茎蔓，是山药真正的茎。地上茎叶腋间生长的零余子（俗称山药豆），也是一种茎的变态，叫地上块茎，也叫空中块茎、气生块茎。第三种茎，就是人们所吃的山药，也是茎的变态，叫地下块茎。地下块茎的位置和形体各不相同，但它们都是山药的茎或是变态茎。在三种山药茎中，有两种是山药的产品器官，既是山药用以传种接代的繁殖器官，又是栽培山药的收获目标。需要山药则收获地下块茎，需要零余子则收获地上块茎，或者两者全收，兼而有之。在山药栽培中，必须要掌握山药茎的植物学特征，采取相应的技术，才能达到上述目的。现将三种山药茎分别介绍如下。

(1)地上茎蔓

种薯顶芽萌发出土，很快便会长出 10 cm 左右长的紫色柔软的茎，这种茎属于草质藤本，蔓性，光滑无翼，断面圆形，有绿色或紫色中带绿色的条纹。成龄茎蔓长 3～4 m，粗 0.2～0.8 cm。苗高 20 cm 时，茎蔓节间拉长，并具有缠绕能力，这时要设立支架。开始只是一个主枝，随着叶片的生长，叶腋间生出腋芽，进而腋芽形成侧枝。

山药茎蔓的卷曲方向是一定的，一般是右旋，即新梢的先端向右旋转，在与钟表时针走动相同的方向上卷。食用薯蓣类的大薯、卡宴薯和圆薯蓣的茎蔓都是右旋。但是，黄独、小薯蓣、非洲苦薯蓣和加勒比薯的茎蔓则是左旋。大薯的茎蔓为四棱形，有棱翼，可以辅助茎的直立。小薯蓣和非洲苦薯蓣茎蔓上生长有刺。

山药的茎蔓是怎样出生和生长的呢？经解剖观察发现，首先由分生带以内靠近维管束周围的薄壁细胞进行分裂，产生不定芽原基，再由原基基部周围分化出叶原基，不定芽向外突破块茎的外层组织而不断生长，继而伸出土面成枝展叶。早期的营养供应，来源于不定芽生长的营养供应过程中。其后，在分化出维管分子的同时，位于不定芽周围的薄壁细胞也分化出维管分子，而且与母体块茎的维管分子相连接，从而将营养运送到幼芽。通过横切解剖可以看出，山药茎蔓有表皮、皮层和维管柱三部分。表皮为排列整齐的一层细胞。皮层外围是薄壁组织，里面是厚壁组织。厚壁细胞里是维管柱，维管柱最外层是一轮较大的外韧有限维管束。大维管束内，有些部位可见到散生的小维管束，里面是髓部和髓射线。髓为大型薄壁细胞所充满。山药地上茎蔓的这一形态特征，不同于一般的单子叶植物，而是与双子叶植物相似。

(2)零余子

山药在地下部形成块茎的同时，在地上部叶腋间着生很多的零余子。零余子是腋芽的变态，亦即侧枝的变形，称为地上块茎，也叫气生块茎，通常称作山药豆。零余子呈椭圆形，长 1.0～2.5 cm，直径为 0.8～2.0 cm，褐色或深褐色，其 667 m^2 产量可达 150～500 kg。

在一般情况下，山药零余子生长在茎蔓的第 20 节以后，而且开始多发生在山药主茎或侧枝顶端向下第 3 节位的叶腋处。在解剖学上，零余子称做珠芽。常由叶腋表皮下 1～2 层的细胞进行平周分裂，增加细胞层数，在第 5 至第 6 节上可以看见叶腋部位隆起。从纵切面看，表皮下的第2、第3层细胞继续进行平周和垂周分裂，形成一团分生组织的珠芽原基。当在外观上看到绿色小珠芽时，内部才开始分化顶芽，同时形成根原基。由于珠芽分生带细胞的平周分裂，细胞数量增加，体积增大，珠芽便进而成为球形的零余子。

零余子最外一层是排列整齐的薄壁细胞，其内为排列紧密的数层细胞。珠芽中部的薄壁细胞内，含有丰富的淀粉和蛋白质颗粒，外韧有限维管束散生于薄壁细胞之间。由于分生带细胞的不断增殖和增大，珠芽体积迅速增加，直到8月中下旬停止生长。从山药整株来看，以顶芽向下第5节到第10节的零余子体积最大。成熟的零余子，表皮粗糙，最外面一层是较干裂的木栓质表皮，里面是由木栓形成层构成的周皮。从外部形态上可以看到，有像马铃薯块茎一样的芽眼和退化的鳞片叶，而且顶芽也是埋藏在周皮内，外观不易觉察。这与地下块茎是相似的，都没有明显的节。

仔细观察时可以看到，零余子的芽眼和马铃薯一样，是有规律地排列着。从解剖结构上看，零余子仅有根原基和根的分化，没有侧根的分化，当年的顶芽也处于休眠状态。

零余子中含有一种特殊的物质——山药素，是其他器官所没有的。山药素也只在零余子的皮中才有。这种物质对抑制生长和促进休眠的效应很强。零余子虽是由地上腋芽变态而长成的，但它必须经过一个成熟期或层积期才能萌发。在皮层成熟后，山药素含量最多；完全休眠的零余子，随着层积时间的延长，其山药素含量减少。因此，刚采收的零余子不能当种用。有些薯蓣属植物的零余子很大，一个零余子重有1～2 kg，直径在5 cm以上。也有一些薯蓣类植物没有零余子。就山药来讲，长山药零余子较多，其次是扁山药，而圆山药则基本上不能形成零余子。

(3)地下块茎

山药的食用部分,不是肥大的根,而是肥大的茎,因此称块茎。因为长在地下,故叫地下块茎。又因长的形状像根,有时也叫根状茎,但不能叫块根。山药的地下块茎是怎样形成的呢?种薯萌发后,首先生长不定芽,伸出地面,长成茎叶。在这个新生不久的地上茎基部,可以看到维管组织周围薄壁细胞在分裂,这就是块茎原基。继续分裂的结果,便分化出散生维管分子。在块茎的下端,始终保留着有一定体积,具有强劲分生能力的细胞群,这就是山药块茎的基端分生组织。

基端分生组织经不断分化而成熟,先形成幼小块茎的表皮,表皮内有基本组织,基本组织中有散生维管束。小块茎长到 3～4 cm 时,便可用肉眼清楚地看到褐色的新生山药。块茎的肥大完全靠基端分生组织细胞数量的增加和体积的不断增大来完成。从表皮的横切面可以看到,最外层是褐色的后生栓质化表皮。内为数层扁平的木栓细胞、木栓形成层以及栓内层组成的周皮。在较老的块茎中,周皮以内是一些大型薄壁细胞,且排列疏松,间隙很大。在块茎中央的薄壁细胞中,散生着外韧有限维管束,两层薄壁细胞之间有数层具有分裂能力的细胞。细胞平周分裂形成圈分生带,由分生带分裂的细胞,向内分化为维管分子和薄壁细胞,于是块茎便不断增粗(图 2)。可以看出,山药块茎中没有植物根部特征的辐射维管束,但也没有植物茎部特征的双韧维管束,只有并生维管束,因而具有根和茎的中间性质。所以,人们也将这种类型的块茎称为担根体。从进化角度来看,有些类型的薯蓣科植物,器官分化比较含糊,说它是块茎很是勉强,因为它既有茎的性质,也有根的本能,在外观上也像是中间类型。

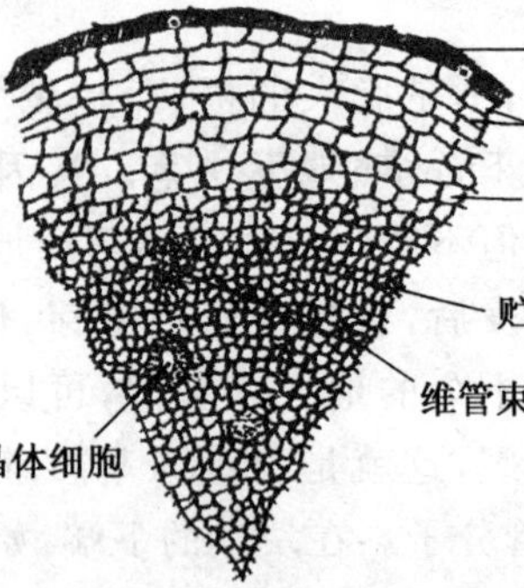

图 2　山药块茎横剖面

山药块茎形状的变异较多，虽然大致可以分为长形山药、扁形山药和圆形山药（图 3），但在各个类型中都有中间类型的变异。尤其是扁山药，块茎变化最大，有掌形的、扇状的、“八”字形的，甚至还有长形的。山药块茎形状的变异，主要是受到遗传和环境的影响，其中土壤环境的影响最大。即使是在各地系统分离的品种中，个体的变异也很复杂。正因为块茎的多变性，所以完全可以根据既定的方针，进行不断的选择育种，获得优质山药品种。

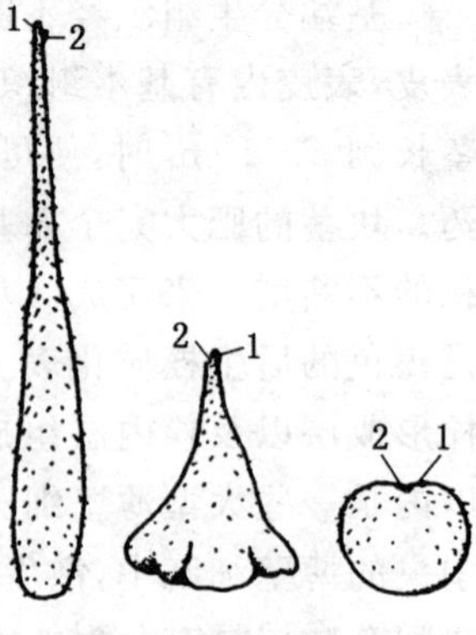

1. 顶芽　2. 茎的痕迹

图 3　山药的 3 种类型

一般棍棒形长山药，上端很细，中下部较粗，一般长度为 60～90 cm，最长的可达 2 m。其直径一般为 3～10 cm，单株块茎重0.5～3.0 kg，最重的可达 8 kg 以上。棍棒形长山药，肉极白，黏液很多，其尖端组织色泽洁白或淡黄，且有深黄色根冠状附属物，此为栓皮质保护组织。块茎停止生长后，尖端逐渐变成钝圆，并呈浅棕色。扁山药块茎扁平，上窄下宽，且具纵向褶襞，形如脚掌。圆山药多为短圆筒形，或呈团块状，长 15 cm，直径 10 cm 左右。大薯的形状和颜色较多，有长形的、扁形的、圆形的，五股八杈，肉为红色或紫红色。

3 种类型山药块茎上端都存有一个隐芽和茎的斑痕，通常用来做种，称为山药栽子。除这一个顶芽外，其他部位都有不定芽。因此，把山药块茎的任何部分切段栽植，都可以长出山药来。山药块茎的成分以淀粉为主，也含有蛋白质和黏液物质。

16. 山药叶有哪些特性?

谈到山药叶片特征时，首先应该说明一个较为敏感的问题。曾有人拿着山药的种子问道:“山药不是单子叶植物吗，山药种子怎么是两片子叶呢?”不错，山药是单子叶植物，而山药种子有两片子叶也是对的。这是怎么回事呢?一个原因是人们常常忽视山药种子的存在。长期以来，都是用山药种山药，或者用零余子种山药，没有人用山药种子种山药，多数人连山药种子也不曾见过。这是因为在我国大陆上生长的山药，基本上从不结籽，偶尔结籽，籽粒也很少，而且多是秕籽，空秕率极高，种下去也长不出山药来。

实际上，不仅山药种子具有两片子叶这一单子叶植物不应有的性状，而且山药植株所有的茎、叶也都具有一些双子叶植物的特征。解剖山药的茎蔓和真叶，可以看到其排列成一圈的维管束，以及网状脉的两面叶结构，都是双子叶植物的性状。另外，山药的茎、叶还具有栅栏组织和海绵组织的区别。所有这些说明,山药这一单子叶植物的茎、叶,与双子叶植物的茎、叶非常相似,或者说相同。

一些人又问道:“既然山药具有两片子叶,可是为什么山药种子出苗只长出一片真叶呢?”这就需要揭示山药种子的本来面目了。山药的子叶原基,是由合子分裂后顶端细胞产生的,在胚胎发育到梨形胚后期时,由于子叶原基细胞的分裂不均衡,山药并不能像真正的双子叶植物那样,均衡地分裂成两片子叶。而是第一片子叶原基分裂较快,并在其一侧出现一个凹口,结果将第二片子叶原基挤到凹处,同时也将胚芽原基、胚根原基和外胚叶原基挤向凹部。这样,成熟的胚就只有一片较大的子叶了。这片子叶呈扇形,膜质,上端二叉分裂。在它的相对一侧,是第二片子叶,很小,心形,顶端微内凹。

山药种子萌发后,大子叶留在种子内并未出现,但它的子叶柄延长了,第二片子叶便随着第一片子叶延长的叶柄伸出种子外面,也有的是顺着种皮自己长出,结果成为山药植物的第一片真叶。这就说明山药种子虽具有两片子叶,但在形态上和功能上与双子叶植物则有所不同。这第一片真叶伸展后,便开始进行光合作用,和以后的营养叶片几乎完全一样。但应该清楚,这片真叶原来是种子中两片子叶中的一片,而另一片子叶留在种子中了。

山药叶片,一般都是基部戟状的心脏形,或呈三角状卵形,尖头,或呈基部深凹的心脏形(图 4)。全叶呈浅绿色、深绿色或紫绿色,叶长 8～15 cm,叶宽 3～5 cm,叶柄较长,叶质稍厚,叶脉 5～9 条,基部叶脉 2～4 条,有分枝。山药茎的基部叶片多互生,以后的叶片多对生,也有轮生的叶片。

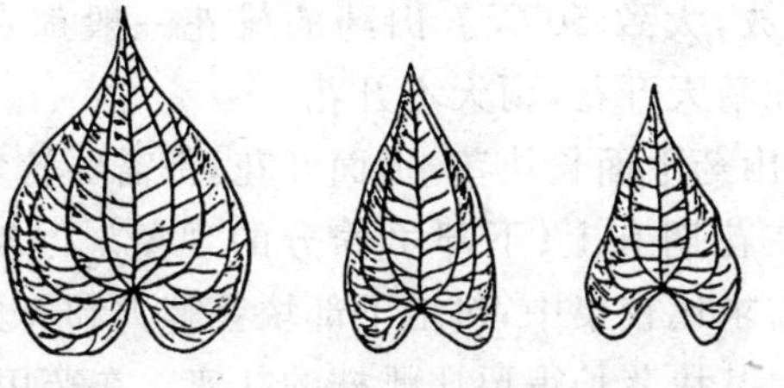

图 4　山药叶片的形状

17. 山药花有哪些特性?

山药一般有花而不结实,或者不开花,或者开谎花,外形上是假结实而没有内容。山药是雌雄异株。雄花长在雄株上,雌花长在雌株上。长山药雌株很少,多是雄株。扁山药和圆山药多是雌株,雄株很少(图 5)。

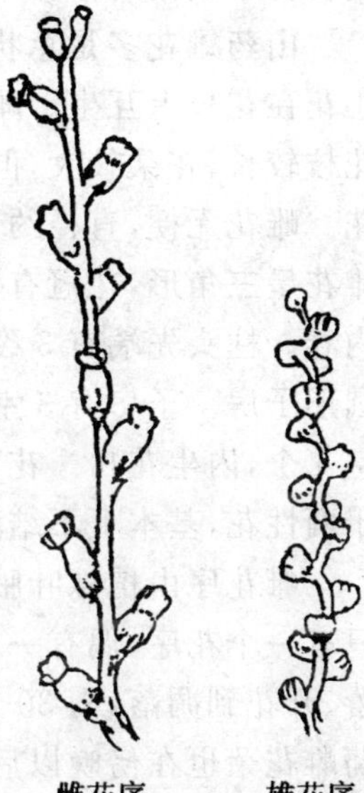

雌花序　　雄花序

图 5　山药花

山药雄株的叶腋,向上着生 2～5 个穗状花序,有白柔毛,每个花序有 15～20 朵雄花。雄花无梗,直径 2 mm 左右。从上面看,基本上是圆形,花冠两层,萼片 3 枚,花瓣 3 片,互生,乳白色,向内卷曲。有 6 个雄蕊和花丝、花药,中间有残留的子房痕迹。山药的孕蕾开花期,正好是地下部块茎膨大初期。雄株花期较短。在我国北方,山药在 6～7 月份开花,这一时期为 30～60 天。从第一朵小花开放,到最后一朵小花开放，大致 50 天。山药的雄花一般都在傍晚后开放，且多在晴天开花，雨天不开花。

由于山药下面长块茎，上面开花，都需要较多的优质营养，因此在花期有上、下部争养分的现象。但雄株花期较短，养分需求比较集中，对地下部块茎膨大和养分贮存影响相对较少，其块茎长得要比雌株的扎实。在药用品种中，雄株的薯蓣皂苷元的含量明显高于雌株。一个花序从现蕾、开花到凋落的时间，一般为 25～60 天。有的山药雄株不出现花蕾，有的山药雄株虽然可以看到花蕾，但花蕾不等开花便自行干枯而脱落。

山药雄花多是总状花序，似穗状，一般就叫穗状花序，小花在花枝上互生。雌株着生雌花，穗状花序，花序下垂，花枝较长，花朵较大，但花朵较少，一个花序有 10 个左右小花。雌花无梗，直径约 3 mm，长约 5 mm。从上面看，整个雌花呈三角形，花冠有花瓣和花萼各 3 片，互生，乳白色，向内卷。柱头先端有 3 裂而后成为 2 裂，下面为绿色的长椭圆形子房。子房有 3 室，每室有 2 个胚珠。有雄蕊 6 个，药室 4 个，内生花粉。花粉虽多，却没有内容，这些雌花都属于两性花，基本上不结种子。

雌花序由植株叶腋间分化而出。着生花序的叶腋一般只有一个花序，偶有一个叶腋 2 个花序的。一个花序从现蕾、开花到凋落，需 30～70 天。花期集中在 6～7 月份。山药雌花朵也在傍晚以后开放，而且是晴天开放，雨天不开。早期在近基部开放的花朵，有的可以结实。果实的外观也较肥大，有人还小心翼翼地保护，希望能得到实实在在的种子，但这种等待多是没有用的。因为这种外观上像是饱满的果实，一旦到了后期便会自动停止发育，表面能看到种皮和翅，但多是秕籽，是缺少内容的不稔果实。也有少数果实能够长成，但因花期正值雨季，一旦遇水，即便不腐烂也发霉。

☞ 18. 山药果实和种子有哪些特性？

山药的果实为蒴果，多反曲。果实中种子多，每果含种子 4～8 粒，呈褐色或深褐色，圆形，具薄翅，扁平（图 6）。饱满度很差，空秕率一般为 70%，高者在 90% 以上。千粒重也很悬殊，低者为 0.5～0.7 g，高者可达 10 g，一般为 6～7 g。发芽率依千粒重不同而相异，千粒重 1 g 者发芽率为 10%，千粒重 9 g 者发芽率为 90%。

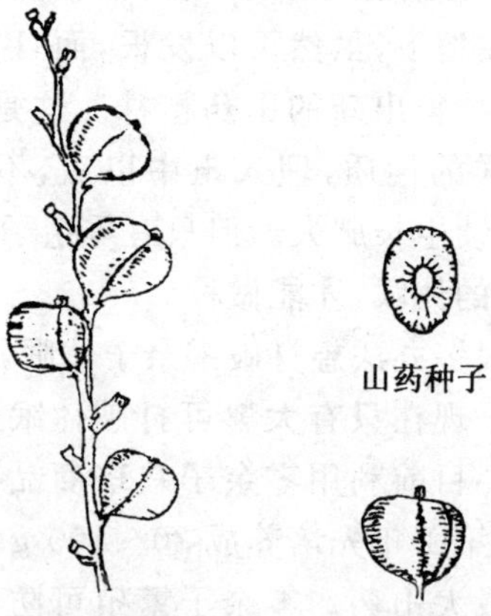

图 6　山药果实和种子

山药种子的发芽适温为 30～32℃，45℃时便失去发芽力。经过 3～4 个月贮存后，则发芽快而整齐，在适宜的温度和湿度条件下，经过 10 天即可大部分出齐。山药的种子很难得到。黄独种在热带结籽，种在温带地区形不成种子。

非洲苦薯蓣等品种一年两次开花结果的地区，以秋季8～9月份的种子质量较高，第二次花期结果也多，做种时多采用这一时期的种子。

19. 山药是怎样休眠的?

山药在我国华北地区栽培时，一般到10月份即可长成，然后便进入长达几个月的休眠期。这就是山药收获以后在窖中贮藏的时间。没有经过充分休眠的山药块茎，是不能够用来繁殖的，即使播种也不会萌芽。山药零余子也是一样。大约在8月份叶腋间即可长成的零余子，不经过休眠也不能用来播种繁殖。有人将正在生长着的零余子，原封不动地埋在地下，虽然可以发根，而且能继续肥大，但不能萌芽，也不会长出新的山药植株。这是因为零余子和地下块茎是一样的性质，埋入土中以后，不仅颜色由褐变白，而且可以继续生长肥大。但只有零余子长成，并脱离母体后，经过充分的休眠，才能做种。

目前利用很多办法想打破零余子休眠，以便提早播种，结果并不理想。现在只有大薯可打破休眠进行温室栽培，不过产量较低。目前利用零余子栽培商品山药的还很少。一般都需2年，第1年先培养成30～100 g的种薯，第2年播种后才能长成大山药。零余子繁殖可防止山药退化，保证山药的高品质和高产量。山中野生的山药，也多是在入冬后地上部枯萎，地下部休眠，来年再萌发，形成新薯的。

20. 山药生育前期(前60天)怎样生长?

山药生育前期，主要依靠种薯中所贮存的养分，进行萌芽、生根和长叶。山药播种的地温，要求在10～12℃。我国山药产区，大多在4月中旬播种，约需经过2个月的时间，即长到 6 月中旬，山药植株才有独立生活的能力。

在正常情况下，山药播种后 20～30 天，即可萌芽出土（扁山药和圆山药因为切块种薯去掉了顶芽，萌芽出土需 40～50 天）。幼苗出土后，主茎迅速生长，到 6 月中旬便可长到主蔓应有的长度，即达到 3.5～4.0 m，以后一般就不再伸长。

无论是切块播种，还是播种一个整薯，只要遇有适当的湿度，就可以发生山药的细须根，并参与种薯内营养分解转流所必要的水分和养分的吸收。山药的吸收根共有 10 条左右，发生在萌芽茎的基部。整薯播种的发根较早，需要 1 周时间；切块播种的，需要 3～4 周时间。在萌芽初期，吸收根数目已经固定，以后不会再有增加，增加的只是根长和根重。在 5 月下旬，根的长度急速增长，到 6 月中旬基本达到既定长度，即长到 60～80 cm。同时，细须根数也在 6 月中旬达到最大值，以后的增长便缓慢下来。

山药主茎伸长初期，叶片较小，作用不大。随着主茎的生长，叶片不断生长和展开，叶重逐渐便会超过茎重。这个时间大约也在 6 月中旬。这就是说，以后山药植株可以靠着叶片的光合作用而自己生活了。一般说来，种薯越小，这个日子来得越早。试验证明，6 月中旬是种薯营养分解转流功能最旺盛的时候。过后，这种作用便逐日明显减小，到了 7 月下旬便完全失去活力。

从种薯内部养分的消耗过程来看，5 月中旬消耗急剧增加，到 6 月中旬已耗掉 80%的养分，剩下的 20%在以后的 1 个多月里也慢慢耗尽。种薯养分的消耗，受到地温和土壤环境的显著影响。沙土地消耗得快，播种后 2 个月即可耗去 80%；而在壤土上播种，耗去 80%的养分则需 3 个月。如播种深度适宜，也可以减少消耗，有利于培育壮苗。

如播种太深，不仅延长出苗时间，耗去过多营养，而且在块茎上端常出现有茎节痕迹的茎和根的中间形态。

正常的种薯在正常条件下发芽出土，只是一条紫绿色的主茎，不设支架可以自主地长到0.5～0.6 m高而不倒伏。营养条件好的还可以长得更长一些。茎粗4～5 mm，只有一条蓬勃生长的茎，并无叶片。主茎长到1 m多高时，才开始生长小叶。这在出苗10多天之后。在这之前看到的每个节上出现的，只是2个小的托叶，并非小叶片。

1周以后，叶片依次展开，作用也是很小的。在整个生长初期，茎重大于叶重，而且茎叶重的比率和种薯的大小很有关系。种薯越小，这个比值越大。这是因为小的种薯，尤其是山药豆作种时，叶片的出现和展开明显提前。小种薯由于自身贮存营养较少，因而必须尽快从依靠种薯生活转移到独立生存上来。这也算是一种自然选择的适应性。

从生育初期的干重来看，也是这个规律，什么时候新植株的根、茎、叶、薯等合计的干重能超过种薯呢？我们用80 g、40 g和20 g重的种薯，代表大、中、小3种类型的种薯做试验，结果非常明显。超过种薯干重的时间分别是：大薯区6月20日，中薯区6月10日，小薯区5月30日。种薯越小，独立生活期来得越早。

根的数目在发芽的时候已经确定，根的长度从5月下旬急速伸长，一般长到60～80 cm，根的鲜重在6月20日以前增加很快。根的干重在6月20日以后才迅速提高。因为吸收根和主茎都是依靠种薯的营养，随着主茎的伸长，根的生长，种薯的营养不断消耗，直至7月末作用就很小了。种薯的含水量在播种时约有75%，到6月10日左右可达90%以上，以后才随着种薯功能的降低，含水量越来越少，直至变成硬块。含水量的增加，主要是因为淀粉糖化渗透压提高的结果。这和马铃薯有相似之处，种薯作为一种贮水组织，对于克服生育前期干旱的不良影响很有好处。

种薯的消耗主要是碳水化合物的损耗。播种时，种薯的营养总量占 80%左右，其中淀粉占 75%，可溶性糖类占 4%左右。到了 6 月 30 日，种薯的营养总量只保留 25%左右。种薯生长初期营养损耗的情况，主要是淀粉减少了，还原糖的含量则变化不大。5 月下旬以后略有增加。非还原糖在播种时是很少的，以后逐渐增加，到 6 月 10 日可达 17%左右。以后有所减少，但仍比淀粉含量多。这就是山药断乳期之前的内部变化，也是山药生长前期的表现。此期包括了 40 天左右的发芽期和 20 天左右的甩条发棵期。经过这一时期，种薯的养分已耗掉大半，茎叶已完全具有正常的光合能力，吸收根已能很自如地吸收肥料中的养分。

为什么一个种薯种下去会长成几个山药呢？其原因也是多方面的。催芽便是其中的一个原因。催芽可能激活较多的原基，形成新的块茎。再一个原因是用山药豆（零余子）培育的一年生种薯，种下去以后也会出现较多的块茎，2 个或者是 3 个，而且山药豆越小，种植密度越稀，形成的越多。这可能与新薯形成的最初的营养条件有关。还有肥大速度、养分吸收以及运转不平衡等因素的影响。结果是增加了小块茎的比例，使商品价值显著降低。这就必须注意在种薯萌发初期，只留一个芽子，将其余的芽子全部剪去，以避免 2 个或 3 个块茎形成的山药小型化趋势。

☞ 21. 山药生育盛期（中 90 天）怎样生长？

从播种起，山药经过了 2 个月的生长，主茎和吸收根都已长到足够的长度。种薯 80%的营养已被消耗，整个植株便迎来了生长盛期。在生长盛期，山药营养生长和生殖生长同时并进，要靠着自己的能力，繁茂茎叶，出生侧枝，长成零余子，孕蕾开花，特别要供给主要产品器官——地下块茎的营养，使其达到既定大小。这是山药一生中最重要的生育时期，大约需要3个月时间。若从6月10日算起，到9月10日才能完成。在沙土地栽培山药，生长盛期可以提前1个月到来。在黏土地栽培山药，生育盛期的到来则要稍后一些日子。

在山药生育盛期，首先看到的是在主茎下部的节位发生很多侧枝，叶片充分展开。从6月下旬到7月中旬，是茎叶最繁茂的时期。到7月下旬茎叶重达到最大值，以后便走下坡路了。开花和零余子的形成，都在7月上中旬。块茎虽在萌芽后不久便开始形成，但在6月20日以前生长极慢。块茎的成形和肥大，主要在6月下旬以后。扁山药和圆山药的各个生育期都比长山药稍后。

据石正太等于1985—1987年，在山东邹平县苑城镇傅家村，对主栽品种细毛山药的调查，山药块茎从5月中旬开始缓慢伸长，到9月中旬基本结束。伸长最快的是7月下旬到8月中旬，平均日伸长8.5～11.0 mm。以7月中旬块茎增粗的速度最快，平均日增粗达1.0 mm。9月中旬停止增粗，但伸长还在缓慢进行。从重量上看，以7月下旬到8月下旬增重最快，平均日增重为11.68～14.46 g。增重的关键时期，在7月20日到9月10日这52天内。这段时间虽只占整个生育期187天的27.8%，但块茎增重却占全生育期的78.8%。

在山药生育盛期，地上部零余子也在争夺营养。同时，盛花期的山药花也需要消耗更多更好的营养物质。因此，这一阶段的营养管理是最为重要的。在山药块茎形成的初期，其碳水化合物的构成，以可溶性糖类较多，可占全部干物质重量的5%～9%。但随着块茎的肥大，可溶性糖类逐步减少，最后只有1%左右，大部分被淀粉所取代。直到9月中旬，淀粉含量达到78%～79%。还原糖含量在6月30日左右，即新块茎生长开始时增加很快；以后，随着淀粉含量的增加，尤其是到了8月份以后的新块茎充实期，还原糖含量降到了最低值。非还原性糖的变化也和还原糖的变化差不多，只是到块茎增长较快的7月末减少了。可溶性糖是淀粉的先驱，先增长一步是理所当然的。7月下旬，还原糖和非还原糖同时减少，是因为这个阶段淀粉的合成加快了。主茎和第一侧枝非常充实，茎叶中钾的含有量达到顶峰。

山药进入生长盛期，叶片的功能最大地发挥，同化产物还原糖的生成运转才可能活跃起来。7月初对山药植株进行摘叶处理，结果受影响最大的就是块茎，而对于地上部茎蔓、侧枝和节数等影响很小。

山药茎叶生长繁茂后，除沿海台风剧烈的地方，一般都要设立支架。支架多高才合适呢？这就要看它对于叶片同化运转的影响怎样来确定。沙土和壤土上的山药支架的高度是不一样的。如果分别以2 m、1.5 m、1 m的高度设立支架和无支架4个区，进行比较，就会发现，沙土以1.5 m和1 m区的山药地上部生长发育最好。仅就蔓长、主蔓节数和上位侧枝来讲，是高支架区好，下位侧枝则以1 m区和无架区多。无论是8月份早收获，还是10月上旬按时收获，结果都是1 m区下位侧枝最多。茎叶重也是以1 m区最大，其次是1.5 m区，无架区最小。到10月份收获时，2 m区和1.5 m区已经茎叶枯黄，茎叶重的顺序为：1 m区，无架区，2 m区和1.5 m区。原以为2 m区茎叶重也能达到最后的旺盛生育，但结果并非如此。关于支架对山药的影响，争论不少。支架最主要的作用是扩大受光面积，提高叶片同化能率。当然，也受到诸如畦幅、地力、种薯大小、施肥量以及植株倒伏和土壤质地等方面的影响。

山药豆(零余子)也以 1 m 区和 1.5 m 区最多。10 月份收获的更是如此，要多几倍。山药的收获量也是同样的结果。无论早收或按时收，均以 1 m 区和 1.5 m 区最优。然而在较黏性的壤土区却有所区别，一般是以在支架较高的区中生育好，产量高。这是因为矮支架区茎蔓伸长提早结束，结果促进了下位侧枝发育；而高架区茎蔓继续伸长，影响了下位侧枝的生长。但后期侧枝生长良好，又能充分发挥后期肥料的肥效，产量也就提高了。这就是说，在沙性土壤，尤其是提早上市山药的栽培，1 m 或者 1.2 m 高的支架就很好，而地力较好的壤土区，也不提早收获者，支架应该高一些，这样更能发挥其优势的作用。

从山药的生育盛期的生长情况，可以看出氮、磷、钾三要素对其成长的重要作用。种薯在定植前的干重率约为 25%，到了 6 月 10 日前后为 8%左右，茎叶重在 7 月末达到最大值，新块茎从形成初期的 7%～8%，到 9 月末达 17%～18%。

氮素对蛋白质的合成很重要，尤其是对生长前期茎叶增大的作用非同小可。生育初期的氮含量是相当高的，约占干物率的 5%，以后便减少下来。随着主茎的充实，到 6 月下旬以后减到 2.5%～3%，并保持不变。块茎形成初期为 2%～2.3%，以后还要少一些，到生育末期又会增加一些。

磷的情况大致与氮相仿。在山药定植后的萌芽期，磷的含量稍有增加。以后，由于山药吸收根和茎叶新生器官生长对磷的消耗而使含量减少。6 月下旬以后，磷含量又有些回升，7 月下旬以后，茎叶中的磷素降到 0.2%～0.3%。新块茎中的磷含量在 7 月上旬达到最高值，8 月 10 日前后有些下降，8 月中旬以后又随着块茎的肥大而有所增加。

作为山药的各种生理代谢和能量代谢，磷都是重要的媒体。特别是在细胞生长和茎叶伸展的旺盛时期等生理代谢非常活跃的阶段，在相应部位均需要足够的磷，才能保证正常的运转。7 月 20 日左右和生育后期，可有两次含磷量增多的表现。

钾的变化比氮和磷的变化都大。山药萌芽初期是第一次高峰。因为种薯萌芽和细根生长都需要钾，随后会减少一些。第二次高峰是在 6 月中旬伴随着山药主茎伸长和块茎肥大而出现的。以后，由于种薯功能的减退，到 7 月上旬钾的含量又减少了。山药茎叶中的钾含量，在各个生育时期都比氮素少，和磷差不多，都是初期高，中、后期低，但在主茎充实和侧枝旺盛生长的 7 月中旬，是相当多的。这是和氮、磷所不同的，因为叶片中同化的养分，正在加速积累到块茎当中，钾少了是不行的。在茎叶重减少的 8 月 20 日以后，钾的含量也迅速减少。这是因为块茎正在肥大，钾的作用是主要的。这是茎叶中的钾也向块茎中转移的结果。从整个情况来看，新块茎中的钾含量都比氮素多。

从生育中的变化来看，块茎形成初期，氮的含量相当高，后来很快减少。到了淀粉积累盛期的 7 月 20 日又上去了，可在茎叶最繁茂的 7 月下旬又减少了。以后，随着块茎的肥大，又逐渐提高。钾是构成山药块茎的重要元素，对体内的代谢反应有重要的作用，且因其在植物体内极易流动，因此，在代谢活性强的部位分布更多。从茎叶向块茎的营养转移，是山药植物体代谢的主要活动，其中钾的转移尤其明显。因此,新生的块茎中无论是钾的积累,还是干重的增加,均有类似的倾向。

山药营养生长的盛期一过,营养器官内的各要素便向再生器官转移,氮、磷、钾也都大量地转移到了块茎中,收获愈晚转移量愈多。这种转移量大致是:氮44%,磷46%,钾54.9%。从氮、磷、钾三要素的施用来看,显然是完全肥料最好。无论是地上部,还是块茎,这样都很理想。三要素比较起来,氮是最为重要的,其次是磷,然后是钾。无论是沙性土,还是黏性土,基本都如此。钾的效果较小的原因,是因为在土壤和灌溉水中,都有相当多的钾。山药对于氮、磷、钾三要素的吸收量之比,大致是4∶1∶4.2。长山药对钾的吸收更加突出一些。根据这一特点,给山药施肥时,钾肥是不能少的,比例应该加大一些才是。比如说,施入磷肥3 kg,钾肥应是磷的5倍,即15 kg;氮肥应是磷的4倍,即12 kg,在沙性土壤上,磷的比例应稍大一点。

22. 山药生育后期(后50天)怎样生长?

山药长到8月下旬,块茎已达到鲜重的84%,实际上已经可以采收了。事实也是这样,为了适应山药的淡季需求,增加效益,可以适当早收。适当早收还可早腾茬,变一年一作为两年三作。因此,不一定非要等霜降后再进行一次性刨收。不过,山药早收的风味品质稍差一些。

在山药一年一茬的地区,主要应设法最大限度地延长块茎膨大时间。据江苏省泰兴农科所观察,山药产量在密度一定时,主要由块茎长度和粗度决定,粗度增加并不明显,因而块茎越长则产量越高。山药在9月下旬到10月上旬,其块茎还在缓慢延长。直到10月中、下旬,由于日照变短,气温下降,于是茎叶变黄,零余子落下。同时,地下部的吸收根也逐渐失去活力，细根则基本上枯萎，块茎的表皮也相当硬化，内容已非常充实，这时即可进行一次性采收。

一般说来，在 8 月下旬以前采收，会导致块茎水分太大，收获后失水萎缩。同时，太早采收，块茎还在旺盛生长中，先端仍很尖锐，则产量损失太大。到了 8 月下旬，先端已基本长圆，细根已基本失去活力，这时采收比较适宜。但提早收获后，应立即食用或出售。同时，应避免阳光直射，以免失水干缩。收获时应格外小心，防止折断或碰伤。

山药到了生育后期，首先是茎叶生长的衰弱和山药块茎的充实，实际上是茎叶繁茂最盛期一过，地上部能看到的零余子便开始迅速肥大，地下部块茎淀粉的积累开始超过其长度的增长。尤其是在沙性土壤上，这时正是块茎从量的增加转到质的充实的关键时期，时间大概是 8 月上旬，其他类型的土壤则会推迟 1 个月左右。为了使块茎很好地肥大充实，茎叶部同化物质的运转必须非常顺利，这就要求维持吸收根的活力，施入的肥料养分要充足，还需要防止茎叶早枯以及病虫对于茎叶的伤害。完全成熟的山药的内容成分虽然也受到栽培条件、栽培环境以及挖取时期的影响，但蛋白质含量都在 3%左右。其淀粉含量变化较大，有的可到 30%，有的则只有 10%左右。山药的黏液汁的主要成分，是糖蛋白的一种黏抗，还有蛋白质和少量的甘露糖胶。黏液汁的含量，扁山药比长山药多，圆山药又比扁山药多。

近年来，山药加工或切片时多发现有褐变现象。经验证明，这种褐变物质，早收的多，晚收的少，第 2 年收的最少。经过调查，这种东西在山药先端部较多，而零余子则是以维管束为中心。其防止办法，可以用 0.1%或 0.3%的青鲜素进行叶面喷洒，从 7 月上旬开始到 8 月下旬为止，每隔 15 天喷 1 次。经这样处理以后，褐变物质明显减少。且因其与植物的呼吸作用有关,多存在于呼吸作用强的部位,抑制呼吸也就抑制了褐变。试验证明,在低温下贮存也是个好办法。在5℃的条件下,无论是在9月份,还是10月份,或是11月份贮存,均可以抑制褐变。在15℃温度条件下贮存就会褐变,26℃温度下贮存,褐变更烈。

23. 山药对温度和光照有什么要求?

山药是属于高温短日照植物,生育适温为20~30℃,15℃以下不开花,10℃时块茎可以萌芽,1℃时不受冻。但地上部茎叶不耐霜冻,温度降到10℃以下时,植株停止生长,5℃以下的低温很难忍耐,短时间的0℃气温也会死亡。

山药在不同生育时期,对温度的要求不同。由于山药是利用块茎繁殖,其发芽温度要求较低,有的品种在9℃即可萌动。不过,在低温下萌动比较缓慢,而且出苗率低。块茎萌芽的适温为15℃。较高的温度可以促进呼吸和各种酶的活动,因而出土快,幼苗壮。在有限的季节内,要安排好山药的茬口,只有将播种期提前,但最低地温也应稳定在10℃以上,否则播种质量没有保证。

山药幼苗的适温范围较广,适宜的温度是15~20℃。但短时间的低温,如在5℃以下,甚至是0℃,也不至于冻死苗子。地上部茎叶的生长适温为25~28℃。超过30℃,呼吸便会同化上升。到40℃,茎叶基本停止伸长。到45℃,出现日灼,导致叶脉和幼嫩组织变色坏死。在5℃低温出现时,茎叶停止生长。昼夜温差是必要的,尤其是在进入块茎形成期后,昼夜温差最好保持在5~10℃。

山药块茎形成和肥大的最适气温是20~24℃,适应范围很窄。在20℃以下时,生长缓慢。在24℃以上时,由于呼吸作用不能得到有效的控制,消耗养分过多,影响同化物质的运转和贮存，致使块茎肥大受阻。温度在3℃以下时，块茎很难忍耐，1℃的低温要尽量避免。块茎到了肥大后期，尤其是进入休眠期以后，应通过降温，抑制消耗养分，以延长贮存时间。

山药属于要求强光照的植物，在低光照条件下，光合能力显著降低。在一定的范围内，日照时间缩短，花期提早。在春季长日照下播种的山药，只能在夏、秋季短日照下开花。短日照对地下块茎的形成和肥大有利。叶腋间的零余子，也在短日照条件下出现。

三、山药生产技术

☞ 24. 山药无公害生产是怎么回事？

山药无公害生产，是获得无公害优质山药产品的生产。所谓无公害山药，是指山药产品的农药残留量及其他有害物质的含量，符合国家有关部门制定的卫生标准，人食用后没有毒副作用，能确保身体健康。无公害山药的生产，同其他许多无公害蔬菜一样，不是仅仅通过一两项措施就可以完成的，实际上包括了栽培环境的选择治理、优良抗性种薯的选育、合理的施肥与浇水、综合防治病虫害，以及有关部门的大力监管等一系列工程。所以，这是需要全社会共同努力才能完成的。

☞ 25. 什么是绿色食品山药？

绿色食品山药是绿色食品蔬菜的一类，简单地讲，就是在规定的环境条件下，按照特定的生产方式生产，经过专门的权威机构认定，许可使用绿色食品商标标识的，无污染的安全、优质、营养类的山药。绿色食品全球并无统一标志。我国绿色食品标志是由农业部在国家工商管理局正式注册的质量证明商标，该标志正圆形，绿色图案构成，即上方的太阳、下方的叶片和中心的蓓蕾。整个图形描绘了一幅明媚阳光照耀下的和谐生机，告诉人们绿色食品是出自纯净、良好生态环境的安全无污染食品。绿色食品标志还提醒人们保护环境，通过改善人类与大自然的关系，创造全球环境新的和谐。

绿色食品山药分为 A 级和 AA 级。A 级山药除了要求栽培环境达标外，在生产中只允许少量使用手册规定的化肥和高效低毒农药，它比无公害山药的要求略高一些。AA 级山药的生产标准更加严格，基本杜绝使用任何农药和化肥，相当于国际上的有机食品山药。生产绿色食品山药的标准由农业部制定并具体执行，经过 10 年左右的发展，已建立了相对健全的认证方法和相关程序，目前有 56 个国家级和省级环境质量检测机构对栽培环境进行监测，同时有 11 个部级产品质量检测机构对产品质量进行检测。

26. 为什么一定要生产无公害山药、绿色食品山药?

改革开放近 30 年来，我国大多数城镇居民的生活水平已经基本从温饱型转向小康型，沿海发达地区甚至已经接近或正超过中等发达国家的生活水平，所以对蔬菜的消费观念发生转变也是很自然的事情。具体表现在从追求蔬菜的简单数量满足，发展到要挑选蔬菜的品质、风味以及食用的安全卫生状况。这样就对我国广大的蔬菜种植者提出了新的要求,即生产无公害蔬菜、绿色食品蔬菜的要求。

山药是近几年逐渐发展起来的新特蔬菜,不但在国内市场的销售量逐渐扩大,在国际市场上的销售量也越来越大。虽然由于山药自身的一些特性,相对来讲它是比较洁净的一类保健蔬菜。但是,由于近几十年来国内工业的飞速发展,工业"三废"的排放量剧增,农药和化肥的使用量也在激增,使很多传统山药产区的环境受到污染。如果不进行严格的无公害和绿色食品生产,那么,首先国际市场就会不认同。近年来,欧洲、美洲的一些国家和日本等山药主要进口国,对于山药中有毒、有害物质的检测愈来愈严格。很多国家还通过立法的形式予以严格限制。因此,中国出口山药,出现了越来越多的被拒收、退货、索赔及终止合同等现象。另一方面,逐渐成熟的国内消费者,对于山药的品质也越来越注重,要求山药无公害、绿色的呼声日见高涨,对于被污染的山药,大家也是不愿接受的。所以,进行山药无公害、绿色食品生产,具有其特殊重要的意义。

中国农业大学山药课题组最新研制出山药盆式栽培方法(已获国家发明专利,专利号:03136589.2),该技术对于山药无公害、绿色食品生产具有重大意义,它能够最大限度地打破地域限制,在不同环境条件下进行山药工厂化高效优质栽培,达到山药绿色食品品质的标准化;该技术也能实现在城镇居民楼的阳台等地方进行山药观赏栽培。通过山药盆式栽培方法,能减轻劳动强度60%～80%,并且降低了收获难度,有效控制了山药块茎的破损率。所产山药色质好,薯形整齐,病虫害极少。

☞ 27. 山药生产的主要污染源是什么?

山药生产的污染源,主要是工业“三废”对土壤、灌溉用水、大气环境等造成的污染。另外,也包括施用农药等造成的污染。

(1)土壤重金属污染

土壤重金属污染是土壤污染的重点,也是对山药品质构成严重影响的因素。最主要的是汞、镉、铅、铬等重金属元素和砷的污染。其中有一种叫做重金属复合污染,它是城市污泥、垃圾和冶炼厂,以及采矿、酸雨等引起的重金属污染,都是伴生性和综合性的同时污染,也叫做复合污染。

(2)农田大气污染

农田大气污染,主要出现在城市近郊区和工矿企业附近。它通过酸雨—降尘方式对该地区的农田进行污染,这样不仅导致山药地土壤酸化,而且降尘中所携带的部分重金属元素,如汞、铅和镉等会通过山药叶面,直接进入植物体内或黏附于叶面,从而降低山药卫生品质。

(3)土壤水质污染

由于城镇工业排放大量的未经无害化处理的废水和废渣,农业上超量施用化肥和农药,很多山药基地的地下水和地表水,均受到不同程度的污染,导致山药的污染加重。土壤的水质污染,主要表现在两个方面。首先是直接危害,即污染水中的酸碱物质或废油、沥青以及其他悬浮物,对山药组织造成灼伤或腐蚀,引起生长不良,品质变劣,产品带毒,不能食用;其次是间接污染,即污染水中很多能溶于水的有毒、有害物质,被山药根系吸收进植株体内,严重影响山药的正常生理代谢和生长发育,造成产量降低。而且由于山药产品内有毒物质大量积累,山药产品的品质低劣,对人体造成危害。这些水中污染物主要包括酚类化合物、氰化物、苯系物、醛类和有害致病性微生物等。

(4)农药污染

由于山药的产品器官长在地下,特别容易受到线虫等的侵染,因此,栽培中不可避免地要使用一些根灌内吸性农药,导致山药地下块茎受到农药的污染,有时也会很严重。接触人员中了农药的毒后,一般表现为头昏、恶心、呕吐,严重的会出现记忆力减退、痉挛、呼吸困难和昏迷,甚至死亡。有的虽然当时不表现症状,但会在人体内积累,达到一定程度后就会发病。所以,避免山药的农药污染也很重要。

☞ 28. 什么是山药栽子?

山药栽子,也叫山药嘴子。在山西、河南产区又叫芦头、龙头,或山药尾子,也有叫凤尾或尾栽子、种栽、毛栽子的。因为它是山药块茎上最细长的部分,向前看是龙头,朝后看又似凤尾。

一个完整的山药栽子,应该包括 3 部分。最上面一个突起的小瘤,就是山药嘴,也叫山药嘴子。这个部位地方不大,却连接四方,看上去并不起眼,作用却非同小可。山药嘴既是山药植株地上部茎叶和地下部块茎的联结部分,以及养分与水分运输的必经之处,也是种薯向山药植株提供营养的通道,这里还有最具活力的隐芽。山药一生仅有的 10 条左右的吸收根,也是从这里出发伸向四方的。这个 $1\ cm^3$ 甚至不到 $1\ cm^3$ 的地方,用放大镜看,正上方是地上部茎蔓在秋冬枯萎后断离留下的主茎遗痕,大小约 $4\ mm^2$。主茎遗痕的一侧,就是隐芽的部位,稍具营养,略微突出,来年春暖后萌发成苗。同时,还有零余子或是山药栽子等种薯留下的斑痕。结果就形成了较为膨大而又粗糙的山药嘴，七扭八歪，斑痕累累。山药嘴是山药栽子的重要部位，在山药收获、运输和贮存过程中，都应重点保护，不得伤害。山药栽子年龄愈大，嘴部斑痕也愈盛。

山药嘴的下边一节细长的部分，叫二勒。也叫栽子颈部或颈脖子、细脖子、长脖子等。约占山药栽子长度的1/2，一般长度为10～15 cm。二勒部分愈细长，下面较粗的块茎部分愈需要留得长一些，长度应较二勒部分略长。二勒下边这一段较粗的部分，一般称底肚，也就是山药栽子的基部，长度为10～17 cm，是山药栽子养分最多的部位。

29. 什么是3年的大栽子?

2002年中国农业大学山药研究中心，在山药的规范化种植方案中，提到了山药高产栽培都用大栽子，以3年的大栽子为最好。什么是3年的大栽子呢？实际上是从零余子开始算起。第1年从山药地上部茎枝上获得零余子，第2年开春后将零余子播入田中，秋后收取小山药。第3年将小山药播下去，就会获得大山药。这个小山药一般就叫3年的大栽子。因为第2年的小山药色泽鲜艳，微红，且较长较细，长30～40 cm，养分贮藏少，生长力弱，块茎也小，很少食用，但作为山药栽子却效果最好。3年的大栽子，是生长势最强的栽子。山药栽子的年龄，完全可以根据其皮色和山药嘴的粗糙斑痕状况看得出来。第4年的栽子就不如第3年，第5年的栽子就不如第4年，栽子的颜色也逐渐由微红变褐，再变成深褐色，颜色一年比一年深，长势却一年比一年弱，到了第6年栽子就不好用了，不仅块茎小，产量低，长出的零余子(山药豆)也少，整个植株都显出了衰老多病的劣势，这就必须再用零余子复壮更新。这里的第6年，实际上是使用3年的大栽子的第4年，也就是说，隔上三四年就要用零余子重新播种，以恢复其生长壮势。

也许有人会问，既然山药栽子靠着顶芽，具有顶端优势，能获得优质高产，那么为什么有些人在用山药栽子种山药时，却偏偏要将栽子上的顶芽削去，这又是怎么回事泥？确有这种情况，不仅国内有，国外也有。其原因也正和山药栽子顶芽所具有的强大的顶端优势有关。这和地区、品种、栽培习惯、农事安排以及山药在当地经济生活的位置等相关。因为山药栽子具顶端优势，栽下去以后势必抢先生根发芽，展叶甩蔓，影响到别的作物的生长，或者当山药正在需要搭架扶持茎蔓伸展的时候，一些地方已是农忙季节，忙得不可开交，劳动力的匮乏顾不上对山药的管理。安排不好时，会使本来不需多少管理用工的山药，却也添了麻烦，倒不如长得慢一些，使农事活动错开一些为好。另外，还有一些品种，人们在使用有顶芽的山药栽子时，由于生长势很强，常会出现几个芽子，长成几根山药的现象。于是有些地方常采用削去顶芽的山药栽子进行播种的做法。

30. 怎样制作山药栽子？

首先是掰栽子，掰栽子一般与山药的收获同时进行。10 月下旬，山药地上部茎叶萎黄时开始挖掘山药。山药挖起时选择脖颈短粗、芽头饱满、健壮无病、无虫、无分杈、色泽正常的山药块茎，将栽子掰下，长度各地不一，一般是 17～20 cm 长。太短了影响产量和品质。多数人是在收获时将其用手掰下，故名掰栽子。也可用刀把它切下，就叫切栽子。

栽子掰下后，晾晒 4～5 天，下面铺上高粱秸笆，不可放在土地上，为的是让栽子表面的水分蒸发，加快断面伤口愈合。在北方大部分地区都是这样晒干的。南方一些地方则是在截取栽子后，放在室内通风处晾 1 周左右，栽子稍干燥后妥为贮藏。

山药栽子截取后，存放到来年种植。按 4 月下旬播种时算起，其间相隔 6 个月。在这半年时间内，必须对山药栽子妥为保存，避免腐烂变质，影响来年的山药栽培。在山西、河北等地多用沙贮存。贮存时，一般在室内铺一层河沙，最好铺得厚一些，约 15 cm，在沙上铺一层栽子。然后铺一层沙子，放一层栽子，如此反复，直至 80～90 cm 高为止。最后，在顶上盖一层稻草，即可过冬。有地窖的家庭可以将山药栽子存入窖。在南方，可将其放在干燥的屋角保存。但均需一层栽子一层较为潮湿的河沙交替存放 2～3 层，并在最上部盖上草苫等物，以防冻保湿。同时，应注意使温度保持在 0℃以上。在贮藏过程中，还要经常检查。如发现河沙过干或过湿，均应及时调整。山西一些地方只用干沙，不用湿沙，以防腐烂。

第 2 年春暖终霜后，开始栽种。最简单的办法，是先将栽子拿出去晒太阳催芽，待全部萌动后即可栽种。栽种时，行距为 1 m，株距为 20 cm，沟深为 6～7 cm，将种薯朝着同一方向，摆在沟底，覆土后在外表上再盖一层厩肥，然后浇水。也可在摆栽子前在沟中先浇小水，水渗后将栽子按规定距离压入土中。栽子种毕，在沟两边用锄开 2 条深 10 cm 的沟，施上肥料，然后覆土。

在一般情况下，山药栽子的截取与山药收获同时进行。秋冬收的山药，其栽子在秋冬切；春季收的山药，栽子在春季截，从冬前到暖春，随收随掰，但切记要在收刨时防冻。特别是在进行集团收刨出售时，如果组织不周，只顾了刨山药，装山药，卖山药，对切取的山药栽子保护不够，使栽子受了冻，则会影响下一年的山药栽培。

另外，就是要注意消毒卫生，最好在切取的当时，用草木灰或生石灰沾住切面，以防病菌感染。生产再忙，也不能忘了切取山药栽子时要注意消毒，保护栽子。当然，也不能冻坏了山药块茎。有些地方为了安全起见，在冬前收山药时，不切下栽子，使栽子连同山药块茎一起入窖贮存。这样，可以没有断面，减少病菌感染的机会。但是，山药块茎过长时，运输、装箱和贮存都不方便，很容易被折断。不过，论山药栽子的质量，肯定是春季截取的要好。因为经过一冬春的田间贮存，块茎也得到了进一步的充实，重量可以提高10%左右，山药栽子当然也比冬前的要充实得多，只是冬季寒冷地区，要保护好田间的山药嘴部分，避免受冻。冬前收获块茎时，不要将栽子切下，使它连同山药块茎一同贮存。这对山药栽子的充实和保护也有不少好处，可使第2年的播种安然无恙。

☞ 31. 什么是鹰嘴芦头、虎脖芦头？

在山药产区，尤其是山西、河南一带的药农，嘴边常提到鹰嘴芦头和虎脖芦头，说的头头是道，并且随着引种和技术交流等而传得很远。他们的一些说法对不对呢？有的对，有的可不敢苟同。即便是祖代传下来的说法，有的也需要进一步验证。因为十分山药七分栽(子)，芦头对山药栽培来讲，是最要紧不过的事情。

什么是鹰嘴芦头和虎脖芦头呢？芦头就是山药栽子，也称种栽。鹰嘴芦头，指芦头细长似鹰嘴的山药栽子，一般嘴处须根痕迹较大且突起。而虎脖芦头，则短粗似虎脖，表皮光滑，须根痕迹细小不凸起。虎脖芦头因为发育好，芦头充实，营养足，生长势强，根长叶茂，山药产量高，品质好。鹰嘴芦头因为发育稍差，在同样留栽法的情况下，所撅出的栽子重量小，体内营养物质贮量少，因而生长势较弱，其产量和品质也比不上虎脖芦头栽培后的产量和品质高。

但绝不是有些文献写的，鹰嘴芦头所生植株为雌株，虎脖芦头所生植株为雄株。有些人甚至说买山药栽子，一定要两种同时买回，才能既有雄株，也有雌株，最后结出种子零余子，才可能使山药得到提纯复壮等。这些说法，如果是不了解真相，那是情有可原的；如果是为了搭配出售，那就是骗人的。在鹰嘴芦头所生的植株中，也有雄株；虎脖芦头所生植株中，也有雌株；有的品种是雄株，有的品种则全是雌株。至于说只有鹰嘴芦头和虎脖芦头所生出的植株才两性全有，才能结出种子零余子，这就更不科学了。芦头既与雌雄无关，也和零余子无关。雄株结零余子，雌株也结零余子。有没有零余子，这只和山药类型及品种有关。再说零余子也并不是山药真正的种子，只是一种地上气生块茎。当然有人是因为零余子可用来播种，能长出山药，从而习惯地叫它为种子，这也无可非议。

还有一种理论，是说鹰嘴芦头的形成与土壤结构有关，认为生长在疏松的沙土地上的山药，易形成鹰嘴芦头，而生长在较黏重土壤上的山药就会变成虎脖芦头。这种观点也是不能成立的。

32. 怎样制作山药段子？

在几千年的山药栽培中，都是“用芦头（栽子）来生产山药，珠芽（零余子）用来育苗”，山药段子只在山药栽子不足时才使用。这些都是有道理的。因为只有山药栽子才有顶芽，也叫定芽，而山药段子只有侧芽，也叫不定芽。顶芽的优势和作用是侧芽无法相比的。定芽只有一个，这是山药取得优质高产的可靠保证。但是，一个山药只有一个定芽，因而也就只能有一个山药栽子。这就势必限制山药的大面积发展。

再说,山药的不定芽也有一定的强势,只要利用得好,产量和质量也非一般。尤其是水山药,由于块茎个大体粗,一根山药的长度达到了1.5 m左右,其不定芽的饱满程度绝非一般的绵山药所能相比的。再加之优越的地理和肥水条件,其不定芽的发育是相当好的。像江苏省丰县的山药种植者,用山药开沟机旋耕1.7 m深的疏松土层,用重200 g的大块山药段子作种,施入足够的优质基肥,又定期在叶面喷施生长调节剂和各种微量元素肥料,并采取综合有效的防治病虫害等技术措施,因而取得了非常可观的栽培效果。一个县的山药栽培面积为4 000 hm^2,几乎和日本全国的长山药栽培面积相当,而且每公顷取得了45 t的高产,最高的每公顷可达75 t。

水山药适宜用山药段子繁殖播种,那么绵山药呢?据一些栽培者反映,只要土层深一些,段子大一些,肥料多一些,病害轻一些,用山药段子播种繁殖,其表现也是相当不错的。只要栽培措施跟得上,就能在很大程度上减少用山药段子播种所带来的不利影响。再一个就是要正确对待和利用山药块茎客观存在的顶端优势,这对提高山药段子的利用价值也是大有好处的。

山药段子都是在春季播种前1个月左右准备好。所谓山药段子,就是山药块茎按8～10 cm的长度切成的小段。小段也可以长一点。每块段子重30～40 g,也可以再重一点。分切时,应注意保留每块段子上的皮层,以免损伤不定芽,导致将来不能萌芽。山药段子不宜切得太小。切小了,不但容易腐烂,不出苗,而且即使出了苗,所形成的块茎也形体偏小,产量很低。但也不能切得太大。切得太大了,不仅增加种薯的用量，也会使山药生长前期枝叶过于繁茂，影响后期结薯，降低商品质量。

大体上讲，沙性土壤，水山药，温度偏高的地区，高产品种等，种植时所使用的山药段子，可以大一些，一般以120～150 g为宜。以用来保养身体、喝山药粥、做山药泥为目的，种植地为黏重土壤区、温度偏低的北方和一些特产区、绵山药产区等，种植时，所用的山药段子不能太大，以50～80 g为宜。这样，有利于保持其特有的风味。再就是山药段子不能太细，其直径最好为4 cm左右，最细也不能低于3 cm。所取用的段子，不能离茎端太远，最好是靠近山药栽子的部分。山药段子不能带病，不能有虫，不能有伤。要选择经过冬贮的粗壮的能表现品种特色的、优良健康的山药块茎，用来截取山药段子。

切断和截取山药段子的办法，各地不一。用刀切断的办法较为普遍，断面最小，又较为平整，很少伤皮，效率也高，消毒彻底时污染也少。用手直接掰断时，虽可在块茎周围事先用指甲刻痕，但容易伤及皮层，折断时断面也不太平整，不过可减少和避免使用铁器的麻烦。利用竹片切段，竹片要坚硬、锋利、整齐，以免使黏液汁流出过多，增加污染机会。

不管怎么切段，均需在截断时立即给断面消毒。在较冷凉的地区、传染病少的地区，可以用草木灰作断面消毒（图7）。病害严重的田块和染病较多的地方，多用石灰粉作切面消毒，不过，生石灰应尽量粉碎得细一些，以使整个断面均匀消毒，但又不能沾得太多。沾多了，常使断面开裂，甚至出现烂种。水山药产地，可使用高效低毒的70％代森锰锌超微可湿粉沾种，因超微粉剂颗粒极小，断面可全面触及粉剂，杀菌效果好，也很少开裂，比较安全。

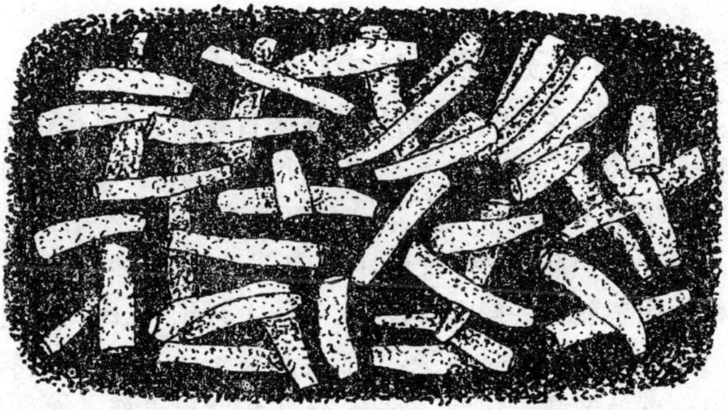

图 7　种薯分切后沾草木灰阴干

也可以用药剂浸种的方式给山药段子消毒。但是，在进行断面消毒时，应严格掌握药液浓度和浸泡的时间。使用多菌灵时，可在 40％的多菌灵 300 倍液内浸种 15 min。山药段子切好后，立即将其断面浸一下药液，这样，药液会在断面形成一层药膜。还可以用 75％的超微代森锰锌 5 倍液浸种，同样有效，而且成本比粉剂还低。不管用粉剂沾种，还是药液浸种，都会使种薯断面向内凹陷，这是正常现象，不必在意。

山药段子准备好以后，可以直接播种。但是，因为山药段子播种后才发生不定芽，而且出苗要比山药栽子出苗晚半个多月，产品品质和产量都受影响。因此，最好在切面消毒后立即进行晒种，在太阳下面晒上 20～30 天。晒种时，下面铺些草，在草上面摆放山药段子。经过晒种后，发芽的一端呈现浅绿色，播种时也较容易认出段子的上端和下端，这就有利于摆成一个方向，做到安全播种。

☞ 33. 零余子繁种的特点是什么?

可以这么说,山药最初的种薯来自零余子,零余子是山药特殊的种子。第1年秋季,在收得零余子后,选择大型的健康的零余子沙藏过冬。第2年开春后,在霜冻结束前半个月播种。当年秋季,收取小块茎供来年作种用(图8)。作种的块茎就是一般称呼的"三年的大栽子"。因为带有顶芽,又不切段,当然是栽子,不能说是段子。这就是新栽子,是用来更换老栽子用的。每隔3～4年就得更换一次,以便复壮更新,防止品种退化。

人们如果注意观察的话,就会发现零余子是在枝蔓下垂的叶腋间较多,而且在遮光的情况下较多,也较大。在植株发芽甩蔓一直向上旺盛生长的时候,是不会有零余子的。到了6月下旬以后,茎叶繁茂生长,昼间的光合作用在叶中生成的同化产物,一部分供给地上部发育消耗,一部分要在夜间积蓄在地下块茎中,同时还会促进垂下来的茎蔓开始产生零余子。实践证明,重力在茎蔓向上生长的时候,会促进同化产物的移动,而茎蔓垂下来时,同化物质的转移明显受到抑制,结果就会在下垂的茎叶中蓄积,这就是叶腋间产生零余子的原因。这就是说,枝叶下垂和遮光有利于零余子的形成。

在每年8～9月份零余子成熟后,选择外形端正,粒大粗壮,毛孔稀疏,有光泽的零余子做种用。选采要在晴天进行。应仔细剔除退化的长形种豆,特别要除去毛孔外凸者。然后用桶或箱等容器,将零余子和细沙混合贮存。对于零余子的皮色,一般应选赤褐色的。肉色则应选洁白的。至于形状,因为零余子多为不规则的圆块状、四棱形、肾脏形、三角状等,以饱满一些为好。稍有萎缩就应剔除。擦破皮

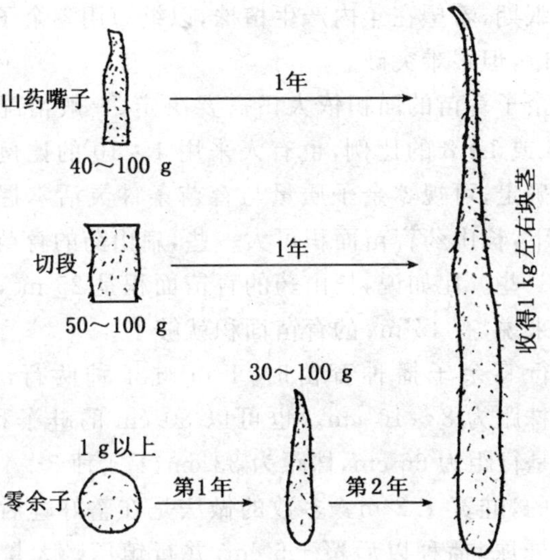

图8　山药繁殖示意图

的，有病斑的和被虫食过的，也不能选用。在贮存期间，应注意保持一定的温度和湿度。大量贮藏时，最好在不加温的房间、门道和过道，环境温度一般不要低于0℃。温度太低时，四周要围好草席，上面也要盖上秸草或其他的草。但是，有经验者多是将它和细沙一起混合贮存。这样，较易保持一定的温度和湿度，也很少出现烂种。

零余子打落收获后，必须经过5～6个月的休眠，才能成熟，具有生根发芽的能力。这是为什么呢？因为零余子中含有山药素。山药素这种物质只有在零余子的皮中才有。它可以抑制生长，促进休眠。刚刚采收的零余子，体内山药素含量最多，必须经过一个漫长的层积期或贮存期，完全休眠的零余子才能逐渐减少山药素的含量，达到完全成熟的程度，萌发新的植株。也曾有人试验，人为地打破零余子的休眠期，希望在年内产生植株，以缩短用零余子繁育山药的年限，但很难突破。

零余子育苗的面积依大田需要决定，一般情况下可采用1∶6或1∶8的比例，也有人采用1∶10的比例。具体面积的确定，可视零余子质量与育苗条件灵活掌握。在同样情况下，长山药育苗面积可大一些，扁山药的育苗面积可适当小一些。比如说，长山药的育苗面积是25 m^2，而作为扁山药来说，有15 m^2 的育苗面积就够了。

进行零余子播种育苗时，1 m 畦子种两行，行距为50 cm，株距为8～10 cm。也可以50 cm的畦子种1行。也有的是行距为66 cm，株距为33 cm，1穴种3～4粒。还有撒播的，畦宽1.2 m。多数的做法是在整好畦后施以稀薄的人粪尿，播种以后覆土5 cm，并行镇压。大量的基肥应在土地耕翻前撒铺在田中，然后全田翻耕20～30 cm。将土肥混合后，晾晒土壤，使其透气增温。肥料要全部施用腐熟的有机肥，每667 m^2 用量为4 000 kg。播种零余子的田块，一般都在开春后、播种前1个月翻耕土壤。

播种前先挖播种沟，沟宽30 cm，沟深50 cm，将挖出的土堆在沟的两边。然后分层回填，每次填15～20 cm，回填后用脚踏实，最好两脚贴着沟壁踩，使沟中间可留一条松土带，以利于播种和块茎生长。播种前一天，将整个田块浇一次大水或稀人粪尿。播种时沿沟的方向每隔20 cm左右挖一个深6 cm左右的小坑，每坑放两粒零余子，然后覆土，轻踩压紧。

在北京地区，4月上旬播种的零余子，5月上旬即可出苗，苗高20 cm左右时，要注意浇水、搭架，随时除草。零余子的茎蔓较细，且较脆弱，应及早将架搭好，以防折断，影响生长。一般都用1～2 m长的竹竿搭成“人”字形支架。搭架时，将架材插入土中 20～30 cm 深。苗茎 20 cm 左右长时，浇第一次水，也可浇稀薄的人粪尿。以后，湿度掌握的原则，是见湿见干即可。一般都浇小水，只在生长盛期可酌情加大水量。采收前 1 周，可停止浇水。中耕除草宜浅，杂草尽量用手小心拔除，以免伤害根系。一般 10 月下旬采收。收得的块茎，长的为 30～40 cm，短的为 14～16 cm。然后，将其放入冷室或地下窖中，按大小长短分类贮存。也可以在田中选排水良好的高燥地方，开挖 50 cm 深的沟，将采收的块茎放在沟内摆好，然后盖土贮存。

☞ 34. 山药常规栽培怎样整地施肥?

土壤选择以选用土层深厚、疏松肥沃、向阳、排水流畅、地下水位在 1 m 以下、氢离子浓度为 10～1 000 nmol/L (pH 值为 8～6)之间的沙质壤土为好。采用壤土和黏壤土栽培，所产山药的品质也很好。要注意整地，土壤中不能混杂有直径 1 cm 以上的石块，否则山药块茎分杈严重，根形不美，会降低商品价值。整地时，可将土壤过筛，筛子孔径以 0.5～1.0 cm 为宜。挖沟回填土时，将筛后的土重点填实在块茎生长区。种植山药的土壤不宜完全采用沙土，否则漏水漏肥严重，而且因土层松弛，易塌陷，而导致山药块茎生长变形，影响商品价值。氢离子浓度在 10 000 nmol/L (pH 值为 5.0)以上的酸性土壤(如我国南方的红壤)，不宜种植山药。否则，块茎易生支根和根瘤，影响正常生长。山药生长在氢离子浓度低于 10 nmol/L(pH 值超过 8.0)的土壤上，其块茎下扎困难，对产量影响很大。针对近年来农田生态环境日益遭到破坏的情况，应确保栽培土壤不受有机废弃物和有害重金属元素(如铅、镉、汞等)的污染。

山药块茎具有下扎特性，入土可达 30～100 cm。因此，在挖山药沟时，需要将生土深耕，改善土壤结构，降低土壤紧实度，以利于块茎下扎生长。以前一般在冬前深翻土地，挖土时将表土和底土分开堆放(图 9)，经过冬季日晒风化后，于翌年春天下种前施入基肥。每 667 m^2 施充分腐熟的厩肥、堆肥约 5 000 kg，并注意将肥料施匀，不能施入未捣碎的肥料块，否则会引起烧根或导致块茎畸形。然后，将土壤回填山药沟内，注意先填入底土，再填入表土，分层用石础(图 10)打实或用脚踩实。否则，土壤太疏松，容易造成塌坑，损坏块茎和根系。近几年来，随着栽培技术的改进，已经不提倡在回填土时，随土施入基肥的做法。因为许多地区的栽培试验表明，这种做法并不科学，既不利于块茎尖端下扎(尖端碰到肥料易被烧坏，而且会造成组织汁液外渗)，也浪费肥料。因为山药的吸收根系大部分布在距地面 30 cm 深的土层内，所以只需在这一土层施入基肥即可。

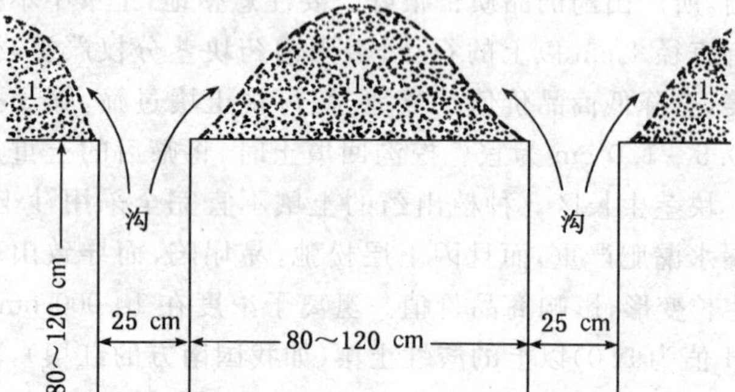

1. 从沟内取出的土及堆土位置　2. 沟内未取出的土

图 9　山药沟示意图

用脚踩实的方法是：两脚贴着沟壁踩，中间（块茎生长区）留一条松土，每次回填土的厚度不要超过15 cm。如此分层踩实，直至将沟填平，并做成垄，在垄中间的松土带上做好标记，等待播种。一般按1 m左右距离开沟，沟宽25 cm，沟深0.8～1.2 m。近年来，有些地方将开沟距离缩减为60～70 cm，增加了栽植密度。其缺点是田间管理和收获时比较困难，需要有多年种植经验者才能操作，初种者不宜采用。土壤回填完成以后，如果土墒不足，需要浇透水一次（播种时不再浇水）。套种间作的开沟距离，按间作物的畦宽和山药支架高矮确定，以保证山药同间作物的生长互不干扰，一般按2～3 m距离开沟。

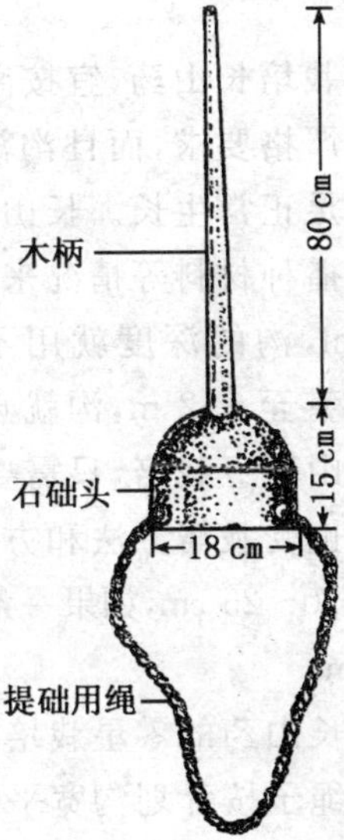

图10　打实松土所用石础头

我国南方习惯于将山药地做成高垄，在垄上栽培山药，这与南方潮湿多雨的气候相适应，雨水来临时排水迅速，不致造成土地湿涝。在北方将山药地做成平畦，这样可以省工，同时因北方少雨，也不致造成土地干燥。但地下水位高于1 m时，也应采用高垄栽培。如果因工时紧张，冬季前不能耕翻土壤，则开春后进行整地也是可以的。另外，如果栽培土壤质地黏重（如黏土或黏壤土），则一定要在冬前开沟耕翻土壤，以使土壤在冬季受冻后变松。否则，栽培出的山药块茎很短，外形粗糙弯曲，既影响产量，也降低商品价值。

栽培长山药，宜按南北向开挖深沟。栽培扁山药，对沟向无严格要求，而且沟深要求较浅，一般在30～50 cm，即可满足正常生长。长山药的掘沟深度，实际上应该根据品种和播种材料等情况来决定。有的山药品种，长只有50～60 cm，沟的深度就用不了1 m。有的品种，山药长度可达1 m，甚至1.2 m，沟就必须挖深一些，1 m就不行了。如果是用山药豆栽培，只需要一般深度的1/2就可以了。沟的宽度也受栽培方法和方式的影响。只栽一行山药的沟，一般为20～25 cm，如果一条沟中栽两行，沟的宽度就需要60～70 cm。

长山药的零星栽培也要有相当大的面积。挖沟时，可先用绳子按计划沟宽平摆地面，用脚踩或用铲划出绳迹，然后从一端开始挖沟，将挖出的土均匀地堆在沟两边的沟背上。挖完一层后用铁铲将沟壁削平，使其与地面垂直，并将虚土取出，铲平沟底，然后再挖第二层。这样一层一层地挖到所需的深度。到挖最下面一层时，只需将土翻转还归原位，不要取出。挖出的土经过一个冬天的风吹日晒，又提温，又杀菌，又疏松，然后再填回沟中，晒一层，碎一层，填一层，踩一层，直至沟顶。

使用山药开沟机，能大大提高开沟的效率。小型机每天开沟0.1 hm^2(1.5亩)，拖拉机牵引机每天开沟0.2 hm^2(3亩)。江苏丰县研制的开沟机每小时可开沟200 m左右，也是用手扶拖拉机作动力，开沟螺旋可钻入地下1.7 m处，使得地下1.7 m以上的土层变得疏松，而且旋转前进时并不会改变原先的土层。所到之处，土块会完全被破碎。由于土层变得疏松，上面便会形成一条高垄，正好可用于山药播种。用机械开沟，一般都在春季播种前15～20天进行。如果开沟后离播种时间较长，开沟后形成的高垄应拍平踩实成馒头形，以防下雨塌沟；也可以盖上地膜防雨保墒，等待播种。

机械开沟都在春天，这对于山药的产量和品质有没有不良的影响呢？根据我们多年的考查表明，除了质地黏重土壤外，山药的秋耕和春耕对其块茎形成、块茎的形状和块茎产量影响甚微，甚至包括播种前的深耕，即耕后 2～3 天即播种，也没有大的影响。据不完全统计，秋季深耕的正品较多，次品较少；春季深耕的块茎较粗，也较长；播前深耕的，歧根最多，但块茎单重最大。收获时的土壤硬度，秋耕和春耕的差不多，播前深耕的硬度较小，而且播前深耕的块茎较长，但直径较细。人工挖沟和机耕的效果差不多。总的产量却是播种前几天深耕的最高，春季深耕的次之，冬季深耕的最少。当然，这种差别很小，并不悬殊。我们看到的国外材料，所反映的情况也大致如此。

当然，挖沟的时间也和土壤的质地有关。黏重一些的土壤最好在当地土壤冻结之前进行，让土壤风化熟化，变得疏松一些。大面积的山药生产多集中在沙性土壤地区，若在冬前挖沟，经一个冬天风化解冻，沟形实在是难以保持，因而也就没有必要在冬前挖沟。

35. 山药常规栽培怎样轮作？

山药的轮作，一般都是和禾本科的小麦或其他蔬菜、甘薯等作物换茬。比如说，第 1 年种山药，有些地方可在山药行间种甘薯苗，秋季还可以套种白菜或萝卜（图 11），山药收获后再套种小麦，这是第 1 年。第 2 年，实际上就是种小麦。当然，也可以将上一年套种萝卜、白菜处种上甘薯，然后又是种秋白菜或秋萝卜。第 3 年再种山药，但要种在第

1年山药的行间位置。一般来讲,大多数的山药病菌可存活3年左右,3年轮作就可以将其避开。因此,我们提倡对山药实行3～4年的轮作换茬。这样,种出的山药不仅产量高,而且块茎色泽鲜亮,很少有斑痕,不易腐烂。

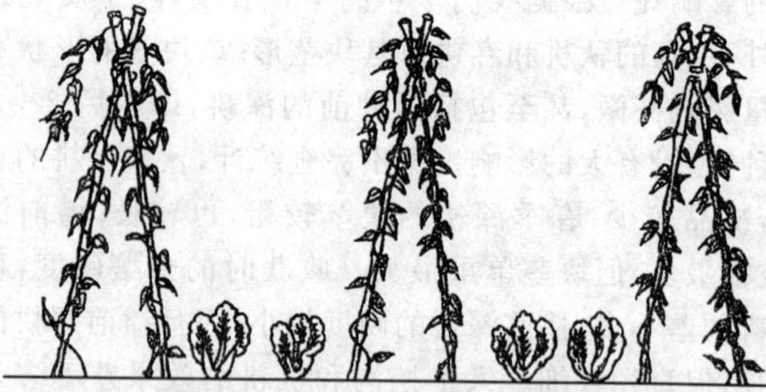

图11 山药支架与套菜栽培示意图

可以看出,上面的山药3年轮作,第3年的山药是种在第1年山药沟的沟背上,并没有种在第1年的山药位置上,整地时对此要加以注意。这里提示了一个特殊情况下的山药种植方法,就是说如果实在没有办法进行轮作,还必须在同一块土地上种山药,那就最少也得实行沟与沟背间的轮换。这总比还是种在同一条山药沟中要强。即使是在小菜园中作为护篱作物的零星栽培山药,也要注意调整一下种植的位置。因为山药重茬不仅产量减少1/3以上,而且极易烂薯,即使是块茎不烂,也是皮厚无光泽。

为了更彻底地消除山药土壤传染病以及其他病虫害,就应在确定好地块之后,进行认真的土壤消毒。进行山药的土壤消毒,一般都是用药剂拌成毒土,在整地以前撒在田间,将病菌害虫杀死。有的用粉剂,有的用水剂。但是,不论采用哪一类药剂,都应该尽量选用低毒高效的无公害农药，或者是低残留、残留期短的、容易分解的农药。如敌百虫原粉，每公顷可用 20～30 kg 掺细土均匀地撒在山药田中，然后整地，对防治地下害虫蛴螬和蝼蛄很有效。敌百虫易分解，残留期短，不会污染块茎。

☞ 36. 山药常规栽培怎样定植？

山药的定植期，因各地气候条件不同而各有差异。一般要求地表温度（距土面 5 cm 以内）稳定在 9～10℃后，即可定植。春暖较早的地区，如闽南及两广，可在 3 月份定植，四川一般在 3 月下旬至 4 月份定植，华北大部分地区在 4 月中下旬定植，东北地区一般在 5 月上旬定植。各地普遍认为，只要地表不冻，定植越早越好，早定植可使山药根系发达，生长健壮，块茎产量增加。

传统的山药定植方法，是用锄头沿深沟的标记开浅沟，浅沟位于山药垄（畦）的中央，深 8～10 cm。沟开好后，将种薯纵向平放在沟中，以芽嘴为准，均匀铺开，间隔 25 cm 左右。如果是熟土，可适当再缩小间隔，最小间隔可为 15 cm。然后，覆土填平，轻踩，这样便于生根发芽。在定植前，一定要保证土壤底墒充足，定植后不再浇水，以促进山药幼苗根系的下扎。

根据吉林省的山药栽培经验，从种薯催芽至幼芽长至 3～5 cm 期间，可于晴天将装有种薯的育苗箱，搬至室外炼苗 5～7 天。当室外气温达到 8～10℃，幼苗呈深紫绿色时，再进行定植。经过抗寒锻炼的山药幼苗，定植后缓苗快，成活率高，遇到一般轻霜冻，也不致影响生长。采用这种方法定植时，幼苗可部分露出土面，不必全部埋住。如果提早定植，则以扣上地膜为好，产量可以提高 10％～30％或以上。扣地膜时，要注意给山药苗预留空间位置。在我国南方江苏、广东等地，种植山药前，还要在山药地周围深挖围沟，围沟深 1 m 左右，宽 0.6～0.8 m，与外沟相通，以保证雨季迅速排水，不致淹涝山药块茎，防止造成腐烂。

37. 山药常规栽培怎样浇水？

由于山药叶片正反两面均有很厚的角质层，所以比较耐旱，抗蒸腾作用比较强。一般在山药定植前浇一次透水后，定植覆土后不再浇水，一直到出苗后 10 天左右，再浇定植后的第一水，而且浇水量要小，不能大水漫灌，俗称“浇浅水”。由于各地土壤质地和气候条件不一致，浇第一水的时间可以灵活掌握，原则上出苗长度不足 1 m 时不宜浇水。这样，有利于山药根系向下伸展，增强抗旱力。有些地方习惯于在浇第一水时，随水施肥，主要是施“粪稀”，这种做法并不可取。试验表明，这个时候山药苗需肥量小，如再进行追肥，不但效果不好，还容易烧伤幼嫩的根系，可谓“费力不讨好”。

浇第一水时，可用锄或耙在垄（畦）上开一条小沟，在沟中浇水，使水逐渐下渗。有的地方在整地时已预留畦（垄）沟，就不必再另开小沟，在原畦（垄）沟内浇水就可以了。浇第一水的时间虽不宜过早，但也不能太晚。山东省泰安地区有句关于种植长山药的农谚：“旱出扁，涝出圆”。这就是说，尽管山药比较耐旱，但要获得好的收成，土壤也不可过于干旱。土壤过分缺水，尽管山药也能存活，但所产块茎是扁形的，商品价值较低，而且产量也要下降。如果灌溉良好，长出来的山药块茎是圆柱形的，产量和商品价值都比较高。

山药浇完第一水后，植株生长很快，待 1 周以后可浇第二水。第二水亦不能浇大水，也要“浇浅水”。在这个时期，由于日照比较充足，气温比较高，蒸发量大，浇水以后土壤容易板结，因而要注意用浅齿耙等工具，将板结的土面耕成虚土。否则，土壤板结，既不利于保水，还会绷断幼嫩的根系。一般在浇第三水时，可以加大水量，以后注意保持土壤见干见湿的状态。总之，随着山药植株生长旺盛期的到来，需水量不断增加。所以，应及时调整浇水量，满足山药生长对水分的要求。由于我国南方诸省湿涝多雨，因此在浇水时应考虑这一因素，雨水能及时补充的，则不再另行浇水。雨量大时，还要注意排水，不可使山药植株淹涝。否则，会严重妨碍植株正常生长，有时候还会导致整个植株“泡死”。挖好排水沟，是防止淹涝的一个好办法，不可忽略。立秋以后，为促使山药块茎增粗，防止继续伸长，可灌大水一次。这时灌大水，具有抑制块茎继续下扎，而起到向扩粗方面发展的作用。

山药生长对水质的要求不严格，河水、井水、湖水、雨水和自来水均可，但要保持水质清洁。工厂排出的污水等，不能作为灌溉用水。有关试验表明，施用富含有害重金属元素的污水，会显著增加山药块茎体内的重金属元素含量，以至对人体健康造成严重损害。如果水质污染过于严重，受害的山药植株则不能完成生长周期，以致大部分会中途死亡。

覆盖地膜是近期兴起的新技术，但在山药栽培中使用较少。其主要原因是，地膜成本较高，仅能一次性使用，而且铺膜又比较费事，尤其在山药高垄栽培中不容易铺膜，加之它对整个山药生产所起的作用也不十分明显。地膜的保温作用，在蔬菜栽培中效果明显。但由于山药是高架栽培，大部分生长时期枝叶繁茂，地面基本被枝叶遮住而不能透光，所以在栽培山药中地膜的保温作用不大。但地膜的节水作用对山药栽培有一定益处，通常能节水10%～30%。

以上主要介绍了山药常规栽培中浇水的基本原则。然而，在实际生产中，由于各种条件经常有较大的变化，所以需要灵活掌握，摸索出一套适于当地条件的灌水方式。总之，凡是在沙壤土上栽培山药，浇水要少而勤。在黏壤土上栽培山药，由于保水性好，在满足山药正常生长的前提下，采用何种方式浇水均可。

☞ 38. 山药常规栽培怎样施用有机肥?

施用堆厩肥等有机肥，主要是采用土面铺粪的办法，具有降低土温、保持墒情、稳定土壤透气性和防除杂草的效果，而且给山药生长提供营养的持续时间较长。铺粪在生地栽培山药时效果较好，能够迅速肥沃土壤，改良土壤质地。铺粪应采用充分腐熟的人、畜粪，掺土施用。人、畜粪充分腐熟后，能够将作物不能直接吸收的有机态养分，转化为无机态养分，使之容易被作物吸收。人、畜粪充分腐熟后，还能有效地杀死病菌和虫卵。目前，应该注意的是，人、畜粪的腐熟须采用科学的方法，否则会带来各种各样的问题。比如，在华北某些地方习惯采用所谓"晒粪干"的方法，就很不科学。因为在晒制粪干的过程中，不仅肥料中的氮素损失很大，而且影响环境卫生，所以应该禁止使用。

在山药栽培中，施用腐熟后的有机肥，具有多方面的效能，不仅能大量供给山药生长所需的氮、磷、钾、钙、镁、硫等大量和中量元素，还能供给山药铁、锰、硼、锌、铜、钼等微量元素，因此可称为"完全肥料"。它既可作为山药基肥施用，又可作为山药追肥施用。有关资料表明，施用堆厩肥等有机肥，不仅能供给山药无机营养，而且能供应山药可溶性的有机化合物，如氨基酸、酰胺和磷脂等。施用厩肥等有机肥，还能促进微生物的活动，从而产生生物活性物质，如维生素 B_1、维生素 B_6、维生素 B_{12}、生物素、泛酸、叶酸、对氨基苯甲酸以及生长素等。维生素 B_1、维生素 B_6 能促进山药根系生长，使山药更好地利用土壤中的有效养分。

同时，施用堆厩肥等有机肥，既可提高土壤中各种难溶性养分的溶解度，增加土壤中有效养分的含量，又能改善山药地的土壤物理性、化学性和生物活性，使土壤因子——水、肥、气、热等得以协调，从而能更好地满足山药植株生长的需要。试验表明，在细沙壤土中加入 5%的马厩肥后，土壤容重由 1.43 下降到 1.2，土壤变得更加疏松透气。施用堆厩肥等有机肥，还能增加土壤持水量。试验表明，在沙质土壤中加入 10%的牛厩肥或马厩肥后，其持水量可分别增加 8 倍和 9 倍。由于黏重土壤本身持水量较高，当加入 10%的牛、马、猪、羊等厩肥后，持水量能增加 1.9～2.0 倍。厩肥等有机肥中含有的大量腐殖质胶体，能够胶结土粒，形成土壤团粒结构，因而可改善土壤的通气性、透水性，提高保蓄水、肥的能力，有利于山药根系的伸长和对养分的吸收。厩肥等有机肥，还能改善土壤热量状况，使土壤温度变幅小，有利于山药根系的正常生长。

由于山药生长期较长，也可以施用半腐熟的堆厩肥（尤其是在湿润的南方地区）。堆厩肥等有机肥的施用量，并不是固定的。由于其本身所具有的良好缓冲特性，因而施用量的多少，对山药的生长均不会产生负面的影响。在给山药种植土地铺粪时，将地面盖住一层即可。如厩肥量足，也可铺得厚一些，这对于将生地改造为熟地很有好处。

☞ 39. 怎样自行制作山药生产所需有机肥？

这里介绍两种比较科学的适合于山药栽培的有机肥腐

熟方法：

(1)圈内堆积法

圈内堆积法，即在圈舍内挖深浅不同的粪坑，堆制人、畜粪腐熟肥，分为深坑式、浅坑式和平底式等方式。

①深坑式积肥法：深坑式积肥法，是我国北方大多数地区养猪所采用的积肥方法。在南方也有采用的，但较为少见。深坑式，一般坑深 60～100 cm，经常保持潮湿，垫料在积肥坑中经常被牲畜踩踏，经过 1～2 个月的嫌气分解，然后起出堆积，腐烂后即成为优质有机肥。畜舍内垫料，可采用秸秆、杂草、泥炭和干细土等。一般南方用草作为垫料的较多，北方用土作为垫料的较多，所以也称为土粪。深坑式积肥，是在紧密、缺氧的条件下，将肥料堆制而成。在发酵过程中，有机质一方面矿物质化，一方面腐殖质化。矿物质化后所产生的养分，可被土壤胶体等垫料吸附，不易损失；腐殖质化所产生的腐殖质和垫料充分混合以后，可使垫人的生土成为肥沃的熟土。深坑式积肥法，一方面有利于保肥，所形成的肥料质量较高；另一方面，圈内的二氧化碳或其他臭气较多，影响家畜健康和环境卫生。所以，应该综合考虑后再采用。

②浅坑式积肥法：浅坑式积肥法，就是在圈内挖 15 cm 左右深的坑积肥，并开挖排水沟通至粪尿池。在坑内铺草或其他垫料，以吸收牛、猪等牲畜的粪尿，并随时更换垫料或褥草，以保温吸湿。由于肥料在圈内积沤时间较短，腐熟的程度较差，所以在堆制到一定规模时，还须经过圈外堆积发酵，以达到完全腐熟。浅坑式堆积法最合乎环境卫生的要求。

③平底式积肥法：平底式积肥法，就是在畜舍地面用石板或水泥筑成平底而积肥，也有用砸实土底积肥的。垫料

的方式一般分为2种：一种是每日垫料，每日清除，将肥料运到圈外堆沤发酵；另一种是每日垫料，隔几日清除1次，使肥料在圈内堆沤一段时间后，再移到圈外堆沤发酵。第一种方式适用于牛、马、驴、骡等牲畜的积肥，第二种方式适用于养猪积肥。在地下水位较高，雨量较大，不宜采用深坑式积肥法的地区，可采用平底式积肥法。采用平底式积肥法，在圈内堆沤时，也可利用牲畜的踩踏，使垫料与粪尿充分混合而进行发酵。但这必须垫入较多的草类或干土，不能使圈内过于潮湿。

(2)圈外堆积法

圈外堆积法，因堆积松紧程度不同，又可分为紧密式堆积、疏松式堆积和疏松与紧密交替式堆积3种方法。

①紧密式堆积法：紧密式堆积法，就是将混有垫料的肥料从畜舍内取出后，在2～3 m见方的土地上层层堆起，并随即层层压紧，直到堆至1.5～2.0 m高为止。待堆积完毕后，即用泥炭、泥土、碎草和成的泥浆，将堆肥封好，以免雨水淋溶。用这种方法堆制肥料，其堆肥内的湿度变化较小，温度一般能维持在15～30℃之间。经过堆制以后，肥堆内在嫌气条件下产生的二氧化碳，能与分解后产生的氨化合形成碳酸铵，从而能有效减少氮素和有机质因挥发等原因而造成的损失。采用紧密式堆积法，腐殖质积累较多，但所用时间较长，一般需2～4个月达到半腐熟状态，经6个月以上才能完全腐熟。因此，若采用此法，应提前制备。

②疏松式堆积法：疏松式堆积法与紧密式堆积法大致相同，区别在于堆积过程中不压紧，一直保持好气状态。堆肥在高温条件下分解，不但能使肥料在短期内腐熟，而且能有效杀灭堆肥中的病菌、寄生虫卵和杂草种子。这种堆肥法的缺点是肥料中氮素和有机质损失较大。因此，除非山

药的病害严重，需要采取积极的防治措施，一般较少使用这种堆积法。

③疏松与紧密交替堆积法：疏松与紧密交替堆积法，就是先将肥料疏松堆积，以利于分解，同时浇粪水来调节分解速度。一般经2～3天后，肥堆内部温度可达60～70℃，在这样高的温度下，大部分病菌、虫卵和杂草种子可以被杀死。待温度稍降后，踏实压紧，然后再加新鲜堆肥，如前处理。这样层层堆积，一直堆至1.5～2.0 m高为止。然后，用泥土将肥堆封好，以达到保温和防水的目的。2个月后，一般即可达到半腐熟状态，4～5个月后即可完全腐熟。这种堆积法腐熟时间较短，有机质和氮素的损失相对较少，急用肥料时可以采用此法。山药铺粪所用的粪肥，大多采用这种堆积法制备而成。

40. 山药常规栽培怎样施用化肥？

山药常规栽培，并不杜绝化肥的合理施用。虽然堆厩肥等有机肥料具有很多优越性，但随着现代畜牧业的快速发展，粪便收集处理形式逐渐改为水冲式，使得传统的厩肥等有机肥的产量大幅度减少，因而现在山药产区施用化肥的越来越多。施用化肥为山药追肥时，第一次应该在山药出苗1个月后，每667 m^2施用尿素15 kg；第二次在山药植株现蕾时，每667 m^2施用氮、磷、钾复合肥40～50 kg；最后一次追肥在收获前40天进行，每667 m^2施用磷酸二铵10～15 kg。根据江苏省栽培山药的经验，追施化肥比追施有机肥可提高山药块茎的产量，但出干率（干物质含量）有一定程度的下降，块茎含水量较高，不宜作药材加工。以上仅作为山药追施化肥的基本依据。由于全国各地山药产区的情况不大相同，所用化肥种类变化较大，所以应该根据当地条件和山药的实际生长状况，灵活运用。

☞ 41. 化学氮肥对山药生长起什么作用？

山药缺氮时，蛋白质形成少，因而导致细胞小而壁厚，特别是因细胞分裂减少，使生长缓慢。同时，缺氮会引起叶绿素含量降低，使叶片绿色转淡，严重缺氮时叶色变黄。因为氮素化合物具有高度的移动性，能从老叶转移到幼叶，所以山药缺氮症状通常先从老叶开始，逐渐扩展到上部幼叶。这与山药受旱叶片变黄不同。受旱时，同株上下叶片同时变黄。如果追肥时施用氮素过多，则山药茎叶容易徒长，叶片大而薄，块茎生长量减少，抗病性减弱。因此，追施氮肥的数量要适当。国内目前常用的氮肥品种，大致可分为铵态氮、硝态氮和酰胺氮 3 种类型。

(1)铵态氮肥

铵态氮肥中，常用的有碳铵、硫铵和氯化铵 3 种。

①碳铵：碳铵含氮 17%左右，为白色细粒结晶，有强烈的氨臭味，易溶于水。碳铵施入土中后，能很快地溶于水，被山药根系吸收，在土壤中不残存任何成分，长期施用也不会对土壤性状造成不良影响。碳铵适宜作为山药的追肥。需要注意的是，碳铵施入土壤后，应立即盖土，以防氨的挥发，造成肥料浪费。碳铵一般采用沟施或穴施，深度以 6～9 cm 为宜。

②硫铵：硫铵含氮 20%～21%，为白色晶体，有极少量的游离酸存在，易溶于水，吸湿性小，有良好的物理性状，便于贮存和施用。硫铵施入土壤后，能很快溶解成铵离子和硫酸根，二者均可被山药根系吸收。由于硫铵属生理酸性肥料，长期施用会增加山药地土壤的酸度，所以应配合其他肥料共同施用，以中和其酸性。硫铵的施用方法与碳铵相似。

③氯化铵：氯化铵含氮24%～25%，为白色结晶，吸湿性比硫铵稍大，容易结块，易溶于水，肥效迅速。氯化铵可作为山药追肥施用。施用方法与硫铵、碳铵的施用方法基本相同。由于氯化铵中的氯离子对山药块茎的品质有不良影响，而且氯化铵是生理酸性肥料，它使土壤变酸的程度比硫铵还要严重一些，因而应尽量少施或用其他氮肥来代替。

(2)硝态氮肥

硝态氮肥中常用的有硝酸铵、硝酸钠、硫硝酸铵、硝酸铵钙和硝酸钙等。

①硝酸铵：硝酸铵含氮量为33%～34%，白色结晶，其中硝态氮和铵态氮各半，两者均能被山药吸收利用。硝酸铵在土壤溶液中可很快离解成铵离子和硝酸根。铵离子在土壤中的变化和铵态氮肥中的铵离子相同。而硝酸根不能被土壤黏粒吸附，易随水分移动而流失。所以，在沙质土壤以及多雨地区种植山药时，应少用硝酸铵作为追肥。

②硝酸钠：硝酸钠有天然矿产和人工制造2种。天然矿产硝酸钠一般含硝酸钠15%～70%，经加工精制后可得到较为纯净的硝酸钠，其含氮量为15%～16%，含钠量为26%。硝酸钠施入土壤后，能迅速溶解成硝酸根离子和钠离子，因而肥效迅速。但硝酸根在土壤中也容易淋失。所以，只宜作山药追肥施用，并要掌握少量分次施用的原则。同时，由于钠离子与土壤胶体上的阳离子进行代换后，使胶体分散，土壤结构被破坏，容易形成板结。所以，硝酸钠要与含钙的肥料配合施用。硝酸钠是生理碱性肥料，植物吸收硝酸根离子多于钠离子，这样经过与土壤反应，能够生成碳酸氢钠而使土壤变碱。所以，用硝酸钠给山药追肥时，应考虑到栽培土壤不是盐碱性土壤才行。此外，由于钠离子会对山药块茎的品质造成一定的影响，故不宜多施，并以配

合其他种类的氮肥施用为好。

③硫硝酸铵:硫硝酸铵是将硫酸铵与硝酸铵按一定的比例混合后,在熔融的情况下制成的,总含氮量为25%~27%,淡黄色颗粒。硫硝酸铵中有1/4为硝态氮,3/4为铵态氮,故吸湿性比硝铵小,硫酸根的含量比硫铵低。硫硝酸铵的性质介于硫铵和硝铵之间,可用作山药追肥。施用方法与硫铵相同。

④硝酸铵钙:硝酸铵钙是由硝酸铵与一定量的白云石粉末熔融而制成的,含氮20%~21%,一般为灰白色、淡黄色或绿色的颗粒或粉末。其中,约含60%的硝酸铵,40%左右的白云石。它比硝铵具有良好的物理性质,吸湿性小,分散性好,不易结块。由于它含有大量碳酸钙,所以在酸性土壤上施用具有良好效果。用于给山药追肥时,可在施用时掺些干细土,以便使施用均匀。施用方法可参照硝铵的用法,用量可适当增加。需要注意的是,硝酸铵钙不能与过磷酸钙混用,否则会减低过磷酸钙的肥效。

⑤硝酸钙:硝酸钙是用石灰中和硝酸而制成的,它也可以是制造硝酸磷肥的一种副产品。每生产1 t氮素的硝酸磷肥,可以获得0.5~1.0 t氮素的硝酸钙肥料。硝酸钙的含氮量仅13%左右,吸湿性很强,容易结块,应在干燥处贮存。硝酸钙为生理碱性肥料,它所含的钙离子对土壤物理性质具有改善作用。用硝酸钙作为山药的追肥,效果很好。由于南方地区湿涝多雨,硝态氮容易淋失,所以应避开雨季施用硝酸钙。

(3)酰胺态氮肥

酰胺态氮肥主要是尿素。尿素是用氨气和二氧化碳在高温高压下直接合成的有机肥。尿素含氮量为46%,是固体氮肥中含氮量最高的一种。为白色结晶,常温下吸湿不大，但当温度超过 20℃、相对湿度超过 80%时，吸湿性也随之增强，因而要将它存放在阴凉干燥的地方。尿素易溶于水，其溶解度较硝铵小，但远比硫铵高。因为山药叶片的角质层很厚，因而尿素作叶面施肥时，被叶片吸收的比例较少。尿素施入土壤后，需要经过微生物的作用，转化为碳酸铵，才能被山药吸收利用。所以它的肥效速度不及其他氮肥快。由于尿素是中性肥料，不含副成分，其铵离子和碳酸氢根离子均能被山药根系吸收，所以作为山药的追肥具有良好的效果。但用尿素作追肥，应提早一些，以便给微生物的转化活动留出时间。尿素一般不容易被雨水淋失，所以在多雨的南方地区施用，效果也很好。

☞ 42. 化学磷肥对山药生长起什么作用？

磷是植物体内核酸的基本构成物质，它参与植物体内的能量代谢。山药缺磷时，叶片发暗，叶脉略现紫红色，根系发育不良，影响块茎膨大。但施用磷素过多，又会对山药的生长造成不良影响，导致植株矮小，易早衰，块茎品质变劣。

国内目前常用的磷肥品种，有磷矿粉、过磷酸钙、重过磷酸钙、钙镁磷肥和钢渣磷肥等。

①磷矿粉：磷矿粉由磷矿石直接粉碎而成，是一种难溶性磷肥。一般不作为山药的追肥施用。但如果是富矿制成的磷矿粉，含磷量在 30%以上时，可与生理酸性肥料（如硫酸铵等）混合施用，以促进磷矿粉的溶解，便于山药吸收利用。

②过磷酸钙：过磷酸钙简称普钙，是国内生产最多的化学磷肥品种。它由磷矿粉与硫酸反应以后制成，属于水溶性磷肥。其主要成分为水溶性的磷酸钙和难溶于水的硫酸

钙,磷酸钙占总重量的30%～50%,硫酸钙占40%左右。过磷酸钙主要供应磷营养,同时也提供硫营养,还具有改良土壤的作用。由于过磷酸钙施入土壤后,水溶性的磷酸钙易被土壤固定,移动性小,因此在用过磷酸钙作为山药的追肥时,应采用近根系条施或穴施的方法。但是要注意不能损伤根系。过磷酸钙与有机肥混合施用,可以提高肥效。

③重过磷酸钙:重过磷酸钙又称重钙。是一种高浓度的磷肥,是用硫酸处理磷矿粉制得磷酸,再以磷酸和磷矿粉作用后而制成的。其成品为深灰色颗粒状或粉末状,主要成分为水溶性的磷酸钙,含磷量为40%～52%,不含石膏。重钙在作为山药追肥时,与普钙的施用方法基本相同,但用量须适当减少。重钙作山药的追肥,效果略好于普钙。

④钙镁磷肥:钙镁磷肥是将磷矿石和适量的含镁硅矿物质,在高温下共熔而形成的玻璃状碎粒,也有磨成细粉状的。其成品颜色不一,呈灰绿色或灰棕色,含磷量为14%～19%,属于弱酸溶性磷肥,是国内生产的主要磷肥品种之一。钙镁磷肥施用后,要有一个时期的溶解过程,才能被山药根系吸收,所以其颗粒越细,则肥效越好。用作山药追肥时,宜早施用。钙、镁、磷肥在不同的土壤中均有肥效,在偏酸性土壤中的肥效更好一些。钙镁磷肥的肥效不及过磷酸钙迅速,但后效持久。钙镁磷肥可与厩肥混施,这样可进一步提高其肥效。

⑤钢渣磷肥:钢渣磷肥是炼钢工业的副产品,呈深棕色,粉末状,强碱性,弱酸溶性,磷酸含量在7%～17%。钢渣磷肥作为山药追肥的效果不佳,但可在山药生地上作基肥施用。

☞ 43. 化学钾肥对山药生长起什么作用?

钾是植物体内不可缺少的营养元素,它与氮、磷不同,不参与植物体内有机物的构成。钾主要以离子态存在,容易移动。山药缺钾时,老叶叶尖有发黄症状,叶片上多出现褐色斑点。山药缺钾的情况一般较少,缺钾的症状也不如其他植物明显。但在北方某些山药产区,由于土壤钾的有效性较低,仍要重视钾素的补充,以增强山药的抗逆性和抗病能力。

目前国内常用的钾肥品种,有氯化钾、硫酸钾和草木灰等。

①氯化钾:氯化钾是溶于水的速效性钾肥,含钾量为60%左右,呈白色、淡黄色或紫红色结晶,物理性状良好,属生理酸性肥料。在作为山药追肥时,宜与石灰质肥料配合施用,或与厩肥混合施用,否则易引起土壤酸化。由于氯离子对块茎的形成不利,因此应少施氯化钾肥,或用硫酸钾肥代替。在山药生长后期,尤其注意不要用氯化钾作追肥施用。

②硫酸钾:硫酸钾呈白色结晶,溶于水,含钾量为50%~52%,物理性状较氯化钾为好,属于生理酸性肥料。硫酸钾在土壤中的转化与氯化钾相似,但对土壤脱钙程度相对较小,对土壤的酸化速度比氯化钾缓慢。硫酸钾可作为山药的良好追肥,应采用集中条施的方法。

③草木灰:草木灰是植物体燃烧后残留的灰分,通常以稻草、麦秸、玉米秆、棉花柴、树枝和落叶等燃烧而得到,是国内农村长期使用的土制钾肥。燃烧完全的草木灰呈灰白色,燃烧不完全的,呈灰黑色。草木灰中含有多种营养元素,但以钾素最为重要,主要是以碳酸钾的形态存在,也存

有少量的硫酸钾和氯化钾。草木灰中的钾素有90%能溶于水，是良好的速效性钾肥。在作为山药的追肥时，不能与铵态氮肥和厩肥混施，否则会影响肥效，并造成氨的挥发。

44. 化学微肥对山药生长起什么作用？

微量元素俗称微肥，是植物生长不可缺少的营养物质。常用的微肥，有硼砂、硫酸锰、硫酸锌、硫酸亚铁、硫酸铜和钼酸铵等种类。硼砂为白色结晶或粉末，溶于水，含硼11.3%。硫酸锰，为粉红色结晶，溶于水，含锰26%～28%。硫酸锌，为白色或淡橘红色结晶，溶于水，含锌24%。硫酸亚铁，为淡绿色结晶，溶于水，含铁19%。硫酸铜，为蓝色结晶，溶于水，含铜25.5%。钼酸铵，为青白色结晶或粉末，溶于水，含钼49%。山药生长中一般不缺乏微量元素，主要是因为在施基肥时施入了大量养分比较全面均衡的厩肥等有机肥。虽然山药一般不缺乏微量元素，但通过采用叶面喷施的方法追施微肥，可明显提高山药块茎的品质。在山药生长期，每隔1周喷1次硫酸锌溶液，连续喷施7次，可使山药块茎的含锌量提高1倍以上，能大大增强其药性。需要注意的是，采用微量元素作叶面追肥时，其喷施溶液的浓度不能超过0.1%，否则会灼伤山药叶片。

45. 复合肥料对山药生长起什么作用？

复合肥料一般是指肥料中同时含有氮、磷、钾三要素，或者含有其中任何两种元素的化学肥料。与单元肥料相比，复合肥料的优越性，主要表现在养分总量高，副成分少，贮运费用低，肥料的理化性状好。但复合肥料也有一些缺点，如养分的比例是固定的，不易满足复杂的施肥技术要求等。在山药追肥中，经常采用的复合肥料，有磷酸铵、硝酸磷肥、磷酸二氢钾和硝酸钾等。

①磷酸铵:磷酸铵简称磷铵,用氨气中和浓缩的磷酸而制成,是山药追肥中最常用的优质复合肥料。国产磷酸铵,实际上是磷酸一铵和磷酸二铵的混合物。磷酸一铵比较稳定,呈酸性反应,氢离子浓度为 39 810 nmol/L(pH 值为 4.4)。磷酸二铵稳定性稍差,呈碱性反应,氢离子浓度为 10 nmol/L(pH 值为 8.0),在高温高湿条件下常有氨气挥发。纯净的磷酸铵为灰白色,由于在制造过程中磷酸往往含有杂质,故商品肥料多为深灰色。磷酸铵溶于水,水溶液的氢离子浓度为 63.09～100 nmol/L(pH 值为 7.0～7.2),呈中性。磷酸铵含氮 18%,含磷 46%,而且氮、磷养分都是速效的,易被山药植株所吸收。

②硝酸磷肥:硝酸磷肥,是用硝酸分解磷矿石粉,再经氨化而制成的复合肥料,适用于多种土壤和作物,对山药也很适合。在用作山药追肥时,应采用挖穴深施法,深度在 10 cm 以上,但要注意不能挖断山药根系。

③磷酸二氢钾:磷酸二氢钾属于优质复合肥,是用硫酸钾加生石灰生成氢氧化钾后,再用磷酸酸化而制成的。其纯品为白色结晶,含磷 52.2%,含钾 34.4%。商品肥料一般含磷 50%,含钾 30%,易溶于水,呈酸性反应,氢离子浓度为 316 300 nmol/L(pH 值为 3.5)左右,吸湿性很小。由于磷酸二氢钾价格较贵,一般采用叶面喷施的办法作山药追肥用,喷液浓度不能超过 0.2%。

④硝酸钾:硝酸钾是用硝酸钠与氯化钾一起溶解后,再结晶而制成的,为白色结晶,含氮 12%～15%,含钾 45%～46%,易溶于水,吸湿性小,物理性状良好,可作为山药良好的追肥。由于硝酸钾易燃、易爆,生产成本也高,所以使用时应格外注意安全,并减少无效损耗。

另外，有条件的山药产区，也可以采用中国农业大学山药课题组研制的山药专用复合肥(已获得国家发明专利，专利号:200410054663.8)。该肥料可有效节省肥料使用量和施肥用工量，稳定山药品质，提高山药产量15%～20%。基肥每667 m^2 需用山药专用复合肥200 kg，并在6月底和8月中旬各追肥1次，每次每667 m^2 需用山药专用复合肥50 kg。

46. 山药常规栽培怎样科学支架、理蔓和整枝?

山药茎不但长，而且纤细脆弱，容易被大风吹折，所以搭立支架应力求稳固。支架的取材，应立足于本地条件。北方产区，架材可用结实的树枝、刺槐条和粗紫穗槐条等削制而成，南方可用拇指粗的竹竿加工而成。架高一般不应低于1.5 m。支架的形式多种多样，比较常用的为"人"字形架，每株一支，在距地面1.5～2.0 m处交叉捆牢。一般在苗高30 cm以上时，即可搭立支架。搭架时，应注意不能损伤幼苗，支架插入土壤的深度以20 cm为宜。最深不要超过30 cm，否则会影响到根系的正常生长，有时还会捅伤种薯。

有些地区习惯采用四角架，即每四株山药苗各插入一根支架，支架与地面垂直，在支架上端再横架四根架材，然后用绳子捆牢。搭立四角架，还可以在横架中间拉上几根塑料绳，以增加茎蔓上架面积和受光面积，同时也有利于通风，并能防止山药蔓缠绕成团，避免互相影响生长发育。如果山药是作为地边围栏栽培的，可在山药生长的一侧搭立一层篱笆，供山药茎蔓攀爬，篱笆可搭绑成斜方块形，以增加庭院的美化效果(图12)。

图 12　山药作为篱笆美化庭院

山药上架时，如果工时允许，可以顺势理蔓，引导茎蔓均匀盘架，避免互相搅团。近年来，有些山药产区提倡高架栽培，支架搭立的高度达到 3～4 m，这样可以增加受光面积，加强茎蔓间的通风。不过由于长架材料制备困难，增加经济开支，而且抗风性差，所以不必一味强求。

架材在搭立以前，可先将入土部分用火轻微炙一下，这样可避免腐朽，延长其使用寿命。一般架材可连续使用 3～4 年，保养好的能用 5～6 年。架材的粗度以 3～4 cm 为宜。如用竹竿则可细一些，但也要在 1 cm 以上，否则牢固性不够。架材也不能太粗，否则搭立困难，也影响通风透光。绑缚架材以用塑料绳为好，细麻绳也可，但不能用铁丝和铁钉绑缚架材，以利于支架搭卸方便和安全。目前，有的大型庭院用山药作观赏篱笆，并不搭架，只是在山药出苗后从屋顶斜拉一排塑料绳到地面，以供山药茎蔓攀爬，观赏效果很好。不过要注意的是，塑料绳一定要牵紧，防止被大风吹坏。

我国沿海地区种植山药时，由于经常有台风袭击，所以对搭架的牢固性要求很高。否则，大风袭来会连根拔起，造成山药大面积绝收。因此，当地有的干脆不立支架，任凭山药在地面上匍匐生长。这样，虽对山药块茎的产量有一定程度的影响，但由于省去了搭立支架等繁重劳动，在工时紧张时也可考虑采用此法。在山药不立支架栽培时，应注意减小栽培密度，以增加地面上山药叶片的受光面积。

在山药栽培中，一般不进行整枝。但如果出苗后有数株幼苗挤在一起，应该及时间苗，只留下一株强壮幼苗。此外，在山药进入生长盛期后，可适当摘除基部的几条侧枝。这样做的目的在于尽量集中养分，促进块茎的生长。如果在生长后期，发现零余子生成过多，也应及时摘除。否则，会与地下块茎争夺养分，影响块茎的膨大。根据有关试验报道，零余子的 667 m^2 产量如果达到500 kg 以上，则会相应减少山药块茎的产量。所以，除采种外，一般零余子的 667 m^2 产量要求控制在 100～150 kg。

☞ 47. 山药常规栽培怎样中耕除草？

山药地中常见的杂草有近 30 种。如灰菜、小藜、灰绿藜、马齿苋、反枝苋、凹头苋、小喇叭花、菱角菜、打碗花、野稗、绿狗尾草、抓地草、碎米莎草、蟋蟀草、铁苋菜、猪芽菜、龙葵、大马蓼、蒺藜、蒲公英、刺儿菜、虎尾草、菟丝子、白鳞莎草、米米蒿、看麦娘、星星草、小鸡草、香附子和千金子等。由于山药出苗后生长很快，所以中耕除草只在早期进行。中耕要求浅耕，只将土壤表面整松即可。在山药生长过程中，一般杂草的生长也会很旺盛。为避免杂草争夺养分，应及时将其拔除，但应注意不要损伤山药的块茎和根系。

现在有的山药产区，在定植后用喷洒除草剂来灭除杂草，效果不错。使用除草剂，适于山药大面积栽培。江苏农民在山药播种后至出苗前，趁雨后土壤墒情较好时，每667 m^2 用48%氟乐灵乳油150～200 g，对水50 L，均匀地喷洒土面，喷后浅耧，效果很好。台湾农民习惯用34%施得圃(Stomp)乳剂250倍稀释液，喷洒土面，每公顷用药量为4 kg，效果也很好。需要注意的是，应该根据杂草发生种类，选择合适的除草剂。以禾本科杂草为主的发生地区，可使用氟乐灵、地乐胺和除草通；以荠菜、灰菜为主的杂草，可用利谷隆和除草醚。不管利用哪一种除草剂，都必须在杂草萌发前或杂草刚萌发时施用，这样除草效果才有保证。如果用药偏晚，杂草大量出土，则影响除草效果。在沙性土壤上栽培山药时，禁止使用扑草净，否则易对山药产生药害。

48. 山药常规栽培选用的除草剂有哪些？

由于我国山药产区分布较广，从东北到华北，一直到江南，均有栽培。山药地中的杂草也多种多样，所以应根据杂草类别，正确施用除草剂。目前，山药栽培常用的除草剂大约有17种，分述如下，供参照使用。

①百草枯：百草枯又称克芜踪。纯品为无色结晶，易溶于水，不挥发，在酸性条件下比较稳定。百草枯可防除多种一年生豆科、禾本科和莎草科杂草，但对多年生深根性杂

草，只能杀死地上部分，不能根除。商用剂型有5%水溶性颗粒剂和20%水剂。喷药时，要防止药剂溅到山药苗上。百草枯对眼睛有刺激作用。

②杀草净：杀草净又称异丙净，为白色粉末，易溶于有机溶剂。杀草净可防除野苋、马齿苋、龙葵、牵牛花、藜、苍耳、兔针草、稗、马唐草、蟋蟀草和龙爪草。商用剂型有80%或50%可湿性粉剂和50%胶悬剂。在土壤潮湿时施用，可增强除草效果。

③杀草丹：杀草丹纯品为淡黄色油状液体，微溶于水，易溶于乙醇、丙酮等有机溶剂，对酸碱比较稳定。杀草丹可防除稗、牛毛草、三棱草、日照飘拂草、马唐草、牛筋草、狗尾草、看麦娘、蓼、小花千屈草、水马齿苋草、狼把草、马齿苋、藜、瓜皮草、鸭舌草、回草萍、眼子草和香附子等杂草。商用剂型有70%可湿性粉剂、50%乳油、10%颗粒剂、杀草丹-S颗粒剂和杀草丹-P乳油。

④异丙隆：异丙隆为无色无臭粉末，可溶于大多数有机溶剂，对光、酸、碱比较稳定，具有内吸和触杀作用。异丙隆可防除马唐草、藜、看麦娘、黑麦草、野燕麦、早熟禾、牛筋草和马齿苋等杂草。商用剂型有15%、75%可湿性粉剂。

⑤氟乐灵：氟乐灵又称茄科宁，为橙黄色结晶体，具有芳香族化合物气味，溶于大多数有机溶剂。制剂为橙红色液体，可与许多杀虫剂和液体肥料混合施用。毒性低。氟乐灵可防除画眉草、千金子、狗尾草、稗、马唐草、早熟禾、藜、看麦娘、马齿苋和野苋等杂草。商用剂型为48%乳油。氟乐灵施用后，应及时混土，防止挥发和光解。

⑥都尔：都尔又称异丙甲草胺，为黄棕色液体，在水中可乳化成乳状液，为低毒除草剂。都尔可防除狗尾草、稗、画眉草、马唐草、牛筋草和早熟禾等杂草。商用剂型有

72%乳油。都尔不宜在沙土地上施用。

⑦胺草磷:胺草磷纯品为白色或淡黄色结晶,难溶于水。胺草磷可防除马唐草、稗、狗尾草、莎草、藜、苋、马齿苋和铁苋菜等杂草。商用剂型为25%乳油。在干旱时用胺草磷喷雾,效果优于毒土法。

⑧拉索:拉索又称甲草胺、草不绿或杂草锁,为乳白色、无味、非挥发性结晶体,能溶于乙醚、丙酮、苯、氯仿和乙醇等有机溶剂,在强酸强碱条件下可水解。拉索为低毒除草剂,可防除马唐草、狗尾草、稗、藜、苋、马齿苋和菟丝子等一年生杂草。商用剂型为48%乳油。在湿度大或降雨后施用,可提高除草效果。

⑨地乐胺:地乐胺又称双丁乐灵,为橙色固体,能溶于二甲苯和丙酮等溶剂。地乐胺是高效、低毒、低残留和应用较广的除草剂,可防除马唐草、狗尾草、稗、野燕麦、苋、藜和马齿苋等杂草。商用剂型为48%乳油。

⑩苯达松:苯达松又称灭草松或噻草平,纯品为白色结晶。苯达松可防除鸭舌草、苍耳、马齿苋、问荆、荠菜、曼陀罗、猪殃殃、野生萝卜、莎草和蒺藜等杂草,但对禾本科杂草无效。商用剂型有25%、48%、50%可湿性粉剂、乳油和液剂。在干旱和过湿土壤上不宜使用,还要防止药液溅入眼内。

⑪扑草净:扑草净的纯品为白色结晶,工业品为米黄色粉末,有臭鸡蛋味。在常温下比较稳定,在酸碱、紫外光照射及高温条件下易分解,是选择性内吸传导型除草剂。扑草净可防除一年生单、双子叶杂草。商用剂型为50%可湿性粉剂。扑草净不宜在沙土地上使用。

⑫恶草灵:恶草灵又称农见它或NFDA3草酮,为无臭不吸湿的白色结晶,可在碱性溶液中分解,是一种在芽前或

芽后使用的除草剂。恶草灵可防除鸭舌草、稗、雨久花、水马齿、马齿苋、蓼、千金子、毛马唐和牛筋草等杂草，对防除旋花属杂草更为有效。商用剂型有2%颗粒剂和12%、25%乳油。不能在土壤干旱时施用，不能喷在山药苗上，否则会产生药害。

⑬除草通：除草通又称二甲戊林或胺硝草，纯品为无臭橙黄色结晶，溶于多种有机溶剂，在碱性和酸性条件下均较稳定，无腐蚀性，具有挥发和光解的特点。除草通可防除大多数禾本科杂草及某些双子叶杂草。它与氟乐灵的除治对象基本一致。商用剂型有33%和50%乳油。

⑭利谷隆：利谷隆纯品为白色结晶，不溶于水，易溶于丙酮、乙醇、苯等有机溶剂。在水中稳定，遇酸、碱则会慢慢分解，高温下迅速分解。毒性小，对人、畜安全。具有内吸和触杀作用，有选择性。利谷隆可防除马齿苋、藜、苋、铁苋菜、荠菜、稗、马唐草、狗尾草和叶筋草等多种单、双子叶杂草，尤其对阔叶杂草防除效果更好。商用剂型为50%可湿性粉剂。在沙性土壤上若用药量过大，或施药后降雨，易伤山药苗。

⑮毒草胺：毒草胺为淡褐色固体，微溶于水，易溶于一般有机溶剂，对人、畜毒性较低，是一种选择性触杀型芽前除草剂。毒草胺可防除狗尾草、稗、灰菜、野苋、草木樨、龙葵、马齿苋、马唐草和野苏子等杂草，但对多年生杂草无效。有效期在1个月左右。商用剂型有10%和20%可湿性粉剂，30%乳油。由于药效较短，应在杂草未出土前施用，最好在芽前3～5天施用。在土壤干旱时施用，会影响除草效果。

⑯草枯醚：草枯醚为淡黄褐色结晶状粉末，溶于水。是触杀型除草剂。草枯醚可防除马唐草、稗、狗尾草、瓜皮草、

鸭舌草、苋、藜和马齿苋等杂草。商用剂型有7%颗粒剂，20%粉剂，15%和20%乳油。

⑰豆科威：豆科威又称草灭平。纯品为白色晶体，工业品为紫色粉末，微溶于水，易溶于乙醇和丙酮，在酸、碱介质中水解，是一种选择性芽前除草剂。豆科威可防除马唐草、野苏子、稗、夏草、看麦娘、苋菜和藜等一年生单、双子叶杂草。商用剂型为20%水剂和乳油。

49. 山药常规栽培怎样收获?

山药的收获时间很长，是食用农作物中收获时间最长的庄稼。有的地方一进8月份就收山药，有些则在第二年4月份才挖掘，这中间前后相差有8个月的时间。在这段时间内，可以根据市场需求、气候状况、劳力条件、合同期限、自家食用需要等情况，以及贮存设备的多少和大小，随时收获山药。按收获集中时间的不同，一般可分为夏收、秋收和春收。收获时，要认真仔细。既要将山药挖收干净，防止遗漏，又要使山药完好无损，不受伤害。真正做到丰产丰收，收尽收好。

(1)山药的夏收

山药的夏收，一般是指当年8月上旬到9月间的收获。夏收的目的是抢市场，补淡季，争农时，种萝卜。在江苏等地则可趁这个时机抢种一茬牛蒡。只是应该注意的是，收获山药要格外仔细。八九月份挖起的山药，特别是8月上旬收得的山药，都还没有完全成熟。就是在我国气温较高的华东地区，这时的山药也还是没有完全成熟。所收获的新山药，水分大，干物质率低，碳水化合物比10月下旬收获的山药少10%。而且从土中挖起后最怕太阳直晒，再加之8月份的太阳光照还很厉害，山药一晒，其块茎就萎蔫。因此，一定要小心收获。最好是预先联系好市场和买主，做到随要随收，随收随卖。收获时，山药块茎上应多带些泥土防干保湿，以免失水萎蔫，降低质量。在收获后，也需注意保护，特别是在包装、运送的过程中要小心。可以将枝蔓围在山药四周或盖在上面，一次性送到收购点，切不可来回倒腾。收获时，细根不要去掉。越是早收的山药，细根越是存有活力。因此，不要去细根，而应将块茎连同细根泥土一齐上市，以便保证质量，不致因失水而下降。

另外，在八九月份高温期所提前收获的山药，只能煮着吃，蒸着吃，也可以做拔丝山药等，但最好不要做山药元宵、山药饼、山药泥和山药糊等。因为这时的山药，含水量大，干物质少，质地脆嫩，吃起来不太面，口味差。最为忌讳的是，不能用来加工山药汁、山药酸奶、山药蜜汁、山药果酱、山药清水罐头和山药饮料等制品，特别是不能制作山药干和山药粉。不能做山药汁、山药饮料的原因，是所做出的饮料产品，很容易变成红色、褐色，或是紫褐色，这都是因为山药的褐变而引起的。八九月份收获的山药褐变最甚，收得越早，褐变越多。用这时收获的山药所加工的饮料产品，其品质将受到严重的影响。不能做山药粉和山药干的原因，主要是这时收获的山药水分多，干制太不合算，粉制营养较差。

早收的山药是不能制药的。药厂的收购员绝不会在八九月份到产地去收购现采的山药。这不仅是因为这时候采收的山药，皮不硬，色不白，质地脆，一碰就断，既不好装，又不好运，更为主要的是这时收获的山药，水分多，干货少，药性差，药味不浓。其他的条件即使可以对付，但药性差是不能含糊的。药性差的山药，将会降低所有用山药配伍的中成药的药性，这就影响太大了。

8 月份的山药，块茎正处于充实的关键时期。虽说这时候山药的外形已经长得很像个山药了，无论是长短，还是粗细，似乎都已经长到了标准规格，但其表皮的颜色，肉质的颜色、硬度和风味，与 10 月底收获的山药都相差甚远，不能比拟。除了水分多了 10%～15%之外，淀粉的含量、蛋白质的含量、糖蛋白和维生素的含量，钾、钙、铁、锌、铜、锰、锂、锶等矿质元素的含量，尤其是山药皂素、多巴胺、多酚氧化酶、尿囊素、碘质、胆碱以及脱氢表雄酮等多种延缓衰老、恢复青春、根治疾病的重要成分，几乎都未达到固有的含量，这怎么能用来做药呢？所以，对于山药的夏收，一定要持慎重的态度。

(2)山药的秋收

山药的秋收是传统中普通的收获，一般从 9 月下旬到 11 月份进行。这时，山药植株地上部已渐枯萎，霜冻将至，应该在地冻之前将其收获完毕。这个时候收获的山药，主要应注意防冻，尤其是东北和内蒙古等地，冬季温度偏低，更应注意防冻。在初霜来临较早的北方，应在初霜前将山药收获完毕。

山药收获的一般程序，是先将支架和枯萎的枝蔓一起拔掉，接着抖落茎蔓上的零余子，并全部收集起来。再将绑架中的架材抽出，整理好，消毒后进行贮存，以备来年使用。将拔起的枯萎茎蔓和地上的落叶残枝，全部清理干净，集中处理，以免茎蔓和残枝落叶所带病菌扩大感染。尤其是连茬种植山药的田块，更需谨慎行事，消除病原。

地面清理干净之后，开始挖沟收获山药。收获之前，将山药铲(图 13)、箩筐、绳子、石灰等应该准备的工具用品全部备好。自家的小块山药地，可以选晴天，全家出动，一次收完，或是按计划收完。商品基地大面积栽培的山药，收获前应与收购单位、挂钩市场或外销部门联系好收购事宜，并准备好汽车和马车，以便收获作业开始后，人到车到，紧密配合，统一指挥，分工协作，各负其责。人手要够，组织要好。要按顺序一棵一棵地收，挖的挖，提的提，一切运输、包装、上车、下车等活动都应有条有理，井然有序。工作认真，处处小心，将山药的损失和伤害减少到最低程度。根据商家或商量好的意见，将若干根山药扎作一捆，或若干根山药装作一筐，都应准确无误，一次到位。也可以将所收获的山药直接贮藏入窖，或就近上市。做到生产者满意，商家满意，顾客满意。

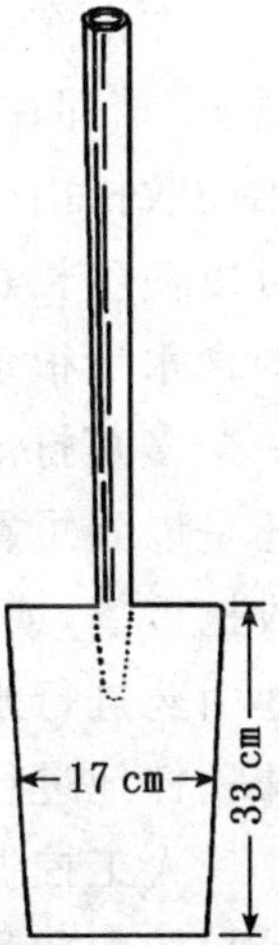

图 13　山药铲

在收获中，要特别注意的是，千万要保护好山药嘴子。不要只顾挖山药、装山药、卖山药，而忽略了要正确地截下山药嘴子。山药嘴子一经切下，就应在断面上沾好石灰粉，或者是70%代森锰锌超微粉，及时进行杀菌消毒。

如果在山药收获适期，没有合适的客商配合收购，或是因为价格谈不拢，不合算，就可以暂时不收，等待机会再说。收获长山药，是很费力且需要技巧的劳动，尤其在较为黏重的土地上收获，一个人一天只能挖20 m长的沟，即使沙土地也不会超出30 m。在收获适期，劳力不足时，也可以暂时不收，仍将山药留在田间，只是在冬前应用土将山药沟盖上。盖土应依地区的不同而采用不同的厚度。如在山东济宁一带，盖土厚度是15 cm左右。也可以盖草保温，还可以盖上塑料薄膜。这样做的目的，主要是为了保护山药嘴子不受冻害。山药的食用部分，在地下30 cm以下的深土层内，一般是不会受冻害的，可以安全度过整个冬天。

在山东济宁地区，秋末收获山药的方法是“白露打，寒露刨”。即在白露节气时，先打落山药豆（零余子），寒露到了便收挖山药。山药豆比山药整整要早收一个月，这样做可以使生长在地下的块茎更为充实。但是，在寒露时块茎的含水量很多，非常嫩脆，收获时块茎极易折断。再说提前一个多月打落零余子，也会影响枝叶生长。因此，一般认为还是以到了霜降以后茎叶枯黄时收获为好。当然，为了早收抢市场，或是土壤湿度比较大的山药地块，可以早收。沙地山药进行水掘法收获的，湿水面积也不能太多。应该一株一株地进行湿水冲沙疏土，将山药拔出。

人工挖掘山药，使用山药铲进行作业。块茎深入地下较长的山药品种，一开挖就应把深度挖够。譬如说，1 m 深或 1.5 m 深，60 cm 见方，空壕挖好后，才能根据山药块茎和须根生长的分布习性，挖掘山药。山药块茎在一般情况下都是与地面垂直向下生长的，不拐弯。所有的侧根则基本上和地面平行生长，而且，离地面愈近，根愈多，颜色愈深，根愈长。根据这些生长特点，挖掘时先将块茎前面和两侧的土取出，直到根的最先端，但不能铲断块茎背面和两侧的大部分须根，尤其是不能将顶端的嘴根铲下。一旦铲断嘴根，整个块茎则失去支撑，随时都有断裂成段和倒下的危险。因此，一直要等挖到根端后，才能自下而上铲掉块茎背面和两侧的须根。在铲到嘴根处时，用左手握住山药上部，右手将嘴根铲断。接着，左手往上一提，右手则要握好块茎中部，以免折断。挖上几根后就能掌握规律了。

这样下来，熟练工一天能挖起 200 根就不错了。这也许是多少年来，不少农户只种植百十株山药的原因之一，实在是太费工了。水掘法虽能提高 3～4 倍的效率，但只能在透水性和排水性绝好的沙丘地上才能采用。采用这种方法，收获的效率是提高了一些，可因注水收获却使沙土与块茎结合得更紧密了，本来准备第 2 年不深耕的地块，也就必须重耕了，这便增加了来年的麻烦。用水掘法收获的山药，块茎外表干净，因而很受用户的欢迎。但对山药来讲，带些土不易干裂，且容易保存；不带土就不好保存了。而且水掘收获的山药块茎最怕暴露在太阳光下。可见这种方法也不是十全十美。

山药收获的机械化作业，至今并不完善。一般只是用小型拖拉机带一个挖掘机，从山药沟一边开始，向前推进。机械手一边操作机械，一边将挖出的山药拔出，每天可以收获 200 m 左右。这比人力要快得多，但是山药的创伤折断率也多了不少。

从山药的品质考虑，晚收比早收好，下午收比上午收好。即使是在叶片枯凋期再延后一些日子收获，也会使块茎更为充实，块茎表皮也会变得更硬一些，收获中的伤害会减少。再者是秋冬时日，天气已经很冷了，如果人力不足或者组织不好，山药易受冻害。而山药在深土层中不去动它，冻害是很少有的。如果要将山药用来加工山药汁和山药糊，或作切片处理时，则应该晚一些收获，最好是在第 2 年春暖花开时再收获。这时收获的山药，品质好，变味少，变色的也少。而早收的山药，却经常出现品质受损害的现象，比如山药肉变成褐黑色或褐色，且收获愈早，褐变愈多。

收获山药时，应尽量避开高温和日晒，即使是下午也要注意。收获后应立即盖土防晒，而且进行水洗和装箱等活动，均需选在温度较低的地方进行。因为温度愈高变色愈多，而在 5℃以下的低温环境下，山药变色很少。

(3)山药的春收

山药的春收，是指在第 2 年 3～4 月份的收获。依地区的不同，收获时间前后有一个月的差距，但最迟也不能影响春天的播种和定植作业。收获太迟了，也会因为地温达到了10℃左右，山药块茎已经过了5个月的休眠，在湿度适宜的条件下就会萌发新芽。为什么要延迟到第二年春季才收获山药呢？春季收获的优点还是很多的。

首先，春天收获的山药品质好。不仅营养好，风味好，加工产品质量更好，褐变非常少。夏收的山药不成熟，其优点只是提前收获，提前供应市场。所收获的山药只能食用，不能药用；只能熟食，不能加工。秋收的山药食用和药用都很适合。灵气已足，完全可以满足老年人冬春食补山药的需要。因此，只要有市场，就应该在冬前一次性收获。特别是收购单位不要求生产者自己贮藏的，生产者应在留下种薯后，将所收山药全部出售。但是，如果市场销售不是很好，当地冬季又可以将山药留在田中越冬，就不要急于秋收或冬收。据我国和日本的一些山药加工部门反映，秋收的山药不如春收的好。好坏的标准是有无对加工产品影响最大的褐变的存在，春季收获的山药褐变发生的情况会少得多，或者就没有。论营养，研究部门的测定表明，也都是春季收获的营养多。

田间是山药最好的贮藏库，要多大有多大，要多好有多好。安全，可靠，不冷，不热，比人工创造的条件还好，是山药冬季休眠最好的场所，完全可以代替山药的冬季贮藏库。运用这个大贮藏库，可以省得挖贮窖、盖冷库，也省得装筐、运输、拉沙和盖秸草。当然也无需天天担心温度太高和湿度太大。到第二年春暖时，再该收则收，该卖即卖，该存则存。

再说，到了秋冬季节，有时候寒潮一到，山药地上部茎叶一早即枯，失去生存能力。而地下部山药块茎却照样进行养分的转化和运输，不断地充实自己，经过一段时间以后，才能真正地进入休眠。即使进入休眠期，山药植物也并没有死去，还是在进行呼吸，在正常地为第 2 年春天的幼芽萌发筹备能量，蓄积营养。只是生命活动慢了很多而已，何况在很多情况下，山药地上部也并不是一朝一夕就完全失去活力，在收山药的时候，地上部茎叶往往还具有相当的生活能力。这就是为什么在很多情况下，春收的产量比秋冬收获的还要高的原因。

春季收获的山药，更有利于山药的夏季贮藏，可以一直供应到八九月份，接上新山药上市，使得一年四季都有山药出售，做到了均衡供应。因为山药的冬季田间贮藏利用了天然的菜窖，既不受损失，也不受损伤，内容充实了，皮层加厚了。等到春暖后收获时，人们也不感到天冷，挖起山药来再不会缩手缩脚，非常顺手利索。这时的山药比起秋冬山药来，既不容易折断，也不容易伤皮。收获中，用手截下山药栽子时，也不觉手冷，而且切面也容易沾上消毒的石灰粉，因为这时山药中的含水量相对减少了。另外，这时所收获山药的分类、装筐、运输、出售或贮藏，也方便得多。比起从上年 10 月份收获的山药，一直贮存到第 2 年 9 月份，要容易得多，因为完全省去了 5 个月的冬季贮藏工作。分量没减少，质量有提高，并且无需进行冬藏和夏藏两种截然不同的气候之下温度和湿度的调节。

因此，在气候较为温暖的山药产区，山药种植者都不进行秋收，或者只收一小部分，而将多数山药留在田中，等到第二年春天才收获，尤其是一些排水好的沙壤地块。秋冬市场需求山药较少，贮藏设备又不多的地方，都是春收或随收随上市。只是在冬季降雪较厚的地区，不能等到第 2 年春季收山药，因为经过一个冬天容易引起山药块茎的腐败。

还有就是野鼠猖狂活动的地方，山药一个冬季都埋在田中损失太大，也最好在秋冬季节将山药一次收获完毕。

对于准备春收的山药，最好也在秋冬山药地上部枯萎后，将枯死茎蔓和落叶一起割下，集中处理。架材要抽去，经消毒后整理贮存，以备来年再用。春收时，由于冬季将植株地上部已处理干净，加之又经过一个冬天的刮风下雪，就使得山药块茎的位置不好辨认。因此，春收山药，要特别注意不要漏收。收获时一定要按照顺序，从头到尾，一株挨一株，一行挨一行，细心作业，逐一收获。尤其是在人多时，更要加强组织指挥，做到严密分工，责任到人，严格检查，保质保量，极力防止漏收现象的出现。

另外，收获作业要谨慎小心，防止山药受损伤。虽说山药是到了春收的时候，块茎已完全成熟，表皮木栓化程度很高，内容物也很坚实，与夏收、秋收山药比较起来，不易折断，但它毕竟强度有限，总体上是脆嫩的。因此，在收获时同样要格外小心，挖掘用力要适当，动作要准确，千方百计避免损害块茎，尽量提高山药完好率，把损失减少到最低程度，提高商品率，从而更加有利于市场出售或进行夏季贮藏。

50. 山药常规栽培怎样贮藏？

山药贮藏，既是生产的延续，又是生产的补充，必须精心搞好。长山药出产区多在我国中部、北部一带。这里无霜期较短，冬季寒冷。一般都在寒冬到来之前，一次性将山药从田中挖掘起来，进行贮藏。有的要贮藏到第 2 年的 4～5 月份，有的甚至要贮存到新山药上市的 9～10 月份。也就是说，有的是贮存半年，有的则需贮存整整一年的时间。即使是较为暖和的地区，山药可在田中越冬，但到了第 2 年 4 月份，也还是要把山药从田中掘起，送窖中贮藏，直到新山药上市，这又是整整半年。

山药在深秋收获后，整个寒冷的冬天都被贮藏在窖中，这种贮藏叫山药的冬藏。春天收获的山药，要经过一个炎热夏季的贮藏，这叫夏藏。将山药从秋贮到春，又从春贮到秋，这种既要过冬，又要越夏的一年贮存，叫做山药的四季贮藏，也叫整年贮藏。下面主要介绍一下山药的冬季贮藏和夏季贮藏。

(1)冬季贮藏

冬季贮藏是山药最普通的也是最主要的贮藏方式。这种方式应用范围广，贮藏办法多。各地进行山药冬季贮藏都是就地取材，因地制宜，方式多样。按贮藏地点的不同，它包括室内贮藏和室外贮藏，地上式贮藏、地下式贮藏以及半地下式贮藏。按贮藏设施与方式的不同，有沟藏、窖藏、堆藏、井藏、筐藏以及冷库贮藏等。

①沟藏：山药的沟藏，是将山药放在沟内或坑内的贮藏方式。一般沟深1～2 m，沟宽1 m。沟的方向以东西延长方向为好，但山药摆入沟中，则以南北向为宜。沟的长度视需要而定。沟藏一般在我国中北部冬季较为寒冷的山药产区使用。为了避开冷气流，山药一经挖出就应立即排放在沟内。这就需要预先选好地址挖好沟。排山药时，一层山药一层土，每层山药的厚度，一般为7～10 cm，较细的山药可以排两根。一层土的厚度为2～4 cm。所用的土壤要稍干燥一些，不应太湿。沟内所排贮的山药，总厚度不要超过80 cm。顶部要盖一层细土，而且随着气温的下降，还要不断加厚顶部的土层。最冷时，上面的土层应有20 cm上下。顶部土层要求在当地冻土层以下5～10 cm处，以防山药受冻。采用这样的贮藏方法，保持一般的温湿度，可以使山药贮存5个月左右。

也可以在室内仓库的水泥地上用砖砌起高 1 m 的埋藏坑，坑底铺 10 cm 厚的细沙土，然后一层山药一层沙，沙的厚度 1～2 cm，堆至离坑口 10 cm 时，用细沙将坑口铺平。这种办法也可贮存山药 4～5 个月，且很少有冷害。

②窖藏：在华北地区，山药种植者常将山药贮存在白菜窖或甘薯窖中，这也是一种临时性贮藏措施。这种藏窖，一般在秋天建窖，春天拆除。也叫棚窖。有地下式和半地下式两种，地上部分垒成土墙，窖顶用木料、秸秆、泥土等做成棚盖，顶上开设天窗。在高寒地区，窖顶泥土很厚，有 40～50 cm。一般窖深 1～1.5 m，宽1.5～2 m，坐北面南，南面设门，人员可以进出，便于检查和管理。

也有的利用井窖贮藏山药，这在地下水位低的黏重土壤地区较多。这种井窖深入地下 3～4 m，是一种坚固耐用的蔬菜贮藏窖，一经建窖，可使用多年。窑窖也可以贮藏山药，但也都在土质坚实的山坡处，依坡挖窖，坐南向北，朝北开门，很多蔬菜都可以贮存。

③堆藏：较为温暖的山药产区，常采用室内就地堆藏的办法。堆藏时，在地上铺好秸秆，山药与秸秆按同一方向摆好，摆一层山药，放一层秸秆，可以堆放 1 m 高，然后在上面盖好秸草。随着气温的下降，要加厚秸草，并覆盖塑料薄膜。也可以用沙土代替秸秆，一层山药一层沙，每层沙土厚度为 5～6 cm，最上面盖上 10 cm 厚湿沙后，加盖塑料薄膜。我国中北部地区的老产区，虽说栽培时间很长，但面积不大，且零星栽培较多，收获的山药有不少是堆放在家中贮藏的，这既可避免冷害，又管理方便，取用自如。小量出售，可以随取随卖。

④扁山药和圆山药的冬藏：扁山药和圆山药产区，由于多在温暖地带，因而应用山药室外贮藏方式较多。贮藏山

药时，一般选在排水良好的地段挖浅沟，可以将山药堆放至离地面 50～60 cm 高处，再在上部覆盖 10 cm 厚的土即可。

⑤冬藏注意事项：长山药的冬季贮藏，在我国北方主要是担心山药会受冷害和冻害。虽然说山药在冰点的温度条件下，甚至短时间的 $-4\sim-3$℃，均不会受冻，但从市面上出售的长山药来看，冻山药却仍然是人们对山药商品的主要意见。尤其是在冬至到立春这一段时间，买到的山药常有受冻害的现象。因此，一定要注意在贮藏和销售中加强对山药的防冻保护，提高山药的商品价值。当然，温度高了也会烂薯，这也需要加以防止。

准备作冬藏的山药，一定要在霜降以前收获，不可过晚。过晚时气温会进一步下降，山药很易遭受冷害，形成褐斑或发生褐变。在低温下，山药块茎内的淀粉降解为还原糖，味变甜，烹调时颜色变褐。低温还会使山药抗性减弱，常常引起青霉菌(*Penicillium*)、镰刀菌(*Fusarium*)等一些腐生性强的病菌的二次感染，扩大腐烂。有时候气温骤冷，还会使山药细胞间隙及细胞内结冰，形成冻害。收获后的山药，脱离了母体，但仍是一个活的有机体，其生命活动还在继续进行，不但不能再从母体那里获得水分和养分，还要消耗自身的营养。它的整个代谢过程，实际上是在向衰老败坏的方向发展，只有掌握好收获适期，才能减缓这一过程的进行。

收获时山药含水量高，组织脆嫩，极易造成损伤，在挖掘、拔起、包装、运输等过程中，只要有一个环节不注意，就会使山药被擦破或折断，使伤口外露，造成感染和烂薯，甚至全窖腐败。为了避免出现更多的创伤，最好是连同山药嘴子一起整株贮存。有伤口的山药，要尽量设法在温度较高、湿度较小的条件下，将其伤口风干，使其形成愈伤组织。

这时，温度愈低，湿度愈大，愈不利于山药伤口周皮细胞的木栓化，也不利于木栓组织的增厚。有人试验，在30℃的温度和55%的湿度条件下，山药的愈伤组织形成最快。2天就有1～2层细胞转化，7天形成，10天可有几层细胞木栓化，极有利于山药的安全贮藏。当然，也可以在有伤口的地方涂上石灰杀菌，然后再贮存。

中国农业大学最新研制出一种山药保护剂（已获得国家发明专利，专利号：200410074436.1），是一种山药专用贮藏、保鲜保护剂，它对于造成山药腐烂的病原微生物辣椒炭疽菌（*Colletotrichum capsici*）、胶孢炭疽菌（*Colletotrichum gloeosporioides*）、尖孢镰孢山药专化型镰刀菌（*Fusarium oxysporum* f. sp. *discoreae*）、咖啡短体线虫（*Pratylenchus coffeae*）等都具有良好的杀灭作用。该保护剂配方科学合理，绿色无污染，属于纯中药制剂。当年10～12月份收获山药后，将山药块茎浸在稀释1 000倍的山药保护剂溶液中1 min，然后捞出晾干。晾干后进行传统的沙藏或窖藏。它可以降低麻山药的山药块茎腐烂率80%以上，延长山药贮藏时间2个月；降低怀山药的山药块茎腐烂率70%以上，延长山药贮藏时间1个月；降低农大短山药和长山药的腐烂率75%以上，延长山药贮藏时间1个月。从而保证消费者在春夏季享用到高品质的山药产品，同时保证山药产销者获得较高的经济效益。

(2)夏季贮藏

夏季贮藏山药，气温很高，山药块茎又渡过了休眠期。到4月份，春季挖收的山药，也都该萌发新芽了，经过了一个冬天贮藏的山药，这时也该出苗了。因此，夏季贮藏要比冬季寒期贮藏难一些，不是随便堆在哪个地方就行的。因为冬季贮藏期，实际上是山药长达5个月的休眠期。在山药休眠期中，只要给它一定的温湿度条件，一般情况下它也不会发芽，就是山药豆也只生根不会发芽。但是，夏季山药贮藏就不同了，其首要任务就是抑制山药萌芽。

进行山药夏季贮藏，需要注意的是抑制萌芽的手段，就是严格控制温度和湿度，使贮存温度始终保持在 2～4℃，炎夏也不能超过 5℃。湿度则应高一些，以保持在 80%～90%为宜。由于温度和山药的各种生理生化反应的速度成正相关，因此，温度对山药衰老和变质败坏的影响至关重要。只有控制温度，才能控制山药营养物质的转移，使山药继续保持休眠，才能阻抑其发育和成熟。山药的呼吸强度并不是很高，但在这个时期的贮存过程中，温度哪怕提高 0.5～1℃，都会起到破坏的作用。因为呼吸要消耗碳水化合物、蛋白质和脂肪，过多过快的消耗，会使山药的营养价值迅速下降。所以，控制温度，使山药保持正常缓慢的呼吸作用，是山药贮存保鲜和抑制萌芽的关键所在。

抑制萌芽的另一个手段，是使用生长抑制剂。1960 年以前，人们只知道酚类物质是植物体内的生长抑制剂，后来才知道山药体内也存在一种叫脱落酸（ABA）的天然抑制剂，其抑制活性比酚类强百倍，目前已可人工合成。处理山药用的青鲜素就是很重要的一种。只要是准备作夏季贮藏的山药，就应该使用青鲜素进行处理，愈早愈好。青鲜素（MH）即马来酰肼，化学名称叫顺丁烯二酰肼。试验证明，应用 MH 处理山药，可以诱导山药芽和块茎进行休眠，延迟萌发，还可增强细胞的保水力，以及促进山药块茎和零余子与植株形成离层，便于收获。因为它的结构与核酸中的二氧嘧啶很相似，它进入山药体内可代替后者的位置，阻止代谢产物的合成，也就抑制了山药的生长。

据试验，在 8 月 5 日用 0.3%MH 喷布山药植株茎叶，于8月30日收获后放在室内，山药块茎损失很少，且经MH处理后，山药先端还会变得钝圆，和成熟的山药没有两样。同时，山药干物率也有提高。4月份掘起的准备入窖贮藏的山药块茎，可在现场喷布MH，同样有效。对于扁山药，以0.2%MH处理扁山药植株，不仅可以增厚块茎的皮层，也增加了固形物和黏液汁的含量。

☞ 51. 沙丘地（沙田）山药是怎么回事？

在江海沿岸或河湖中，由泥沙淤积的新涨滩地开垦而成的农田，常有小块山药种植地。这些地方以沙丘地为主，也叫沙田，其土壤润泽，排水方便，没有水旱之忧，适合山药生长。沙丘地（沙田）山药因此得名。

沙丘有固定沙丘、半固定沙丘和流动沙丘之分。在固定沙丘及其边缘地带，有很多地方都是适合种山药的。在平原，有河流形成的沙滩。在岸边的，称边滩；在河中心的，称心滩。平坦的沙质海岸也称沙滩。在这些地方，都能设法种植山药。我国的海岸线很长，沙丘地很多。仅从辽东半岛和山东半岛到舟山群岛这一海域，适合栽培沙丘地山药的沙丘就不少。据了解，我国西北地区，沙丘面积也很大。但西部地区用沙丘地种山药的极少，实际上，西部大开发的内容，也应该加上山药沙丘地栽培的开发。西部沙丘多，气候也相对较冷凉，具有发展山药栽培的天然条件。

沙丘地种山药，不仅挖沟省劲，而且容易收获。调查表明，在山药种植中，播种前的深耕和收获用工占到全部用工的80%以上，而且都需要壮劳力。而在沙田山药栽培中，这两项作业，都比在黏土地上容易得多，因而会省去大约一半的劳力和劳务费。再说，沙丘地早春温度高，夏日昼夜温差大，很适于长山药的早熟栽培。因此，山药沙丘地栽培是一种理想的栽培方式。

☞ 52. 栽培沙丘地山药怎样选择沙田?

栽培山药的沙田要有所选择。一般来说,沙丘地的粗沙应是大部分,即直径在 2～20 mm 之间的沙粒是绝对多数,另外,还应有 7%～8%的细沙。沙丘地种植山药的纬度条件,应同山药原产地黄土高原差不多。当然,可以扩大一些,譬如说,北纬 32°以北,北纬 44°以南,在这个范围内,无论是沿海、内陆,还是沙漠周围,都可以选沙地或是人造沙地栽培山药。不过,也应该考虑当地的海拔高度以及其他的条件。

沙的比热小,阳光照射后容易变热,地温和近地面的温度都比其他土壤高。尤其是早春,在日光照射量相同的情况下,从上午 9 时太阳升高后,沙田温度就比普通土壤高出 5～6℃。这是在 3 月底测试地表温度的差异,华北地区也大致如此。到了下午 1～2 时,则相差悬殊,沙田地表温度要高出 10℃左右,到了夜间 11 时至凌晨 5 时,沙田地表温度和普通土壤的大致相仿。早春沙田这种温暖的地温,是山药定植时生理上最为理想的温度条件。尤其是在较为寒冷的地区,这种温暖的地温作用,就更为明显。一个是太阳一出就升温,当天升温快,温度高。另外,就是整个沙田春天的地温,也比普通田早升温,这就为山药的提早定植创造了条件。

再说,沙田疏松膨软,质地均匀,耕作层较深,通气排水都很适宜,极有利于长山药垂直深入土壤下层的习性。当然,沙田也有弱点,在栽培中应尽量避免和改进。比如沙田中因为含微沙和黏土成分少,甚至没有腐殖质,所以地力贫乏,保水性差,容易受旱,遇大风时沙粒有移动的危险,还有线虫为害较盛，连作困难，等等。

沙田中的沙粒既是山药植株的支撑基础，也是供应山药营养的场所，还是山药块茎生长的环境。山药块茎先端的生长点部分，非常敏感，遇有硬物石砾等就会变形，影响品质。因此，要求沙田沙粒粒度合适，均匀一致，沙粒不能太大。另外，还应设法除去沙田中的金龟子幼虫和线虫等对山药危害严重的病虫害。在我国南方省份，遇到梅雨季节时，沙田中积水，易分解的有机物就会进行嫌气分解，结果就会有有毒气体发生，致使山药块茎表皮龟裂或坏死。在这种情况下，最好加入一些高质量的黏土，以改善沙田土壤的结构。

☞ 53. 栽培沙丘地山药怎样准备种薯？

在沙田栽培山药，选择品种时要注意以下 3 个方面：一是要选择整齐的品系，个体变异要少。二是要选萌芽早、生育快的品种。因为沙田栽培的特点就是早熟栽培，要求在较短的时间里形成一定大小的高品质块茎，这就必须选择发芽快，生长快，一气长成商品要求个体的山药优良品种，争取在普通土壤种植的山药收获之前，早日供应市场，这才是沙田山药栽培的目标。三是无病虫害。不仅要选择无线虫和各种病菌的做种薯材料，而且其对病虫害的抵抗性也要强。对于沙田山药危害最大的一些病虫害的侵染，要特别注意防止。因为一旦发生且又不能及时有效防治，就不仅影响产量，也影响品质。

山药是用营养器官繁殖的作物，其所有内含性状能原原本本地传给下一代，惟山药的形体常随环境的不同而发生变异，致使长山药长成扁山药，或别的形状的山药。这就需要在沙田栽培实践中年年进行选优，才能选出比较理想的系统品种。

作为沙田早熟栽培，希望种薯具有一个定芽，且萌芽时期早，生育快。这就要求种薯应有一定的重量。最小也应有 100 g 或 150 g 左右。调查结果证明，如果以 150 g 和 75 g 的种薯相比较，在沙田栽培中，150 g 的大种薯所形成的新块茎不仅产量高，而且品质好。大薯块种植以后发芽快，且发芽整齐，尤其是大种薯的上端切块所生长单株的产量，要比 75 g 重的种薯上端切块所生长单株的产量超过 20%～30%，其直径 6 cm 以上和重量 600 g 以上的优质山药，多出 20%～30%。一般的中、下部切块，大种块比小种块的发芽时间要提早 4～5 天。对于沙田早熟栽培来讲，这是非常重要的，能够争取到 5 天左右的生长日数。一早百早。早发芽，就能早发育、早结薯、早成型、早收获，产量和质量才更有保证。

为了加快发芽，并使发芽整齐，沙田栽培山药最好先进行催芽，尤其是对于山药栽子以外的中、下部切段，不定芽的萌动需要更多的时间，比定芽萌动推迟 20～30 天，这对沙田早熟栽培非常不利。因此，必须用温床催芽，等到不定芽长到大豆粒大小时进行栽植。调查表明，经过催芽的切块，不定芽可提早 25～26 天出苗，而且出苗整齐。在 8 月份早收山药，达到标准的山药比不催芽的增加将近 1 倍。在一般的情况下，利用电热加温较快，在 27～28℃的温暖条件下，经过 20 天左右，不定芽就可以萌动发芽到大豆粒大小，即可及时定植。芽子太大了易折断，且易出现双株，同时形成几个块茎的现象，妨碍商品质量的提高，因而应当尽量避免。

当然，在整个种薯准备过程中，要注意彻底消毒杀菌。对切口断面，要及时沾以草木灰或石灰粉。也可以用代森锰锌超微粉进行沾附消毒。另外，种薯切块后进行晒种处理，也是必要的。

☞ 54. 沙丘地中皂土对沙田有什么作用？

有些地方的沙田，除了含有90%以上的粗沙和细沙之外，还有5%的黏土，这种沙田是上等沙田，种山药是没有问题的，并且能获得早上市的高品质沙田山药。而有不少的沙田，通统都是沙粒，除了粗沙，就是细沙，还有微沙，黏土成分不到1%。即使经过几年的种植熟化，黏土含量也不到2%～3%。对这种沙土，就需要适当改良，以使它有一定的保水性和透水性，从而提高所种山药的产量和品质。

改善沙田物理性状的办法，就是加入高质量的黏土。用一般的黏土改良沙田性状是很费劲的。加入皂土最为理想。皂土的主要成分是蒙脱石。它是一种块状的或土状的结合体，一般为白色，也有微带红色或绿色的土块，是膨润土和商用漂白土的主要组成成分，具有很强的吸附力，是基性火山凝灰岩风化的产物。也叫胶岭石或微晶高岭石。光色暗淡，硬度为1.5，密度为2.5～2.6，加水后膨胀。也称蒙脱石型黏土。皂土的主要成分就是蒙脱石型黏土。

如果每667 m^2 地加入1.5 t皂土，沙田的状况就会得到很大的改善。如果再加一些高分子系列土壤改良剂，效果会更好。因为只用皂土，虽然吸水特性明显好转，但在粗沙为主体的沙田上，加入了一些微粒的皂土，在降雨或灌水时，水分仍会从沙田下层流失。若加入高分子土壤改良剂，则会在很大程度上减少水分的流失，使沙田的保水性大大提高。皂土也叫膨土岩或膨润土，有些地方也叫浆土。

从沙田的有效水分含量情况也可以看出，单用皂土时，随着皂土施用量的增加，有效水分量也在增加。当皂土施用量达到3%时,沙田有效水分量达到最大值。若皂土含量增加到4%或5%时,虽然沙田的含水量增加了,但有效水分含量却在减少。混用土壤改良剂也是有限度的。试验证明,在施用皂土0.5%的情况下,加入土壤改良剂时,有效水分增加的效果并不明显,而在皂土施用量为1.5%和3%时,加用土壤改良剂效果最好。皂土含量在3%或5%时,加入土壤改良剂,则有效水分含量减少。

从沙田的透水性看,皂土单用时,随着皂土施用量的增加,透水系数在下降。实际上皂土也不可能大量地施用,其用量是很有限的,掺入3%也就不少了。在这一用量下,沙田的透水性已经得到了一定的改善。这就是说,在1 000 m^2的沙田上,用2 t皂土,加入40 kg的土壤改良剂,对于山药产量和品质的提高就有很好的效果。

☞ 55. 栽培沙丘地山药怎样施用基肥?

沙田山药栽培,基肥不能多施。这是建立在科学分析基础上的结论。从沙田的成分看,沙田只是沙粒,即使加一点皂土改良,黏土也是一丁点。腐殖质含量更是少得可怜,一般情况下还不到0.1%,种上几年以后,最多是1%~2%。根据这个实际情况,怎么能不多施有机肥作基肥呢?再说,腐殖质是地力的来源,足够的腐殖质才能改善沙田的保水性,也只有腐殖质才能防止盐基置换容量高的肥料的溶脱。因此,从以上情况看,人们应该千方百计地给沙田施入更多的有机物腐殖质才对。

可是,沙田还有别的不同于一般土壤的特点。其中之一就是通气性好,地温高,这就会使有机物迅速分解,因而腐殖质的积累是相当困难的。即使是经过长年累月大量施用有机物后,易分解的腐殖质有了一些积累,但这在黏土比例非常少的沙田中是会产生负作用的。比如梅雨期的连阴雨，或者是过量的灌水等，都会使土壤通气不良，导致地温升高，微生物活动异常旺盛，引起有机物质的嫌气分解，从而产生有害气体，使新生的山药块茎表皮细胞坏死，吸收根木栓化。因此，沙田的有机物施用是有限度的。在这个限度之内，施用有机物对山药有利，产量会提高，品质会变好。若是超过这个限度，就会对山药的地下部带来种种障碍，降低块茎的品质。这一点，在栽培沙田山药时，必须引起注意。

生产沙田山药，不能多施基肥，除了上面的原因之外，还在于山药新植株的生长初期，主要是依赖种薯中的养分。发芽后的一段时期，山药植株对肥料的吸收利用是很少的。因此，山药的基肥，特别是沙田施用的基肥，应该注意选用迟效性的，且不容易流失的肥料，如磷肥、石灰、微量元素肥料等。至于氮肥和钾肥，只要拿出全生育期肥料总量的1/3或者1/4做基肥，全面撒施于田中就可以了。如果需要施用5 000 kg的有机肥，那么只要用1 500～2 000 kg作基肥就行了，其他的可以慢慢用来作追肥。应将基肥作满田撒施，然后全面翻耕25 cm深左右。翻耕时播种沟一般也需耕深90 cm，并保持25～30 cm的宽度。

沙田山药栽培，一般在3月下旬到4月上旬进行，要求地下10 cm处的地温稳定在10℃以上。定植太早了，地温过低，种薯不会萌芽。尤其是对切块未经催芽处理的，在低温的条件下很容易腐烂。定植时，株距为25～30 cm，行距为75～90 cm。耕作之前的土壤消毒工作也很重要，沙田栽培的土壤消毒，主要应针对线虫、褐腐病和立枯病来进行。

☞ 56. 栽培沙丘地山药为什么要早定植、早收获?

沙田栽培山药的主要特点,就是早栽、早育、早收获。由于沙的比热小,很容易被太阳晒热,早春升温早,也升温快。沙田的早熟栽培,必须抓住有利时机,提前定植,才能争得更多更长的生枝长薯的时间,以达到提前收获的目的。

3月下旬种薯定植后,主茎和吸收根迅速伸长,接着便分生侧枝。从6月初开始,到7月中旬,进入地上部茎叶的旺盛生长期。在地上部繁茂生长的同时,地下部的新生块茎也在日益膨大。到了8月上中旬,山药的外形已基本长成。此后,则主要是茎叶中养分的运转,山药块茎日趋成熟,直至生育完毕。与其他的土壤相比,山药沙田栽培的早熟特色,全是由于沙田本身的温暖特性所带来的,这就使得山药提早收获上市成为可能。一般来讲,沙田早春的温暖地温,比其他土壤提早半个月,最少的也在10天左右。在同一地区,多数土壤类型若在4月中旬定植,沙田山药则在4月上旬,甚至3月下旬即可栽植了。

定植期提早了半个月,生育期也会提早半个月。因为整个春寒季节或者是4～5月份,沙田的环境都比其他土壤暖和,山药生长盛期所要求的高温也比其他土壤来得早,整个生育期便会往前推移,结果就可能比一般土壤栽培的山药提前1个月收获。当然,只靠沙田自身升温快、升温早的特点,也是达不到理想栽培目的的。必须使所有栽培措施密切配合,而且要求比在其他土壤上更为精细地操作,才能水到渠成地实现理想的栽培目的。譬如说,选择适合沙田栽培的优良品种,给种薯彻底消毒,安全定植,科学地改土、施肥和灌水,有效地防治病虫害,等等。所有这些措施全部到位了,才能保证所栽培山药的正常生长发育,长成高品质的山药块茎。尤其是在山药生长发育旺盛的6～7月份，病虫的危害也是高潮，需要进行彻底的防治。要1周追肥一次，2天灌水一次，而且应设法防止土、肥、水的流失。

57. 栽培沙丘地山药怎样追肥？

沙田山药，必须1周追肥一次，最多也不能超过10天，就必须追一次肥。因为沙田对肥料的吸收能力弱，而且最容易溶脱和流失。然而，作物本身则因为沙田中很少有黏土，容易接触和吸收肥料，肥效也是显著的。这就必须勤施、轻施肥料，其施肥次数比普通土壤要多得多。普通土壤追施一次的用肥量，在沙田最好是3～5次施完。在山药生育的任何时期，一次多量的肥培，对于盐基置换容量小的沙田，必然会造成肥料的大量流失，施得越多，流失越多。同样，灌水越多，流失也越多。

从各种肥料流失的情况来看，流失最多的主要是氮肥和钾肥。磷肥，由于它极少在土壤中移动，流失也就很少。这是磷肥在播种前全部作为基肥施用的主要原因，和普通土壤是一样的。氮素和钾素的流失程度，与水量及生育时期有关。一般地说，从6月份到7月上旬，沙田中的氮肥、钾肥流失较多，因为山药植株这时候仍在依靠种薯中的养分进行生长，对肥料中的养分吸收还不是很多。特别是在多雨或水量大时，流失最多。从对全生育期肥料流失情况的调查结果来看，也是这样。灌水多的，流失最严重；灌水少的少流失。灌水中等的流失量也介于两者中间，而且少灌水区加覆盖的流失也比未加覆盖的多。从单株产量看，也以少灌水区的最大，多灌水区的最小。

沙田灌水越多，山药产量越小。这主要是因为灌水量越大，肥料成分特别是氮和钾的流失量越多。那么，加皂土等黏土成分以后怎样呢？有人用盐基置换容量 20～30 me/100 g 的红壤和皂土各 2 kg/ m^2，并分别加入 40 g/ m^2 的土壤改良剂，结果是无论多灌水，还是少灌水，其肥料流失量都在减少。尤其是红土客土区，钾流失量的减少最为明显，这主要是因为土壤的盐基置换容量提高后，土壤吸收盐基量增加的缘故。加入土壤改良剂后效果更为明显。这是因为土壤改良剂抑制了黏土的流失所造成的。

沙田的实际追肥量，每 667 m^2 一般为氮素 40 kg，磷素 30 kg，钾素 40 kg，考虑到流失情况，从 5 月中旬到 8 月中旬，追肥应进行 10～12 次。一次性施肥再多，也是没有用的。那么，怎样才算是科学施肥呢？对于沙田来说，要考虑它的黏土含有量。就是说，沙田施肥量应根据其地块的黏土含量来决定。如果以黏土含量 1％为标准，那么，黏土含量在 2％或 3％时，施肥量则以比黏土含量 1％的田块减少 20％左右较为合适。尤其是在茎叶繁茂期，氮素越多，枝叶生长越茂盛，山药块茎的肥大就会推迟。这对计划早收的沙田山药来说，是非常不利的。

在地下块茎的肥大期，施肥和灌水必须密切配合。只有这样，才能让山药块茎正常地肥大，并提高品质，保证商品价值。这个时候，既不能缺水，也不能缺肥，更要避免过多的给水和一次性多量施肥。一定要注意施肥量和灌水量的急剧变化。计划在 9 月份以后才挖掘收获的山药，在 8 月份要继续按计划施肥，不能切断肥料供应。当然，灌水也必须正常进行。

另外，追肥的时间，一定要安排在降雨前或是灌水前。这一点，在沙田山药栽培需多次灌水的情况下，是很容易做到的。

☞ 58. 栽培沙丘地山药浇水需注意什么?

沙田的保水性非常差,而山药吸收水分和养分的吸收根,却又是分布在土壤的浅土层,这就很容易受到干旱的影响。特别是到了7月份以后的繁茂生长期,如果天不降雨,就必须2天浇一次水,最多3天一水,每次浇水25 mm。到8月中旬收获前为止,共应灌水18～20次。有人主张加盖塑料薄膜或秸草来保水。调查结果表明,在灌水次数少或不灌水的情况下,覆盖是有效果的。而在按时灌水的情况下,则是无覆盖物的田块比有覆盖物的田块产量高,品质也好。所以,在按时灌水的情况下,加覆盖物是不必要的。

如果在8月10日左右,切断山药茎的基部,将其插入细管,密闭48 h,测定其泌液量。结果会发现,经过灌水的区域会泌出很多,而没有灌水区的山药根群周围的土壤几乎是在凋萎点,没有液滴出现。这就是说,地下部没有向地上部茎叶输送水分和养分。泌出液量的多少是根部功能的标志。在夏天,叶面蒸腾很盛,失水很多。如不能从根部及时补充水分,叶片的同化功能便迅速低下甚至丧失。向地下块茎和地上零余子等贮存器官所进行的同化物质的输送和积累量即刻减少,长时间下去,地下吸收根就会失去活力以至枯死。这个时候,有可能在新山药块茎的四周长出更多的细根,深入土壤深层去吸收水分。即使吸收很少,或者没有吸收水分的能力,细根在夏日遇到干旱的时候,也不会枯死。水分只是对新生山药块茎的肥大和品质产生影响。

沙田山药全生育期的消耗水量在600 mm左右。山药植株每天的水消耗量依生育时期和气象条件而有所不同。在8月上旬耗水最多。其次是繁茂生长的7～8月份,每日7～8 mm。5～6月份的生育前期,耗水量较少,每日为4～

5 mm。在生育后期的 8 月下旬到 9 月份，山药植株的耗水量也是比较多的，每日为 5～6 mm。有条件时，在大晴天需要每日给水。或者隔 1 天一水，或者隔 2 天一水。

水是绝对不能缺少的。它是沙田山药栽培的第一需要。一旦缺水，肥料就不能正常供应养分，一次性多量施肥又会对植株产生浓度障害。因此，一定要防止缺水现象的出现。当然，也不能灌水太多。如上所说，过量灌水必然增加肥料的流失，肥料施得再多也是没有用的。所以，肥和水应密切配合。

为了能做到根据山药的生育期和气候状况科学给水，沙田最好安装新式的喷灌设备。这对于早已开发和种植山药的产地，保证在山药整个生育期中能频繁给水，是很有益处的，同时也好计算给水量。但是，在一些实施机灌或喷灌的地方，又常出现给水过多的倾向，必须引起注意。因为降雨或是灌水使沙田水量过多时，多余的水必然成为重力水向下流失。与此同时，也造成了施入肥料的流失。

调查结果表明，灌水量多时，消耗水量也多，但灌水量超过一定限度时，剩余的水就会被排除。这就是说，消耗水量是一定的，灌水量再多，消耗水量也不会增加。在灌水量少的地块，增加覆盖物后比不加覆盖物的地块，在供水量相同的情况下，消耗水量可以减少 10%。这是因为覆盖物阻挡了地面蒸发的结果。因此，在有覆盖物的田块，要适当减少灌水量。

☞ 59. 栽培沙丘地山药怎样摘心、支架？

沙田山药栽培，主要是早熟栽培，要采取一切栽培技术措施，促使山药植株早生长，早展叶，早发育，早结薯，这就不能和普通土壤栽培山药一样，任其自然。而是要在植株长到一定高度后摘心，以便促进侧枝发生和发展，提前展叶，尽早进行光合成，积累养分，促进早熟。一般的沙田栽培，多数是在山药幼株长到 50 cm 时提前摘心。也有的更早一些，在茎蔓长到 40 cm 时摘心。时间大致在 5 月中旬到 5 月下旬，支架已经立起，追肥已经开始，茎蔓正在伸长，叶片尚未开展，吸收根已经长得很好。摘心后，侧枝很快发生，叶片可以提前半个月开展。因为这个时期是以种薯内的营养养育植株，不会受断乳期的影响，一切照常，只是不再向前长，不再长高。主茎伸长 40～50 cm 时，植株实际上正是幼苗期，刚刚开始甩条，生长刚刚起步。一旦堵住主蔓，侧蔓便马上萌动，且迅速伸长。

有人说，这时候若长出几个主蔓，可以都留下。这个说法是不对的。其实，几个芽子同时萌动，伸出几个主茎，在任何时候都是有害的，必须及早除去多余的主茎，只留下其中一个长得最好的主茎，使其长到 40～50 cm 后摘心。如若几个主茎都留下，每个主茎都长成一条山药，块茎既不长，也不粗，结果全是次品。这是绝对不可行的。

主茎摘心后生出几个侧枝，这和同时伸长几个主茎是完全不同的两种情况。主茎摘心后不管是长出几个侧枝，都是一个主茎上发生的，长叶后光合成所制造的营养，都要从这个主茎的基部运转贮存到主茎下面的一条山药块茎中去，使这条山药块茎必然迅速膨大，使产品符合商品要求。而几个主茎同时伸长后，所生产的营养各自输送到自己下面的块茎中去，结果每个山药块茎都长得不好，对产量和品质的不利影响很大。

沙田山药，由于在它的主茎长到 40～50 cm 时被摘心，因而支架也就没有必要太高，一般高 1 m，最高的 1.3 m 就行了。这是因为侧蔓也在长高，但一般是长不过主蔓的。

多数侧蔓长度在 1.2～1.5 m，有的长到 1 m 就不再伸长了。原本要伸长 3～4 m 的主蔓，架高才 1.5～1.7 m，提早给主蔓摘心的，搭架就更没有必要太高，但是一定要结实。沙田不管是在海边，还是在内陆，大多是在风沙大的地方。因此，架材必须牢固可靠。使用网架也很好，且又无需太高。风沙较小的地区，架高 1 m，支架的光线和通风都很优越，能有效地促进山药的生长。不管是什么架材，用完后均需注意消毒杀菌，安全存放，以备来年再用。

☞ 60. 栽培沙丘地山药为什么重点防治线虫?

沙田山药栽培，最突出的病虫害是根结线虫病。线虫的寄生，不仅影响到山药植株的正常生长发育，同时严重损害山药产品的商品价值，被害恶果是致命的，常有沙田山药田被线虫损毁殆尽的例子，必须引起高度警惕。

受根结线虫病危害的山药植株，在生长前期地上部茎蔓并无明显症状，到了生长中后期，整个植株的生长势才开始变弱，叶片变小，严重时变黄脱落。受害块茎表面呈暗褐色，无光泽，大多数形成畸形，在线虫侵入点附近肿胀凸起，并出现很多直径 2～7 mm 的虫根结，严重时多个根结联结在一起，表皮组织腐烂，内部组织变黄，并可能再由其他微生物侵染而导致块茎腐烂。山药根系受害后，产生米粒大小的根结，剖视病部能见到乳白色的线虫。这是沙田山药普遍发生的病害，严重影响山药的产量和品质。

在山药上寄生的根结线虫，有爪哇根结线虫、南方根结线虫和花生根结线虫等。根结线虫均以卵的形式在山药病残体和土壤中越冬，第 2 年环境适宜时越冬卵开始孵化，以穿刺的方式侵入山药幼嫩的块茎及根尖进行繁殖，一年可发生 3～5 代，且世代重叠。根结线虫在土壤中分布比较广，主要分布在地下 5～20 cm 的土壤表层。重茬种植时，在 50 cm 以下的深土层也有分布。通过土壤、病薯、灌水和一些农事操作活动，进行传播，远距离传播主要靠带病种薯来实现。

山药根结线虫病，主要发生在沙田和沙性土壤中，壤土中发生也较普遍，黏土中发病较轻。这是因为沙田温度偏高，灌水多，湿度大，而山药根结线虫活动的适宜温度为 20～30℃（在 10℃以下时停止活动），加之温暖湿润土壤中山药块茎的皮孔胀大，线虫很容易侵入。连作田中的山药最易发病。

山药根结线虫还可以引起山药根茎瘤病的发生。山药根茎瘤病是近 10 多年来新发现的山药病害。其表现是在山药近嘴子处 30 cm 左右长的块茎上，着生 5～25 mm 粗的球形肿瘤。有的整株全是肿瘤，没有食用价值。该病重发田完全没有产量。鉴定认为，此病是由于根结线虫引起山药组织变化，导致山药分生组织畸变，继而发展成肿瘤。其防治的根本途径，也得从防治线虫入手。

山药最怕落叶，保住了叶片，也就保住了山药。山药的落叶，主要是病害所引起的。根结线虫病以及由它引起的根茎腐病是形成落叶的元凶。虽然根结线虫病引起山药组织变化的机理尚不清楚，因而目前对付线虫病也尚无十分有效的办法，但若注意防治，损失却会挽回很多。对付线虫病的办法，首先是加强检疫，不要从发病区调运种薯。其次是实行轮作倒茬。这都是非常可靠的办法。此外，还要将收获后的植株残体集中起来，运到远处深埋。不要施用未充分腐熟的农家肥料。要选用无病的健壮种薯。土壤要彻底消毒。

沙田山药除了有线虫的严重危害以外，还有叶枯病和炭疽病的危害，也应注意防治。在5月下旬叶片展开初期，叶枯病菌经其近地面的茎叶伤口侵入山药体内，使之感染叶枯病，而且常常并发炭疽病。叶枯病又名白涩病或斑纹病，也称薯蓣柱盘褐斑病，常使叶片干枯，茎蔓枯死。其适宜发生温度为25～32℃，比在普通土壤中发生得早，一直到7月中旬，多是两病并发。梅雨季节过后的高温干旱期，植株下部叶片发生病虫害，8月上旬以后又会出现金龟子，且多是成群为害，咬食叶片，使得山药块茎膨人而不充实，下部变细，成为“尖屁股”。对金龟子必须在发生初期进行彻底防除。山药的其他病虫害，同普通土壤上栽培山药的病虫害相比，只是发生期提前了，应尽早着手防治才是。

61. 栽培沙丘地山药为什么应设法消除褐变?

沙田山药恐怕是发生褐变最多的山药。特别是在生育不良时，褐变尤甚。这当然是由于沙田山药栽培的特点所造成的，因为沙田山药不能晚收。要是到了秋风扫落叶时再收获，或是到了第2年3月份再收获，褐变也许会少得多，可那就失去沙田山药早熟栽培的意义了，沙田山药必须早收，在没有其他山药上市的8月上旬就得收获。

8月份上市的沙田山药特别漂亮，尤其用水冲法收获的山药，块茎笔直，晶莹透亮，没有泥土，令人喜欢极了。可是，用刀一切，薯变成了褐色，刀的外表也变成了褐色。这就是山药褐变的表现。用这种山药来加工山药糊、山药点心和山药饮料，其颜色就非常糟糕。不过，早收的沙田山药没有人用它制作饮料。

褐变是所有提早收获山药的通病，当然也是沙田山药最让人头疼的事情。8月上旬收山药的时候，正是山药块茎急速膨大的时候，也是褐变物质生成最多的时候。褐变发生的原因，主要是山药植物组织中的多酚氧化酶被激活，细胞中的代谢发生变化，酚类物质被氧化，产生了醌类物质的结果。这类物质大都呈棕褐色，而且会从植株中和山药块茎中逐渐扩散出来，从而导致山药切面、山药培养基和山药饮料等变褐。

调查发现，山药在呼吸作用最强的旺盛时期，所生成的醌类物质最多，山药呼吸作用最强的部位，生成的醌类物质也最盛。一般都是块茎加速肥大的时候多，块茎上端近山药嘴 30 cm 左右生成的多。收获越晚，褐变越少，块茎下端一般褐变也少。正常的块茎很少发生褐变。

减少和消除褐变的办法是有的，也是可以做到的。例如，在生育期中及时喷布青鲜素，对褐变有相当可观的抑制作用。山药培养基中加入 0.1%～0.5%的活性炭，对吸附酚类物质的效果也很明显。加入一些抗坏血酸等氧化剂，也可以阻止褐变的发生。应该指出的是，在山药掘收之前，对植株茎叶喷布青鲜素，可有效地使块茎减少褐变。但是，经过青鲜素处理的植株、块茎，如果下一年作种薯用时，所形成的新薯就可能出现畸形，发芽也会受到抑制。

有一点是很清楚的，山药块茎生长得越好，褐变发生就越少。这就说明，要避免褐变的发生，需要在改进和完善山药栽培技术上下功夫，积极促进它生长发育，使它提早成熟。如果使它的早熟再提前 10～15 天，就能在消除褐变上发生较大的改观。实践经验表明，沙田山药在 8 月上中旬收获时，褐变较多，块茎外形先端较尖，皮色发黄；而 8 月下旬收获的山药则已基本成熟，外形颜色也较正常，褐色少得多。但是，单纯人为地强行将收获期推迟半个月，这几乎是不可能的，因为这样就失去了沙田山药早熟上市的特色。因此，必须设法将所栽山药的整个生育期，再提前半个月。

这就要从培育适合沙田栽培的山药品种开始，同时严格选择优良种薯，并且使肥水紧密配合，有效地消除病虫危害等。这些措施都是能够做到的。褐变并非有害物质，只是外观不美而已。但是，也必须把它消除掉。只有这样，沙田山药才有广阔的销路。

☞ 62. 怎样用水掘法收获沙丘地山药？

用水掘法收获山药，只适合于沙田采用。因为沙田除了粗沙，就是细沙，黏土和腐殖质很少。各地用水收获山药的具体做法不太一样。一般是将胶皮软管接在水龙头上，把胶管拉到沙田中，在前端安上 1 m 长的硬管，再在其前端装上喷嘴；然后靠喷出的水流将山药四周的沙膨润软化，从而将山药拔出。这种办法，称为水掘法。

用水掘法收获山药，只能在透水性和排水条件良好的沙田中实行。采用此法一人一天所收得山药的数量，为普通挖掘法收获山药数量的 3～4 倍。据有经验者谈，人工挖收，一人一天可以挖收 150 根山药，而采用水掘法，一个壮劳力一天可以收获 500 根山药，效率提高了不少，而且劳动强度也比较低，没有人工挖掘那么累。水掘时，只要拉好管道，装好喷嘴，一个人就可以不慌不忙地、一株一株地喷水拔收山药。只是沙田山药田不能距水源太远。

沙田山药栽培是早熟栽培。虽然可提早定植，及时修剪，促进生育，使山药植株早发芽，早展叶，早结薯，但到 8 月初或 8 月中旬收获时，毕竟只是外形长够了尺寸，有的山药甚至尖端还未长圆，还是“尖尖角”。而山药块茎的内部，这时还处在充实阶段，把它拔起来了，断绝一切养分和水分的供应，并摆在日光之下，这就肯定要失水萎缩。特别是采用水掘法收获的山药，光溜溜的，一点泥土不带，太阳一晒，马上失水，漂亮的外形就会发皱，商品价值就会下降。因此，这时收获的沙田山药，特别是水掘法收获的山药，千万要避免阳光直射，妥为保存，并且要及早送入市场出售。

☞ 63. 栽培沙丘地山药为什么重视良种选育？

沙田山药栽培，是利用沙田优越的理化性质和早春升温快的特点，所进行的早熟栽培。为了使这种栽培形式搞得更好一些，播种面更大一些，块茎更充实一些，就应该选育出一些适合海岸沙田和内陆沙田等不同沙田的类型和品种。这应该有计划有组织地进行。既要有原原种圃和原种圃，又要有采种圃，直至供应农家生产者。

原原种圃最好设在试验研究机关。原原种是由研究人员根据育种目标选出的最好的高质量繁殖用种薯。原种圃则可以放到育种场或授权的原种基地，也可以由有条件的专业农户经营。原种圃的面积需要大一些。用从原原种圃下放的30%的种薯进行播种。采收后淘汰25%，放到采种圃，其余的块茎则为实得的山药块茎。必须实行严格的良种繁育程序，由原原种产生原种，由原种产生良种。

采种圃的面积要更大一些。用原种圃下放的种薯，切成小薯块播种。收获以后选择50 g以上的种薯，大约60%可以作为生产用种，不能再切，而是用整薯播种。采种栽培时，最好选用沙壤土，排水要好，病虫害要少，土壤要消毒，要选优质种薯。也可用零余子作种。直径3～4 cm的块茎，先进行轮切（横切），每节长1～1.5 cm。然后再对其进行纵切，使其一分为二，每块7～10 g。然后用药剂消毒，并将其晾晒干，或是把它放在30℃保温箱内，使其后熟3天。1 000 m^2 的土地需种薯350～400 kg。若使用零余子，要选用1 g以上的，1 000 m^2 需4万～4.5万粒。这比用块茎切块发芽早,腐烂少,成苗率高。

土壤要深耕 40 cm,播种沟宽 30 cm。土壤消毒后要全面耕耘。采种圃播种,一般畦宽 60 cm,株距 8～10 cm,幅宽 20 cm 播 2 行,1 000 m^2 需 3.5 万～4 万块。播种时间一般在 4 月中下旬。若使用零余子,播种时间可提前到 4 月上中旬。搭架时,30 cm 一支架,架高 60 cm。基肥全面撒施,撒后耕地。追肥在茎叶生长的初期和中期实施,进行 2 次喷施,施肥量一般按成分量计算,每1 000 m^2 施用 20 kg 三要素肥料。从出芽后开始打药防治病虫害,2 周 1 次。到后期,要混用杀虫剂防治金龟子。秋季或春季萌芽前采收。50 g 以上的就能作种。小块的再培养一年。重 300～400 g 的,可以切成 2～3 块作种,也可分成 10 g 左右重的小块再进行培养。

64. 怎样栽培地爬山药?

(1)品种选择

在我国的山药类型中,主要是扁山药和圆山药实行地爬无支架栽培。长山药则多是支架栽培,因为长山药茎蔓太长,有 3～4 m 长,甚至有 5 m 长的。没有高架支撑,茎蔓乱窜,遮光严重,通风不良,病虫危害甚烈,光合作用明显受损,导致产量减少,质量下降。因此,地爬栽培的山药,首先要求蔓短。短蔓品种才适于地爬栽培。

(2)开沟技术

江苏省启东市育成的双胞山药,是很有特色的短蔓品种,非常适合地爬栽培。这种短棒型的山药品种,种植开沟时只需两铲土。第一铲下去,将 20～30 cm 厚的表土层挖成大块,放在行间晾晒。最好将余土铲平,也放在行间。然后再挖第二铲。第二铲下去,又入土 20～30 cm。但不能铲成大块土，而需铲得薄一些，2～3 cm 厚一片，一层一层地、一片一片地原地不动，挖好了就放在沟内，让其冻松熟化。这样，山药沟就挖成了，很省事，比起深挖 1 m，甚至 1.5 m 的沟来，省略了许多的麻烦。

开沟的时间，在冬前或初春都可以。一般沟宽 22～35 cm，沟深两铲，达 50 cm 左右即可，有的也到 60 cm 深。挖沟前后，要注意将砖瓦、石块剔除干净，以免山药分杈畸形。整地时，再将所挖出一铲土的 2/3 耙入沟中，整成宽 22～25 cm、深 7 cm 的播种沟。土质最好选择地势高燥、排灌方便、土层深厚、肥沃疏松的沙质壤土。这样的种植沟，对于块茎长度在 50 cm 左右的双胞山药，是非常理想的。

(3)与棉花套作

山药爬地栽培，不搭支架，套种棉花，使山药和棉花出现双赢局面，是最为理想的一种栽培模式。山药长在地下，棉桃结在地上，山药植株爬地生长，棉株直立分布，很多方面都可以互补。这对于不搭架的山药，无疑是有了立架，虽说地爬生长无需搭架，但枝蔓总不能杂乱无章地乱窜。对于地爬山药来讲，理蔓也是一个不可缺少的工序，尤其是在顶风伸蔓时，茎蔓容易被吹成一团。棉株秆直立生长，能有效地挡风，而坚硬的棉花秆又是山药自然理蔓的绝好依托，相隔一定距离的棉花株，正好将山药株蔓隔开，并且相对固定在一定范围之内，完全可以不加管理，任其自然甩蔓，以致获得良好收成。

怎样在山药间套种棉花呢？据启东市合作镇农业创新技术及名特优新品种示范基地洋桥村范仲先介绍，洋桥村采用多秆棉立体化栽培模式，棉花行距为 2.7 m，株距为 0.33 m，品种选用杂交抗虫棉“南抗 3 号”，每 667 m^2 栽植近 800 株，单株成铃 100 个以上。在多秆棉大宽行中，种一行地爬双胞无架山药，播种沟分上下层地翻耕 50 cm 深，并施入基肥。山药株距 20 cm。每 667 m^2 种 1 000 株，用种 60 kg，产量为 1 200 kg 以上，可全部作种出售。其产值是棉花的 6～8 倍，极大地提高了多秆棉种植的经济效益。

在地爬山药地中，还可以套种冬春蔬菜，仅山药产值，每667 m^2就可以达 5 000～10 000 元，产量可在 4 000 kg 以上。如果加上套种作物，其产值和产量就更加可观了。各地都可以根据自己的实际情况调整种植结构，进行山药地的间作套种，使得地爬山药更能适应不同地区的实际，取得良好的经济效益。

(4)双膜保温催芽

为了延长山药的生长期，实现早熟高产的栽培目标，在地爬山药播种前 25～30 天进行催芽。双胞无架山药采用山药段子繁殖，每年在惊蛰到春分之间进行催芽。一般在催芽前半个月，先将准备切段播种的山药块茎晾晒 4～5 天，然后切段，每段长 5～6 cm。山药段子切好后，使其断面沾上石灰粉，再晾晒 2～3 天，但不可暴晒。随后，移至通风良好的干燥地面上，存放 7～10 天。待切口愈合后，再放到多菌灵泥浆中浸 15 min。取出后，再晾晒 1 天，然后准备进行催芽。

使用的多菌灵泥浆，是用 25％多菌灵 500 g，加水 40～50 L，再加细泥 10 kg 配制而成。将山药段子放入其中浸泡 15 min，使山药切口均匀地消毒杀菌，整个切块可以安然无病，但需将泥浆搅拌均匀。进行种薯催芽时，上面要盖土 3 cm 厚，并铺一层薄膜，再加一小拱棚保温。这种措施，俗称双膜保温。经过 26～27 天时间，当山药幼芽长到 1 cm 时，即可播种。播种时，选留一个壮芽，而将其余的芽全部抹掉。

(5)定植及其以后的管理

地爬山药的定植，具体时间一般掌握在播种后幼苗出土时是当地的无霜期为宜。这样，小苗不会受冻，且能正常生长。播种沟内先施适量腐熟人、畜粪，然后在播种沟两边施入氮、磷、钾三元复合肥，每 667 m^2 施用量为 100 kg，施肥处应离开沟中心 10～12 cm。基肥施好后，顺着播种沟的中心，播下已发芽的种段，然后覆土 8～10 cm 厚，并起垄拍平，保墒防渍。接着，在垄背再施以鸡棚灰或羊棚灰，每 667 m^2 施用量为 750～1 000 kg。到了小暑节前后的山药初花期，在山药行间根际再追施三元复合肥，667 m^2 施用量为每 50 kg。同时，加施中等浓度的人、畜粪和适量尿素。立秋前，可在叶面喷施 0.3%磷酸二氢钾溶液 2～3 次，相隔 7～10 天喷 1 次，以促地下块茎迅速膨大。如果有蔓叶徒长现象，可在现蕾开花期，即 7 月上中旬，喷施多效唑溶液，防止蔓叶徒长，有利于块茎膨大。

山药田中的杂草，在整个生育期，要求采用人工方式除草。种植地爬山药的田块，应注意排水。必须做到沟沟相通，雨停田干。要控制病虫危害，也要控制氮肥的施用量和施肥的次数。在 6 月中旬到 7 月中旬的发病初期，可连喷 2 次 70%甲基托布津可湿性粉剂 700 倍液，每隔 6～7 天喷 1 次。也可用对疑难病虫有特效的 50%消菌王药液进行喷雾防治。一般到 10 月份，即可采挖山药上市销售。但准备留作种薯用的，应在霜降后起挖。每 667 m^2 用种量一般为 200～250 kg，可按此标准进行预留。

☞ 65. 什么是山药套管栽培?

长形山药，生长在地下 1 m 左右处。2 000 多年来，种植山药的农民，要在冬前挖掘 1 m 深的土层，翌年开春将山药种上，秋天又要挖掘 1 m 深的土层，将山药收上来，劳动强度和劳动量都很大，十分辛苦。能不能设法把种植山药的繁重劳动减轻一些呢？近年来推广的山药套管栽培技术，就较好地解决了这个问题。

简单地说，山药套管栽培，就是将山药块茎引入套管中生长的栽培方法。具体地说，就是根据长形山药的长短和粗细，设计一种套管（套管也叫栽培管），将这种管子埋入地下适当的深度，然后人为地引导新生的山药块茎进入管道中生长。

最早使用的是竹管，用竹套管进行山药栽培，可以就地取材，成本较低，而且耐湿耐压。但是，打通竹子中的竹节比较费事费工，还很难修理平整。由于新生山药非常娇嫩，遇到不平整的竹茬或竹瘤，便会变形生长，因而难以保证长山药产品整齐平直。后来，塑料套管的出现，才使山药套管栽培成为现实。我国台湾省采用一般居民用于屋檐的导水管，制成了山药栽培套管。华北、华东和东北地区也相继制造出各具特色的各种形状与材料的山药栽培套管。

使用套管，可以使山药块茎按照人们的意志固定在一定的位置生长发育，从而促成了山药栽培技术的变革，更趋节约化、省力化和现代化，使高档药食兼用的山药产品质量更高，一级品率显著增加。

☞ 66. 山药套管栽培怎样选择土壤？

（1）套管内的土壤选择

山药套管内的土壤选择，是套管栽培成功与否的关键所在。装上好土长好薯，装上劣土长劣薯。在山药套管栽培初期，人们往往只是想到就近取土，随便装入一些栽培田中的土壤，结果山药生长很不整齐，病虫害也相当严重，产量与质量都受到影响。通过不断研究探索，才了解到套管内的土壤非常讲究。

①表土不能进入套管。由于表层土壤中线虫、褐腐病菌等土壤病菌、害虫很多，一旦将这些含有病菌、害虫的土壤装入套管内，管内幼嫩的山药块茎就很容易感病受害。

②有机物不能进入套管。因为有机物分解时的气体会侵害幼薯生长点，使块茎变形、发黑。同时，施入的有机肥越多，病虫害也越多。

③化学肥料不能进入套管。若有化学肥料接触到山药块茎（尤其是接触到生长点），则块茎生育就会完全停止。因此，在套管装土时，切忌装入有化肥的土壤。

④旧废土壤不能进入套管。山根、道旁等处的旧废土壤，常有褐腐病菌感染，存有很多不干净的物质，不能轻易使用。

⑤套管填土必须用心土。山药栽培套管内所装的土壤，必须是没有栽培过作物的心土（也叫新土，没有用过的土），或者除去表土后的山地土，以求尽量消除一切污染。这是因为套管中只有块茎，而供给山药营养的吸收根系，则都长在套管外面。因此，套管内若有营养成分，反而会使块茎腐烂或停止生长。就心土来说，以沙壤土最好，黏性土壤应绝对免用。沙壤土形成的空气、压力和水分条件，对于山药块茎的生长最为理想。

(2)套管外的土壤选择

山药栽培在套管内装入完全清洁、无病虫害的沙壤心土，基本上与大田土壤隔绝，为幼薯的形成和肥大创造了有利条件。同时，也要重视套管外的土壤选择。这是因为：一是套管内山药块茎的生长，要靠套管外的土壤供给营养。山药块茎虽生长在套管中，但套管中没有营养，营养物质需要山药的吸收根供应，而吸收根的营养又来源于套管外面的土壤。只有具备良好的土壤，山药的吸收根才能形成庞大根系，供给山药地上部充足的营养，促使茎叶旺盛生长，正常进行光合作用，从而才能有更多的光合产物形成，并转移到套管内的块茎中，使块茎正常肥大。二是套管内外的土壤互相接触，互相影响。山药栽培套管并非完全密闭，套管两端有不小的开口与大田土壤接触，管壁上也有不少小孔与大田土壤相通。虽然套管外面的土壤不直接接触块茎，但对块茎也有一定影响。特别是在种薯播种后的萌发和生长阶段，都主要处在大田土壤环境中。因此，对套管外面的土壤也要有所选择。

选择山药栽培套管外的土壤，一般以沙壤土或壤土为宜，便于套管的安装和耕作。而黏性土壤则较差。地下水位高的地方和湿地，不适宜进行山药套管栽培，尤其不能在湿土地上用套管种植山药。虽然块茎在套管中，但过湿的土地仍会妨碍块茎生长，并使块茎发生畸形。

☞ 67. 怎样制作山药套管？

实施山药套管栽培，必须将山药块茎全部引入套管，而且进入套管的角度和松紧度要适宜。为此，经过30多年的科学试验和实践改进，使山药栽培套管逐步走向合理化。如今，普遍采用的套管规格和制作方法如下：

(1)套管的长度和直径

套管长度，依品种类型略有差异，一般在1～1.3 m之间。有的长山药品种块茎长达1～2 m，有的山药类型块茎长仅50～60 cm，因而就要相应设计不同长度的套管。套管直径，依山药品种类型有所不同，一般圆周长在18～22 cm之间。在套管上方需要纵切开口，宽约3 cm，即在套管平放时的位置上方，开口 3 cm，顺管长纵切(图 14)。

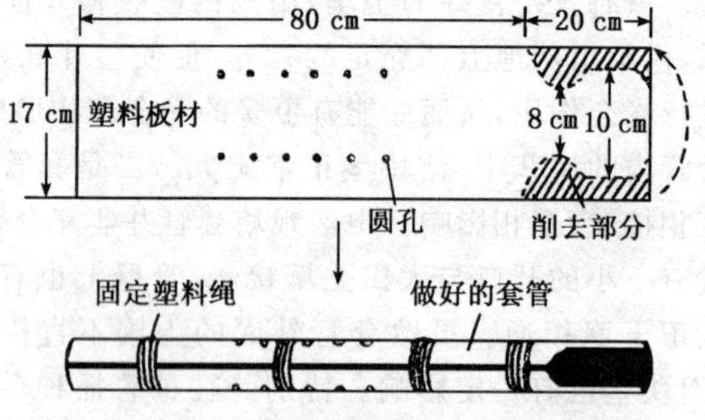

图 14　山药套管制作示意图

(2)套管的前端与后端

套管的前端，即接近苗茎基部的一端。要将这个部位的套管展开成圆匙状，装置时使前端正好对准幼苗，以接受幼小块茎，使之顺着管壁进入套管内生长。因此，这一部位也叫受部。受部的长度一般为 20～22 cm，展开的最宽处为 16～18 cm。套管的另一端称为后端。套管后端一般都要开口，不能堵死。这样，一方面可改善管内的湿度和气体状况，另一方面也可使一些过长的块茎有伸长的余地。

(3)套管的圆筒部分

套管的圆筒部分，即指套管的管身，共开有 4 排圆洞(或称圆孔)，每侧两排，圆洞孔径为 1.0～1.2 cm。从套管前端约 35 cm 处开始打孔，两排圆孔应错开排列，即上排 6 孔，下排 7 孔。上排距上方纵切口边缘约 2.5 cm，上下两排孔口之距离约为 2.4 cm，同一排圆孔之间距离约为 7 cm。

(4)套管的制造材料

制造套管的材料，可以专材专用，专门设计制造一定规格的塑料管。也可以就地取材,利用一些相似的圆筒状塑料管改装。台湾省的山药种植者,曾使用当地居民半圆形的屋檐导水管,改制成山药栽培套管,既降低了成本,又简化了制管程序。

68. 怎样在田间设置山药套管?

(1)挖好埋管沟

一般 1.2 m 行距埋一行套管。用铁锹或小型掘沟机,挖出深 50 cm、宽 25 cm 的埋管沟。沟的长度最少应有 10 m,沟的方向可依土地的具体状况而定,东西向或南北向均可。要将沟挖直,并做到深浅一致。埋管沟的宽度,也可按照掘沟机的规格确定。比如一次挖过去正好只有 15 cm 的宽度,也是可以的。埋管沟的深度,则以 50 cm 为宜,也有的依据套管埋设的角度而定。深挖至60 cm。因为套管埋入地下不是平放,而是有一定倾斜角度的。

套管埋入地下最浅的位置,就是种薯播种的位置。这个深度是固定的。根据多年试验,套管受部应低于地面 5 cm。也就是说,套管前端埋入地下 5 cm 处,套管中后端便要逐渐向下倾斜,与地面形成的夹角一般是 15°～20°,也有 10°夹角的。夹角越大,要求埋管沟挖得越深。在 10°夹角的情况下,挖 30～40 cm 即可。若是 20°夹角,则应挖得更深一些(图 15)。

套管之间的距离,无论是平行排列,还是错开排列,都是一样的。在多数情况下,套管之间的距离为 30 cm,实际上这就是山药植株的株距。山药套管种植的行距则为 1.2 m。在 20°夹角以下埋管沟,一般都要错开排列套管,但两行不能错得太远,稍错开一些就可以了。操作技术好的错开 25 cm 左右即可,初次进行山药套管种植,恐怕连

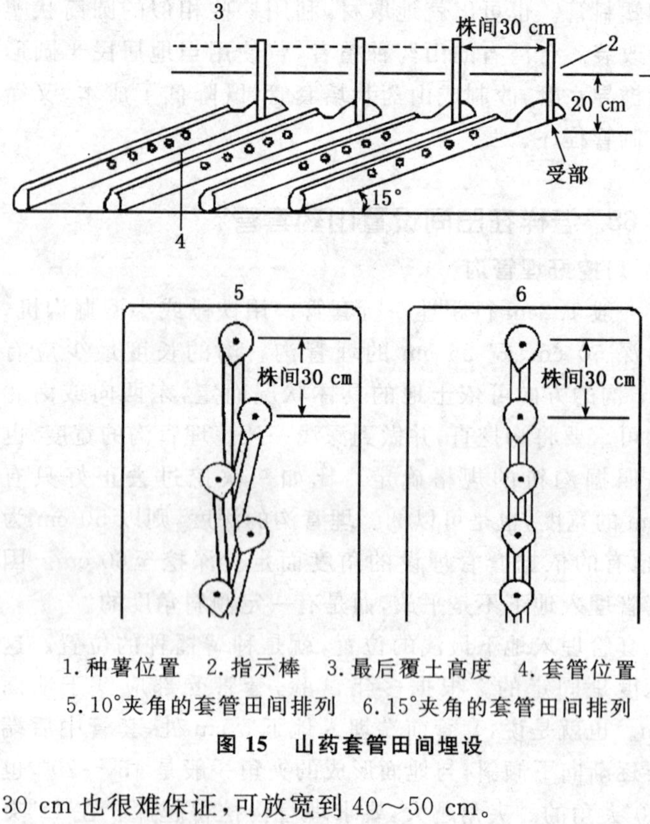

1. 种薯位置　2. 指示棒　3. 最后覆土高度　4. 套管位置
5. 10°夹角的套管田间排列　6. 15°夹角的套管田间排列

图 15　山药套管田间埋设

30 cm 也很难保证，可放宽到 40～50 cm。

需要指出，埋管沟不能挖得过浅，必须按规定深度达到 40～50 cm。因为只有达到这样的深度，才能保持山药块茎肥大所要求的适宜地温。据中国农业大学山药研究中心在山西省中部地区测试，当夏季高温时，地下 10 cm 处的地温为 35℃，地下 20 cm 处的地温为 26℃，地下 30 cm 处的地温为 25℃，地下 40 cm 处的地温为 25.5℃，地下 50 cm 处的地温为 24.5℃，地下 60 cm 处的地温低于 25℃。根据山药的生长特性，在地下 20～50 cm 深的土层，可保持山药块茎肥大所要求的24～26℃的最适地温。20 cm以上则会是接近或超过30℃的高温。当地温超过28℃时，山药块茎就会停止生长，表皮变色而形成龟甲状，严重时全薯腐烂。因此，地下20～50 cm，则是山药块茎肥大最适宜的土层。

(2)埋管沟不能积水

长山药虽然要求高温多湿的环境，但湿度过大时则有害无益。尤其是进行山药套管栽培，湿度过大时，不仅影响块茎正常肥大，而且容易畸形生长，形成细而长的次品块茎。因此，一般不要利用水田种植山药。如果要利用水田种植山药，则首先要在水田周围修好排水沟，并能进行大畦排水和高畦排水，以保证套管沟里没有积水。在平地进行山药套管栽培，也需要修建高畦，使套管底边高于排水沟，以利于及时排水。在山区斜坡地用套管栽培山药，为了避免水流停滞，应顺坡修建田畦。总之，用于山药套管栽培的田地，地下水位最好在80 cm以下较为安全。套管山药最怕积水和泡水，阴雨天就会因缺氧停止细胞活动而腐败。同时，栽培沟不能过早挖掘，最好是边挖沟边埋管。

(3)套管的安装

套管沟挖好后，应立即安装套管。套管装上后，随即就应播种。为此，有两件事情必须预先做好：一件是将套管及时运到地头，并且按规定的距离排放好；另一件是将套管中要装的土壤准备好。安装套管时，可以挖一沟装一沟，也可以先挖好沟，以后再一起装管。

套管内装什么土呢？上面讲过，最好装清洁的无病虫害的心土，尤以不黏不沙的沙壤土最为适宜。既要避免将土块、石块和粗枝烂叶装进套管，又要避免把含有无机肥和有机肥的土壤装进套管。

给套管装土时，所装土量占套管容积的2/3即可。一根套管的装土量一般为 4～5 kg。山药块茎的生长肥大需要适度的土壤压力。如果土壤压力太小，块茎就会长得又细又长；如果土壤压力太大，块茎肥大又会受到限制。经过多年试验，装入占套管 2/3 容积的土壤所形成的压力，正适于山药块茎的正常肥大。

套管装土后，要将套扣上紧，以免土壤溢漏。套扣也是一个标志，装土不能触及到套扣，不能挡住最上一排孔洞。只有这样，才能防止套管中的净土和外部的土壤直接接触，以免污染。装入套管内土壤的松紧度，一般以用手抓一下即可自然松开较为合适。

装入套管的土壤，一定要平均分布在套管的下半部，既不能忽高忽低，也不能集中在底部。这就需要先将套管放平，装好土壤后，再慢慢倾斜埋入挖好的沟中。安装在同一沟中的套管，要向同一方向倾斜；错开排列的，也应按错开的角度顺序排开。埋好栽培套管后，应立即将指示棒插入套管受部的中线位置，以便于以后播种。指示棒一般用 30～40 cm 长的竹竿或木棍做成，埋入地下的深度为 20 cm，地面上露出 10 cm 左右即可。

☞ 69. 山药套管栽培怎样进行田间管理？

(1)做畦、摆种、施肥

栽培套管埋设完成后，可用挖出的土壤做畦。畦的宽度就是套管之间的行距，一般为 1.2 m，也有 1.5 m 的。畦长一般为10 m 左右，短的 8 m，长的也有 10 多 m 的。山药套管栽培大多采用高畦，畦高一般为 15 cm。做畦要充分考虑排水，务必不使畦面出现积水现象。

做畦前应先施基肥，每 667 m^2 可施腐熟的堆厩肥 5 000 kg，并与土壤充分混合。也可每 667 m^2 施入腐熟优质饼肥 150 kg，过磷酸钙 70～80 kg，硝酸钾 25～30 kg。施用基肥，既是为了供给山药生长所需要的营养，又是为了调节土壤的水分，补给土壤氧气。施用堆厩肥，对于黏性土壤效果更好，可使山药产量大幅度提高。施用基肥，可以在做畦前普遍施用一半，另一半在播种后施用。施肥的位置应离开种薯 15 cm，围绕种薯施在 20～30 cm 宽的圈带上。在播种时，可将全部肥料的 1/5 集中施于种薯周围或两边；在茎蔓长到 1 m 时，再将 1/5 的肥料在畦中撒施；在覆盖地膜或稻草前，将 2/5 的肥料在全畦施放；剩下的 1/5 肥料，在 6 月底或 7 月初施用。施肥方法，一般结合灌水和中耕除草进行。有的将一半肥料作为基肥，施于种薯两侧；剩下的一半肥料作为追肥，于中耕除草时，在距离种薯位置 20 cm 处施于两侧。覆盖地膜的可施肥于畦间，覆盖稻草的可在地上撒施。施用氨肥应该谨慎，因为氨肥容易诱生畸形薯。

田畦做好后，除了将掺有基肥的土壤盖在套管上面以外，还要在两行套管之间挖出一条 10 cm 深的排水沟。从外观上看，排水沟的沟底也就是畦底。套管前端高出沟底 5～10 cm，距畦的最高处达 30～35 cm，在高畦面上只能看见几厘米长的指示棒。

播种时，按指示棒的位置，挖开 5 cm，将种薯埋入即可。套管前端的上沿距畦面约 25 cm，套管前端之下沿离畦面有 30 cm。山药种薯萌发生长，块茎生长约 10 cm 后，就能触及到套管受部的底面。以后它继续生长，便逐渐进入套管而不断伸长(图 16)。

种薯的选择、切割和摆置方法等，均与长山药的普通栽培法相同。套管栽培山药的关键在于对准受部位置。有的在整畦的同时，已将种薯摆好种下，上面覆土即可。整薯栽

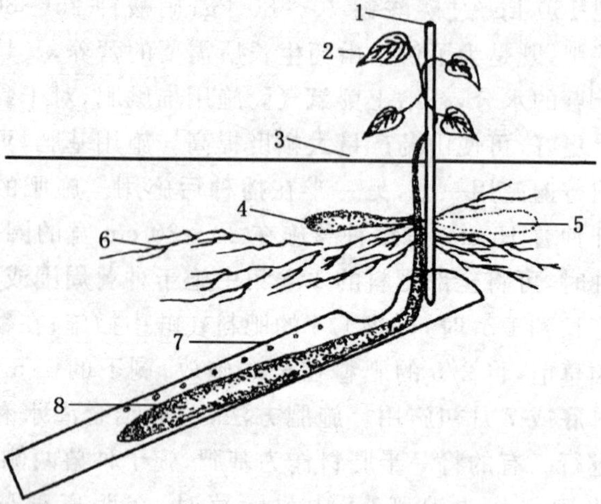

1. 套管埋设指示棒　2. 地上部茎叶　3. 畦面　4. 正确定植种薯方向　5. 错误种薯位置　6. 吸收根系　7. 套管　8. 套管内新生块茎

图 16　长山药在套管内生长情形

植时，要将顶芽部分对准受部，中下端平摆，一般都是顺着套管装置的方向摆放。催芽的种薯切忌干燥。指示棒千万不可弄掉或折断，以免给播种造成困难。长山药的播种位置，在土层下 5 cm 处，吸收根多在10 cm 左右土层里向四周伸长。因此，施肥需集中在浅土层内，而且最好分次施入肥料，不要一次施用过多。

(2)适度灌水

山药套管栽培，对水分的要求较为严格。水分不足时，块茎长得又细又长，有的甚至粗度不足，没有商品价值。在干旱土地和降水量少的年份，山药产量会减少一半；雨水适量的年份，则产量明显增加。与此相反，在湿润的土地上种植山药，降水量少的年份可获丰收，而降水量多的年份却几乎没有收成。

山药套管栽培，不宜进行大水漫灌。因为漫灌时泡田时间长，畦底过湿，套管中水分过多，可使山药块茎停止生长，或形成畸形薯，甚至造成块茎腐烂。同时，漫灌还可能使病菌、小虫进入套管，引起严重的病虫害。

山药套管栽培，最好采取喷灌的方法补充土壤水分，而且所补充的水量不能太大。喷灌时，要避开植株基部，起码要离开植株 20 cm 左右。同时，还要注意及时培土，将植株基部附近土面培成馒头形，以避免灌水和雨水从植株基部进入套管。这是使山药栽培套管保持适宜湿度和减少病虫害的主要措施之一。

(3) 适时覆盖地膜

在山药套管栽培中，可适时覆盖地膜。地膜盖在畦与畦之间的沟上，植株生长的畦上只盖麦秆或稻草。在高畦的中间，于植株基部插入铁丝或竹片，用绳子将 1 m 多宽的塑料薄膜拉开，长度依畦长为准，一般 8 m 一块。地膜下面要横支一根棍子，并将四周压紧，防止被大风吹起(图 17)。地膜多采用加入 30%铝箔的黑色塑料薄膜。

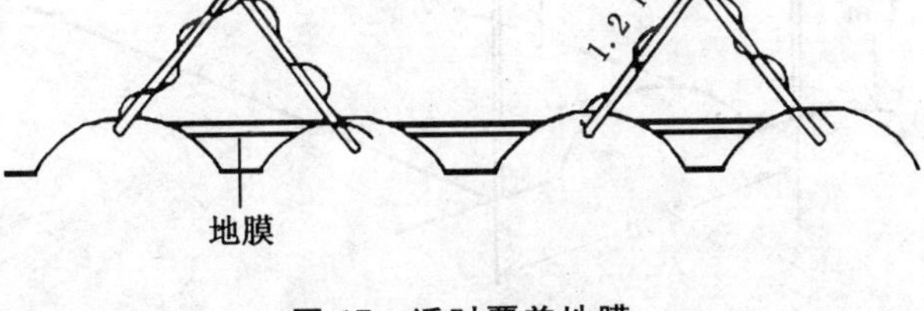

图 17　适时覆盖地膜

覆盖地膜后，可起到遮光降温和灭草的显著作用。据测定，遮光率达95%。在炎夏气温达30℃左右时，覆盖地膜后，地下10 cm处的地温仅为26～27℃。同时，覆盖地膜还可改善土壤通气状况，减少杂草滋生，调节昼夜温差，有利于山药植株的生长。覆盖7～8 cm厚的稻草，也有很好的效果。而且，在山药植株附近覆盖稻草，有利于进行插架作业。覆盖黑色地膜或麦秆、稻草的时间，一般在6月下旬到7月上旬，不能过早覆盖。

(4)及时搭架

山药套管栽培的搭架支柱，比普通栽培重要得多。这是因为套管栽培的新生块茎，生长在比较浅的土层内，地温很高，需要搭架形成凉棚，以降低地温。同时，搭架后山药叶片展开，受光面积增大，光合作用增强，植株生长健壮，有利于提高产量，并减少病虫害。

通过多年试验，以1 m高的棚架效果最好(图18)。搭架的具体操作方法是：每隔2 m左右埋一根立柱，埋入深度为40 cm左右，架高1 m左右，长度依栽培畦而定。上面绑好骨架，中间用网套连接即可。也可1m一柱，或一畦

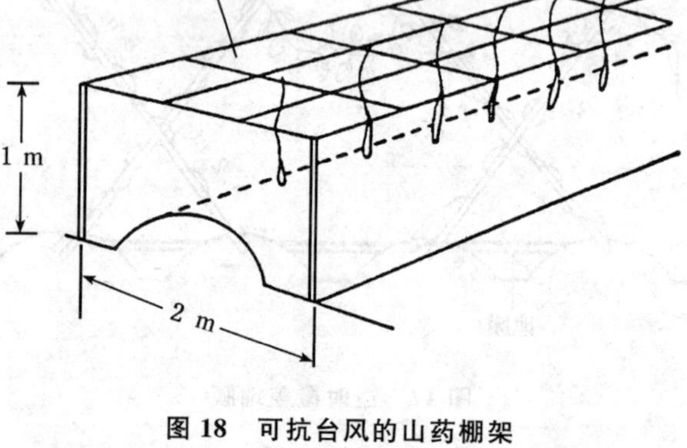

图18 可抗台风的山药棚架

一架，高度都在 1 m 左右。茎蔓长起之后，就会自然爬网，稍加整理即可将整个畦面遮成凉棚。在地上部茎叶充分生长之后，地下块茎才进入肥大盛期，这时，叶片正好爬满棚架，密密麻麻，强光基本照不到畦面，降温效果很好。

(5)收获方法

山药套管栽培的收获比较容易，省时省工。普通栽培的长山药，收获 667 m^2 需要 140 个人工，而收获 667 m^2 套管栽培仅需 24 个人工，大约可节省劳力 5/6。而且套管栽培收获时，块茎很少有断裂、损伤现象，茎棒很直，薯形整齐，颜色美观，投放市场备受欢迎。

收获套管山药，一定要一个挨一个地进行，防止漏挖。由于在收获前已将地上部残枝枯蔓和架材等全部清除掉，指示棒也早已拔除，因而很容易漏挖。挖取套管应从一头做起，将套管周围的土壤小心翻起，堆在高畦两侧，待套管露出一半时，用手一抽便可拔出。拔出套管后，随即将套扣松开，便会露出山药。用塑料绳绑结套管的，可将塑料绳割断，以便取出山药。取出山药后，可将套管清洗存放，来年再用，以降低成本，增加效益。保存与使用得当，套管可连续使用 10～15 年。

套管栽培山药，看起来麻烦费工，实际上其主要优点是省工省力。经测试，种植 667 m^2 山药，用普通栽培法需用 40 个人工，而用套管栽培法只需 20 个人工。套管栽培山药的另一个优点，是可以明显减少病虫害。据观察，用套管栽培法，仅在山药上部(露在套管之外)10～15 cm 的位置发现少许线虫危害症状，而进入套管后的主要食用部位，则几乎看不到病虫害现象。

山药套管栽培的主要缺点是一次性投资较大。667 m^2 土地需要 2 600 个套管，1 个套管按 10 元计算，每 667 m^2

投资约需26 000 元。若大面积种植,套管单价可降低到5 元以下。由于套管的耐用年限一般为 10～15 年,山药种植者还是可以承受的。另外,套管埋设不当,也很容易造成山药块茎呈扁圆形(指横截面)。由于套管栽培山药,省工省时,可减少病虫害,能明显提高产量和质量,综合衡量还是合算的。

☞ 70. 怎样进行山药打洞栽培?

(1)怎样打洞

什么是山药的打洞栽培呢? 打洞栽培也叫孔洞栽培,又叫孔洞悬空栽培。这是根据山药不同品种的块茎所伸入地下的长度,打一个相应的洞穴,让山药块茎悬吊生长于洞中的一种栽培方式(图 19)。山药打洞栽培技术,经过了长期的田间试验,其栽培技术更为完善多样,更为适用,其栽培效果也更加显著。

山药打洞栽培技术,是根据山药生长发育和生理生态的一些特殊习性而形成的。比如,长山药有自然垂直向地心伸长的天性,无论是有土壤还是无土壤,都会一直向下生长。因此,人为地打一个洞,让其伸入洞中,它在洞中向下延长,是自然而然的事情。再如,山药的另一个特点,就是它的根是生长在山药块茎的上端,长在茎的基部,也就是生长在土壤的表层。而山药块茎周围的毛根并不是山药真正的吸收根,与山药对土壤中养分与水分的吸收基本上没有关系。因此,尽管山药块茎在孔洞中一直向下延伸,而山药的吸收根却仍会源源不断地吸收并向块茎供给养分和水分,使得山药地上部的茎叶和地下部的块茎都能正常地生长发育,因而能取得可喜的栽培成果。

打洞的工具,一般是用环形土铲,铲头用薄钢板圈成的一个直径为 8～10 cm 的半圆形,半圆底部截成 3 个三角形

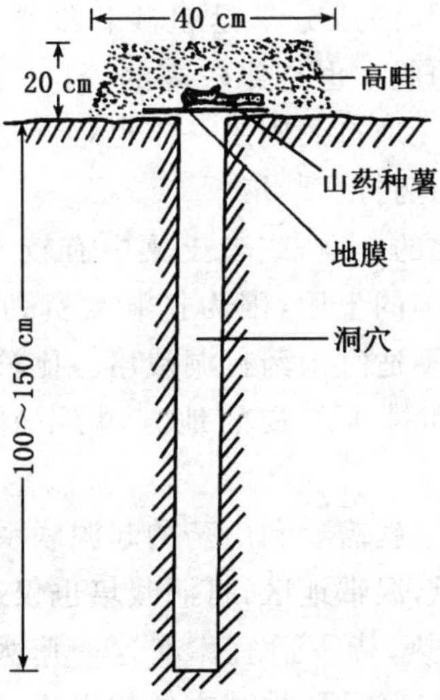

图 19　山药打洞栽培示意图

小缺口，以使入土阻力减小，盖土利落，锋利铲土。铲头长一般为 20 cm。铲头上安上木柄，木柄长 180～200 cm。然后根据不同品种所应具有的株行距离，在田中一个一个地打洞。打洞一般在冬春农闲时进行。小面积的地块，多是采用人工打洞；而大面积栽培则需要用机械化工具打洞。有些地方用石匠打石头的铁钎打洞。也可就地取材，用其他工具打洞。但是，不管用什么办法打洞，打出的洞一定要结实，可靠，周壁光滑，不塌不陷，保证质量。

(2)山药打洞栽培对土壤的要求

山药打洞栽培不择地理，一般地说是什么地方都可以的。只要能够打成一个完整的洞，深度和广度都符合要求，无论是沙土、壤土、黏土，还是重黏土，都是行得通的。不过，有两点需要注意：

①沙丘地不适于打洞栽培山药。因为黏土成分太少，

不足5%，而95%的成分都是粗沙和细沙，打洞后容易塌陷。而且打洞的成本也是比较高的，打一个洞得用好几年才较合算，而沙丘地打洞则用一年也难保险。因此，在沙丘地不适宜进行山药打洞栽培。

②过于坚硬的土壤，或者土壤中有较大的沙石类夹层的，或是容易塌陷的土壤，因为打洞太费劲，或是打洞后不易保持洞形，也不适宜山药打洞栽培。比较寒冷的地区，还有过湿的田块和排水不良的地方，均不宜进行山药打洞栽培。

谈到地理，这就需要和山药的起源联系起来，长山药的老家是黄土高原，温带地区，打洞栽培也仅适用于以我国中部地区，过冷太热，皆不适宜。在这一广大的地区范围之内，地势高燥，土层深厚，排灌方便的田块，为山药打洞栽培的理想选择。

(3)打洞栽培宜选用的品种

江苏、河南等地进行山药打洞栽培的实践表明，打洞栽培最适宜于水山药类型品种的栽培，对于绵山药，其效果则不如水山药明显。江苏是水山药特产区，当地也多用花籽山药进行打洞栽培。河南省鹤壁市农科所于2000年、2001年连续两年进行了花籽山药与怀山药打洞栽培的对比试验，结果同样是花籽山药的效果为最好，而怀山药打洞栽培却很不理想。

水山药含水量大，也较耐水湿，块茎棒直，生长势强，很适应洞中的小气候环境，其块茎不仅极易入洞，且在洞内垂直向下，很少形成分枝。由于洞内已打空，没有土壤的阻力，更有利于水山药的延伸和肥大。因此，打洞栽培的水山药，其产量远远超过了普通栽培水山药的产量，而且块茎的品质也有了保证，商品性很好，还带来了更好的经济效益。

我们的试验情况和其他地方的研究结果，都是相同的。供试用的河南怀山药、太谷山药等绵山药，进行打洞栽培的结果都不理想。绵山药类型因生长势较弱，又常因块茎顶端分枝，结果坐口不入洞，似乎很难顶破盖在洞口的塑料薄膜。即使入洞，生长也不正常，不适应洞内的潮湿环境。因而山药的产量、品质都受到不利的影响。再加之绵山药类型块茎较短，不是很直，利用打洞栽培也不甚合算。

(4)栽植密度

由于山药的土壤栽培改成了孔洞栽培，一洞栽一株，于是大大提高了山药的栽植密度，就按一般的宽窄行定植法，即宽行 80 cm，窄行 40 cm，株距 27 cm 计算，每 667 m^2 可栽 4 100 株，比普通土壤的传统种植多了 1 500 株左右。

当然，打洞栽植必须在整好地的基础上，先依上述密度，划线，定点，打洞。栽培花籽山药要求洞深 1.5 m，直径为 8～10 cm，洞壁要光滑紧实。也有些地方行距是 70 cm，就需在打洞前按 70 cm 放线，并在线上挖 6～7 cm 深的浅沟，再用打洞工具在浅沟内按 25～30 cm 株距打洞，洞径一般为 8 cm。如果打洞栽培的是河南怀山药或太谷山药等绵山药，则洞深只要有 80 cm 就足够了。

整地前，应将基肥施好、施足。秋末冬初，每 667 m^2 施腐熟优质圈肥 5 000 kg，接着耕翻土地，使土肥混合，整平待用。打洞从冬季到翌春均可进行，但千万要将打好的洞保护好，避免埋洞和塌洞。洞周围的虚土，以少为好，整地时就应考虑到打洞，才能做到万无一失。

(5)种薯的选择

山药传统栽培制种，可用山药栽子、山药段子和山药豆 3 种。山药打洞栽培，最初就是用花籽山药试验成功后而推广的。花籽山药没有山药豆，因此和一般的水山药普通栽培一样，多用山药段子播种。即使有些地方的打洞栽培也使用绵山药品种，但都是用山药段子播种，因为打洞栽培不适用于山药豆繁殖。

平常打洞栽培所使用的山药段子，多选用直径在 3 cm 以上的健康块茎。山药段子大小各地不一，小的 20～40 g，大的 80～120 g。河南省鹤壁市农科所试验时，将种薯按 10 cm 长的标准分切成段，每块重 30～40 g。在段子切割过程中，应严格消毒杀菌，并注意保护每块山药段子上的皮层不受损伤，以免影响出芽。因为一般只要损伤了外皮，都会涉及到隐芽。分切段子，要选择晴天进行。多数在播种前 1 个月左右进行。分切后的段子切口可以沾一层草木灰，也可用 40% 的多菌灵胶悬剂 300 倍液浸种 15 min，捞出后晾干，以便减少病菌的侵染。

(6)定植要求

山药打洞栽培，主要是利用洞的有利条件进行山药生产，其他的栽培技术措施也应该为洞中生长块茎创造条件，准确定植当然是其中最重要的技术措施之一。种薯必须摆在洞上，芽点必须对准洞口，这样才有利于块茎入洞，免得长到其他地方，造成不应有的损失。

没有经过催芽的种薯，用于打洞栽培是不合适的。其原因一是无法确定芽点。即使按一般的方法确定种薯的上端就是最好的不定芽，但也没有十分的把握，一旦上部受伤受害，其发芽的位置就会发生变动。二是用山药段子直接播种，出芽和出苗很迟，出苗率和出苗质量也会受到不利影响，产量会减少 10% 左右。要是在 15～20 天未出芽时遇有意外，情况就不妙，不发芽的情形也是有的。这时，要将芽点对准洞口，就更谈不上了，其损失是可以预料到的。

因此，要进行打洞栽培，就务必催芽。催芽可于播种前

20～25 天在暖炕上进行，以保持 18～28℃的温度为宜。催芽前，最好用 0.4％的氯乙醇处理一下种薯，可有效地促进其发芽。当看到薯块上有白色芽点出现时，即可定植。芽长度绝不能超过 1 cm，否则损失太大。当然，在其他暖和的地方，如温室等处，进行催芽也是可以的。

定植时，先用地膜将洞口盖严，四周用土压实。接着，将催好芽的种薯，摆放在地膜上，使芽点对准洞口。然后用土壤培成高 15～20 cm、宽 40～50 cm 的垄畦。同时，结合培垄，每 667 m^2 再施入饼肥 100 kg，尿素 10 kg，磷酸二胺 15 kg，施用时将肥料与土壤混匀。由于山药种薯有垂直向下生长的习性，一般不须在地膜上划口破膜，只要不是离得很远，块茎都可破膜悬空，自然顺洞而下。因为没有土壤的挤压，块茎肥大无阻力，所以产量会更高，品质也会更好。定植的时间和普通山药栽培差不多，只要地下15 cm 处地温稳定在 9～10℃，地面无霜，土壤解冻，即可定植。华北地区一般以在 4 月中下旬定植为宜。

(7)注意排水

山药种薯定植以后，在整个生育期间都要注意雨天排涝。特别是连阴雨、大雨和暴雨时，田间不能积水；一旦有水即应及时排除，以防水淹洞、土淤洞，破坏洞的光滑原形，影响块茎的产量和质量。其他的管理与开沟栽培山药大体一致。出苗后应及时搭架。苗期一般不要浇水。中后期，山药生长旺期，应保持田间湿润，出现干旱要及时浇水。6 月中下旬，山药茎叶爬满架后，每 667 m^2 可追施尿素 15 kg，以促进长根生叶。7 月中下旬，每 667 m^2 再追尿素 10 kg，以便养根保叶。8 月中下旬，可根据植株长势，结合防治病虫害，每隔 7～10 天进行 1 次根外追肥，可喷洒 1％～1.5％尿素和 0.3％的磷酸二氢钾混合液 2～3 次，以防山药植株早衰。进行土壤施肥时，最好不要挖沟或挖穴，而应进行随水追施，以免伤根。

(8)打洞栽培的优点

山药打洞栽培，表面上好像比习惯了的开沟栽培要费工，其实则不然。打洞栽培只要选择好品种和合适的土壤，不仅比开沟栽培省了一半的人工，同时还收到了比开沟栽培更漂亮的山药块茎。打洞栽培所收获的山药块茎更直、更光滑、更粗，也更长，颜色更喜人，上市后商品价值更高，适销性很好，卖得很好。与开沟栽培相比，产量提高了35%，种植效益每667 m^2 在10 000元以上，真是一种高产高效高品质的栽培方式。

山药打洞栽培，因为预先打好了比山药块茎稍长、稍粗的洞穴，山药在整个生长过程中，无来自上下左右的土壤阻力，在垂直向下的伸长过程中，既无碎石砖块伤皮，也无根杈树枝碰撞，一路顺风，任其伸长肥大。打洞栽培的试验证明，洞穴中生产的山药块茎，光滑平直，畸形很少，破损率低，整齐度高，病虫害轻，商品性状很好。

由于山药打洞栽培能做到定点空洞，因而比普通栽培加大了栽培密度，每667 m^2 可栽4 100株，比一般田块多出1 500株左右，产量也就增加了1/3以上，每667 m^2 在4 000～5 000 kg。山药打洞栽培，还能节省大量的用工。经计算，打洞栽培，从打洞到收获，每667 m^2 仅用25～30个人工；而挖沟栽培，从开沟到收获，用工却在60个左右。事实证明，打洞栽培比开沟栽培，可省工50%以上。

(9)封洞技术

栽培山药的洞穴打好以后，保护工作做得好的话，塌洞、淤洞情况很少出现，再加上遇有好田块和好土质，打一次洞可以用上5～6年，差一点的也可以用2～3年。因此，每次收获山药后，要封好洞穴，尽量使它避免受损坏。

打洞栽培的山药，收获时也比开沟栽培的省工得多。只要用手将山药基部的土层扒开，并将所有枝叶拔除清理干净，露出山药段子后，用手轻轻地将山药从洞中取出即可。只是不要让周围的土掉进洞中。采收后即将洞口封好，以备来年再用。

打洞栽培山药的收获期，和普通栽培山药的差不多。在较为暖和的地区，可从 9 月底一直到来年春季播种前，都可以依据市场需求情况，随时采收。在寒冷的地方，可在秋冬山药地上部叶片变黄后一次采收，并最好在收后即上市出售，以免在贮存搬运过程中损伤折断块茎，影响品质。

进行山药打洞栽培，护洞的问题较为复杂。大面积打洞栽培，需要有组织有计划地进行。除了栽培者个人注意护洞外，还需采用行政手段，宣传和动员人们自觉护洞，也要防止鸡鸭甚至野生动物窜入栽培区。田块四周应设置拦网及其他标牌，使护洞要求落到实处。这样，就能使打好的山药洞长期保存，起码保存 3～5 年，以增加经济效益。

(10)五寨打洞栽培实例

北方绵山药栽培区能否进行打洞栽培呢？对于某些品种看来是可行的。山西省农业科学院五寨农业试验站的科技人员，利用小型地质文物钻孔机，选用适合本地生长的白山药品种，进行孔悬栽培，也取得了显著的成果，单产在 6 万 kg/hm^2 以上，除去投入3 万～3.75 万元/hm^2，每 667 m^2 净收入可达万元，其收入是当地粮食作物种植的几十倍。因此，山药打洞栽培，成为当地农业种植结构调整中的最佳选择。

晋、冀、鲁、豫以及我国北方浅山区，有深厚的土层，土壤疏松，地势高燥，排水便利，通气性良好，石块、胶黏土很少，极有利于机械或人工打洞，打好的孔洞很容易固定，不易塌陷，连续使用3年没有问题。五寨农业试验站的科技人员，选择无病、健壮、具有优良品种特性的绵山药品种，切成1.5 cm长的山药段子，或用蒂以下15 cm长的山药栽子，作栽培种用。种薯切好后，先用农用青霉素和赤霉素稀释液喷洒，然后进行催芽。床土选用湿沙细土，床温掌握在25℃左右，经过2周即可出芽。当地温达到10℃时，进行播种。也可采用地膜覆盖技术，在早春提前播种，以延长山药生育期，提早上市，调节市场淡季，实现增产增收。

播种前将基肥混匀施于土壤表层，要重施基肥。基肥的种类和数量分别是：腐熟的农家肥7.5万 kg/hm^2 以上，饼肥1 500 kg/hm^2，灰肥7 500 kg/hm^2，配合碳铵450～600 kg/hm^2。采用宽窄行打洞定植，宽行行距80 cm，窄行行距40 cm，株距28 cm，孔径为10 cm，洞深1.7～1.8 m。孔洞钻成后，用塑料薄膜将地上孔口覆盖好，防止雨水向孔内灌入泥土，造成孔眼报废。种植时，将催好芽的山药段子，放在混合有机肥料和肥土的薄膜孔口处，使新生出的小块茎对准划破薄膜下的孔眼，让新山药悬空在孔洞中生长膨大。苗高30 cm左右时，用架材搭成"人"字形架或三角架。在植株生长旺盛期，侧枝发生较多时，要及时摘去基部侧枝，以减少养分消耗，增加通风透光，提高光合效率。

(11)打洞又填洞的栽培技术

有些山药产区采取了另外一种山药打洞栽培的方法。洞还是照样打，洞的深度依山药品种而定，洞的直径为7～8 cm，只是洞壁并不要求那样光滑。洞打好以后，还专门向洞内填入无粪潮湿的虚壤土。这种方式的打洞栽培，有它的优点，也有它的缺点。

其优点有3个方面：一是对栽培品种要求不严，甚至更适于栽培水山药以外的绵山药品种。譬如河南怀山药、太谷山药等。因为洞中有虚土，不是空洞，只是土壤少一些，实际上是介于开沟栽培和孔洞悬空栽培之间的一种中间栽培形式。二是不需要在洞口另外盖地膜。这一道工序也是很麻烦的，盖膜是为了避免土壤进入洞中，可不小心时常在盖膜的时候将不少的土有意无意地推到了洞中。这种办法洞中有土，且一直到洞口，栽山药时种薯放在洞口上，所生出的新块茎很容易顺利入洞生长，幼芽也就无需再穿透薄膜，块茎分杈的情况也相应减少。三是技术要求比较简单，因为水山药打洞栽培，无论是洞深，还是洞浅，都要求必须到位。理想的洞穴，必须是山药块茎在生长的过程中，下不碰洞底，四周不触洞壁，洞壁愈光滑愈好，洞中最好没有一点土，才能做到真正的空洞，也才是真正的悬空，这样才更有利于生产高品质的水山药。而后一种打洞栽培，虽然也同样地打了洞，但并不希望洞中无土。有人说，若能在冬春季将大地已经风化好的虚土自然地刮到洞中，也是受欢迎的。当然，这与山药栽培的不乱土层论有些矛盾。只是说洞中要土，不需要像水山药打洞栽培那样严格，洞壁稍粗糙一点也无碍大事。

此法栽培的缺点也是明显的。首先是对山药的收获不利，拔不起来，很是费劲。块茎出洞的阻力明显增加。要是真正的虚土还稍好一些，要是不那么虚就更是费劲，结果山药块茎被折断损伤的比率就增加了，影响山药商品的品质，有时洞中填虚土掌握不好，或被踩实，起山药时就更为困难。其次是大大缩短了洞穴的使用年限。因为打洞的用工是一样的，既填虚土，又少保护，收获还费工。各地可根据具体情况，灵活地选择使用。

71. 怎样进行山药窖式栽培?

山药窖式栽培,是近年来江苏省沛县农民创造的新技术。它适于庭院栽培,试验效果良好,有望大面积推广。山药窖式栽培的一大特点是可以一次种植,多次采收,一般可采收2~3年。但这项技术的一次性投资较大,同时人在窖内采收时存在一定的危险性,有可能遇到塌窖及窖内毒气的危害。因此,这项技术需进一步完善。

(1)建窖方法

山药窖式栽培,对土壤类型要求不严格,只要土壤有充足的养分即可。窖址应选择地势高燥、地下水位低、排水方便、通风向阳的地方,以便于栽培和采收。挖窖前,先在地面上划线,一般要求窖宽100~120 cm,窖长15~30 m,南北走向。然后挖出深140~150 cm的坑,坑距为1.5 m左右。

挖好窖坑后,要在坑上面横搭上水泥柱,水泥柱长度在150~180 cm,各根水泥柱间隔60~80 cm。接着,在水泥柱上平铺混凝土栅栏板,放置方向与水泥柱垂直。栅栏板宽为50~60 cm,长度在120~160 cm。各个栅栏板的排放间隙为3~4 cm(图20)。

搭好栅栏板后,在板上铺一层麦秸、稻草等秸秆,以防碎土漏进窖内。有的药农试着在栅栏板上铺一层较厚的薄膜,并在预定块茎下用刀破膜,然后再在膜上铺堆营养土,种植山药。这样做的效果也不错,但要求栅栏板的栅栏较密,以便承受堆土的重压。

栅栏板上铺堆的营养土,其配法很容易,就是按5∶1或6∶1的比例,将一般的园土与充分腐熟的厩肥等有机肥混合拌匀,同时在每立方米营养土中再混入磷酸二铵100 g,尿素50~60 g,硫酸钾100~120 g。

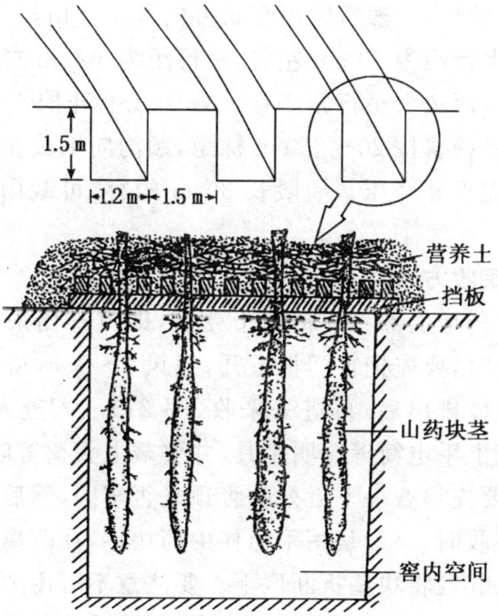

图 20　山药窖式栽培示意图

将营养土配好后，就可铺堆在栅栏板上，一般要求堆成高25～30 cm 的高畦。在窖的一端要留一个出入口，出入口不小于50 cm 见方，口上盖木板封严，保持窖内黑暗状态。出入口上不铺水泥板和营养土。窖建好后，应在四周挖排水沟，防止窖内雨季积水。如果窖顶不用水泥板承重，也可就地取材，用细木棍、高粱秆、玉米秆等紧密地铺在栅栏板上，而后再铺堆营养土。由于秸秆容易腐烂，窖的使用寿命在 1 年左右。而且容易漏土，有时还可能塌窖。

(2)定植方法

种薯应采用长柱形山药(长山药)，定植前先进行薯种催芽。催芽方法与常规栽培方法相同。定植应于地温稳定在 12℃以上时进行，最低不能低于 10℃。要在建好的窖面畦上放线栽植，一般每窖沿窖长方向种 4 行山药，按大小行距排列，大行距为 50 cm 左右，小行距为 30 cm 左右。中间为大行距，两边为小行距。在放好的线上开挖 6～8 cm 深的浅沟，将种薯按 20～25 cm 株距，顺沟向平放在沟内。然后，用土盖平并轻压。一般长 30 m 的窖，可栽山药 450～500 株。

(3)采收方法

待山药地上部茎叶枯黄干死后，即可开始采收山药块茎。采收时，要先把窖门板掀开，通风 2～3 h，待窖内积存的废毒气体排出后，再进去采收(图 21)。人进入窖内时，应随身带上手电筒等照明工具，并要戴上头盔等防护设备。进窖后，要先检查一下近处的窖顶是否牢固，然后才可采收山药。采收时，一般是用手抓住山药块茎，在距离水泥栅栏板 4～5 cm 处将块茎折断取下。要注意不可用力摇晃和下拉，否则会引起土块大量漏入窖中，影响采收和安全。要注意在采收中不能碰伤留在窖顶的山药栽子。待人出窖后，

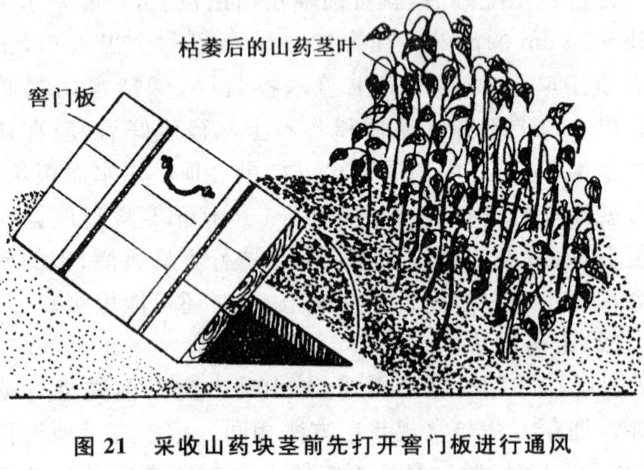

图 21　采收山药块茎前先打开窖门板进行通风

即敞开窖门通风，以降低窖内湿度，促进山药栽子伤口愈合。

在寒流来临前，把窖门重新封好，防止冷风进入窖内冻坏栽子。同时，在窖顶外面，用稻草、麦秸等铺盖在畦面上，一般厚度在 5～10 cm，这样可保护山药栽子在窖中安全越冬（图 22）。到第 2 年 4 月初，将覆盖物取走，并在土畦上每平方米追施腐熟的厩肥 5～10 kg，磷酸二铵和尿素各 50 g。其余的田间管理工作，与第 1 年相同。这样，到了 9 月份，即可采收第二季山药。如果田间管理适当，追肥充足，无明显病虫害，窖式栽培法可连续 3 年采收山药块茎。采收 3 茬以后，就需要更换种薯和营养土，否则会严重影响山药产量。山药窖式栽培，一般不用零余子做种薯。在南方雨水多的地区，应随时注意排除窖内积水，并防止塌窖。在每茬山药采收完后，要及时清出窖内的积土，否则将影响后季山药的生长。窖式栽培法的一个好处，是可随需随采山药块茎，从 8 月份一直可采收到 10 月底。

图 22　山药窖式栽培采收后的情形

山药窨式栽培的其他管理工作，与山药常规栽培技术相同。

(4)沟窨栽培

这是另外一种山药窨式栽培技术，是根据短粗的双胞山药品种而创造的一种浅沟小窨栽培。别的短粗山药也可以试行。双胞山药块茎长 50 cm，所挖沟窨也只需深 50 cm，宽 12～14 cm，长15～30 m。沟与沟间隔 1 m。然后在挖好的沟上横搭预制的网眼稀疏的帘子。也可在废网条上加一层旧报纸替代。最后将从沟中挖出的泥土铺堆在网上，初步培成高垄，垄高 12～20 cm，宽 50～60 cm。沟中仍留 5～10 cm 厚的松土碎泥。

在培垄的时候，每 667 m^2 可撒施饼肥和硫酸钾复合肥各50 kg 左右，与垄土混匀，然后再浇施适量的人、畜粪尿，以使垄土经过一个冬季的严寒熟化，而成为培养土。

当地温稳定在 10～12℃时栽植。种薯是山药段子，每块切成 30 g 左右，每 667 m^2 用种量为 150 kg，栽植 4 500～5 500 株。其余田间管理同双胞山药常规栽培。收获时，先将山药两旁的垄土剖开，使网条露出，然后从沟窨一端顺沟揭起网条，将山药逐株从网条上拉出来就可以了。

(5)地窨栽培

山药地窨栽培，在我国由来已久，且南、北方地区皆有。华北和华南地区的地窨各有特色，但基本上是依山药块茎的长短设置。长形山药深一些，短形山药浅一些。也有土窨、砖窨和石窨等种类。土窨多在不易塌陷变形的黏壤土或黏性土壤区，使用时间较短。在土性好的地方，保护得好，可使用 3～4 年也不坏。当然，在每年播种前，均应将窨底的碎土收拾干净。使用砖窨的地方较多，一经砌好，可多年使用，播种和收获也较方便。砖窨砌得好的话，则没有塌陷的担忧，且较干净利落。但是，也需注意保护；维护不好时，也容易踩塌，缩短使用年限。石窖有大石窖和小石窖之分，一是窖的大小不一，二是使用的石块大小不同，这里主要是指在同砖土窖相同规格的情况下，是用小石子还是用大石块垒成而言。用小石子垒成的叫小石窖，用大石块垒成的叫大石窖，与窖的大小无关。在土石山区石块较多，且有高超的砌垒石子的技术，才能用小石子砌成牢固的山药种植窖，一般的地方是做不到的。

地窖的做法，一般是先设计画线，按要求挖沟。比如说，若希望山药沟宽是 15 cm，那挖沟时就需加上沟两边砌砖或垒石子的宽度，一块砖的宽度是 10 cm，两排砖就是 20 cm，沟需要挖 35 cm 宽，两边砌砖后剩下的就是 15 cm 的山药沟宽度。当然，砌砖时要退着走，砖砌好了沟就成了。砌石子墙也是一样，要退着来。沟的深度也按标准要求办理，长山药是 1.5 m，还是 1 m 或 2 m，随品种不同而定。不过地窖不适于块茎太长的品种，因为沟深了易塌沟。沟的长度可根据地形设计。沟的方向多为南北向。也有的山药沟较宽，一沟栽两行山药，上面盖好预制板。

据药农讲，地窖种山药，一般可增产 1/3，种好了可增产 50%。根据山药的特点，增产是肯定的。只是费工费材，难以应用于大面积生产。但对于我国南、北方地区的小块地山药零星栽培，还是比较适宜的。于是，不断有药农采用地窖来种植山药。

☞ 72. 为什么进行扁山药栽培?

扁山药，块茎扁平，形如脚掌，连接地上部的茎端很窄，下端渐宽，最下边因多处生长趾状脚板形的纵向褶襞，因而又称脚板薯或脚板苕。因扁山药又像银杏叶片状，故而又叫银杏薯。扁山药的变形是很多的,有的像手掌,有的是“八”字形,也有长棒形的(图 23)。我国栽培扁山药的历史悠久。扁山药主要分布在山东、浙江、湖南、江西、台湾、四川、贵州和福建等地。

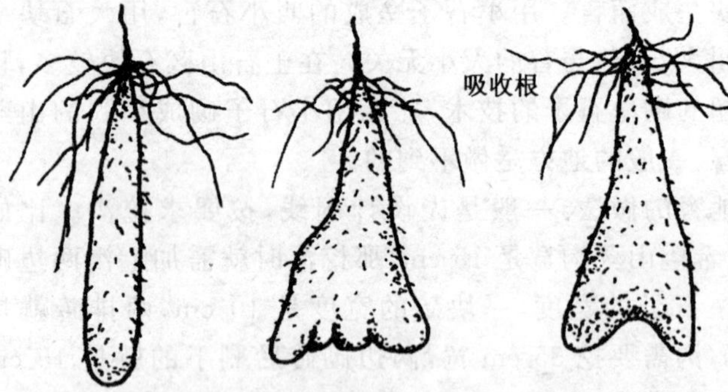

图 23　扁山药块茎的主要形状

扁山药多以食用为主,营养价值不亚于其他类型的山药,水分含量比长山药少,粗蛋白质和可溶性无氮物质等多于长山药,在市场上属于高档品种,可作为糕点的加工原料,也可做饮料。同时,扁山药的药用价值也很高。扁山药生产比较稳定,意外灾害较少,栽培用工较少,很容易大面积栽培。但栽培扁山药所用种薯较多,种薯费用约占整个生产费用的 40%。同时,一年一作,占地时间较长,还容易被线虫寄生。

☞ 73. 扁山药具有什么生育特点?

扁山药在 10～11 月份收获后,便进入冬季休眠期。经过几个月的贮藏休眠后,到翌年春天才能发芽。扁山药只用块茎繁殖,一般不用顶芽繁殖。在切块前首先切除顶芽,然后分别切成 80～90 g 大小的薯块，靠着不定芽的形成和发育，长出新的块茎。不定芽的发芽较慢，需要 40～50 天。种植不带顶芽的薯块，形成根系约需 3 周时间，其吸收根的数目都是在发芽初期决定的，以后增加的只是根的长度和重量。不用顶芽繁殖的原因，主要是为了获得大面积整齐一致的产品。

扁山药萌芽发根的速度，受到土壤种类和播种深度的影响，沙地要比黏重的土壤早发育 20～30 天。须根在 5 月上旬前缓慢增加，到 6 月上旬达到极限。也就是说，从 5 月上旬到 6 月上旬，是须根等器官增长最快的时期，种薯的营养物质有 80％将在这一时期被消耗掉，但种薯的作用还能维持到 7 月末。

种薯发芽后，主蔓伸长很快，一般到 6 月中旬，即长到应有的 3～4 m 的长度。开始时叶片很小，主要是茎蔓的伸长。过一段时间后，随着叶片的增加和展开，叶片的作用显著加大。地下根部也在 6 月下旬，发育到应有的长度和数量，以后多以充实增粗为主。到 6 月上中旬，由于茎蔓和根部都已长到一定的长度，种薯营养物质的绝大部分已被消耗掉，于是自体营养迅速起动，便迎来了茎叶的繁茂和地下块茎的肥大。从这时起，侧枝开始出现。到 7 月中旬，茎叶也已长足。6 月下旬以后，块茎增长加快，7 月中旬现蕾。在这一时期营养生长与生殖生长同时并进。扁山药也能形成零余子，但一般数量较少，不作种用。到了 9 月下旬，块茎已基本长足，以后只能进一步充实了。

从 9 月下旬到 10 月下旬，日照逐渐缩短，气温日趋下降，茎叶变黄，吸收根活动越来越弱，须根枯萎，种薯外皮硬化，从而逐渐停止生长。

☞ 74. 扁山药栽培怎样选择土地?

我国的扁山药栽培,集中在东南和华中地区,华北、西北和东北地区基本上没有栽培。过去不少地方种植扁山药是一年一作,连年栽培,结果植株生育一年不如一年,块茎越来越小,畸形薯越来越多,产量和质量都受到影响。自从实行轮作制度以后,才有些起色。种植扁山药多与水稻轮作,有的也与甘蔗、花生等轮作。扁山药的前作与后作,均以普通栽培作物为佳。前作应避免土壤线虫容易寄生的作物,因为扁山药最易受到线虫的危害。对于多肥栽培的果菜类前作,不适于栽培扁山药,因为极易引起山药茎叶徒长,使块茎过大或长得奇形怪状。

选好扁山药种植地块后,应注意深耕施肥,并要尽量施用腐熟的有机肥料。土壤耕层以深厚为宜,并要把土壤细碎化,造成较为松软的土层,创造团粒结构,提高地力。这样,土壤层不仅有很好的通气性,还有较强的保水和排水能力。由于扁山药组织比较柔软,自动排除障碍物的能力很差,遇到坚硬的土质,便会抑制生育或改变形状,降低产量和品质。因此,种植扁山药的土层一定要保持松软。

扁山药对土壤酸性的适应能力较强,但酸性过强也会使生育变劣。在冲积土上栽培,缺镁的现象较多。同时,不同土质也会影响扁山药的长短和产量。沙性土壤适宜栽培短粗的扁山药类型,不仅产量高,而且品质也好。而河海沿岸的冲积土和黏性壤土,则应栽培长型的扁山药,可取得较为理想的结果。

要测定土壤中主要元素的含量,做到科学施肥。一般情况下,每 667 m^2 应施入腐熟的堆厩肥 4 000～5 000 kg。施用家畜粪时,应了解其性质,和堆肥、钙镁磷肥等一起作为基肥施入。可施入钙镁肥 50 kg，磷肥 50 kg，作为基肥。在前茬多施一些有机肥，以使其更好地腐熟而便于利用。同时，土壤酸碱度应保持在氢离子浓度为 316.3～1 000 nmol/L(pH 值为 6.0～6.5)的范围内。由于扁山药的块茎，一般都集中在深 50 cm 以内的土层，根群多集中在深 30 cm 左右的土层，因而耕作深度应在 40～50 cm 的范围内。

要认真进行土壤消毒，防止土壤线虫病和块茎褐腐病。这些病害如不及时防治，轻者降低山药品质，重者将使块茎全部腐烂。土壤消毒的常用药剂是氯化苦，一般采用注入法施用。每隔30 cm，用土壤注入器集中注入一穴浓度为80%的氯化苦药液，每 667 m^2 需注入 15～20 L。注入的深度应在地下 20～30 cm 处，注入后要把土壤填压整平。线虫密度高的土块，每 15 cm 就应注入一穴。

我国种植山药土地的消毒工作，尚未全面推广，今后应加强宣传，对种植山药的土地普遍进行消毒，确保山药生产的稳产高产。

☞ 75. 扁山药栽培怎样准备种薯?

(1)种薯的选择

在扁形山药栽培中，选择优良种薯十分重要。这是因为扁山药是用块茎进行无性营养繁殖，杂交很少，遗传性单一，新块茎可将老块茎的性状保留下来。“种什么种子，结什么果”。在扁山药生产基地，如果对块茎反复进行个体精选，形成了自己固定的优良品系类型，栽培后即使遇到不良的气候环境条件，也很少改变块茎形状。扁山药优良的遗传素质，集中在上部接近茎蔓的部位，即脚板薯的近茎上部。块茎的长短宽窄不同，有其不同的适应性和遗传性。

短粗的块茎类型，肉质厚，在疏松的土壤中易取得高产，遗传率高，形状整齐。长形块茎的遗传性稍差，产量偏低，多出现棒形山药。因此，种薯应选择上部断面圆形或椭圆形的块茎，肉质要厚，且要坚实，毛根细而少，无病虫害。单个块茎重应在200 g左右。100 g以下的小块茎多发育不良。200 g以上的块茎又过大，切割时断面太多，很易造成外伤，也不好贮藏。对于有线虫寄生的块茎，或有其他病虫害的薯块，一概不能留作种薯。

(2)种薯的切割

扁形山药的种薯切割，不同于长山药，也不同于圆山药。这是因为扁山药既不像长山药那样一长条，也不像圆山药那样可以分瓣切割。同时，由于种薯各部位的优势不同，切块时应有所区别。顶端，即靠近茎的基部的一段，优势明显，切块可小一点，一般在50 g左右；顶端往下的块茎，即中间部位，切块应在60～70 g；最下端的部位，因块茎不够充实，切块一般在80 g左右(图24)。如果种薯是棒形的，可以从上到下切割，上部每块40～50 g，下部每块70～80 g。对八杈形种薯，在切割前要把比例算好，做到切得合理。对脚掌形种薯，更要注意科学切割。

从产量衡量，种薯的上部薯块产量高，越到下部产量越低，平均上部比中下部产量提高10%以上，单个块茎重量也大。这主要是因为上部块茎充实，营养含量充足，以及顶端优势等因素所造成的。为使扁山药生长一致，产品整齐，切割的下部薯块要相对大一些。目前在生产中多不去顶芽，结果从一开始就形成了差距，有的顶芽发芽快，生长快，结薯快。下部的薯块，发芽慢，出土慢，生长发育慢，产量少，质量差，以致在栽培中形成诸多不便，不易管理。

切割种薯的时机，应在种薯的休眠期，一般在12月份

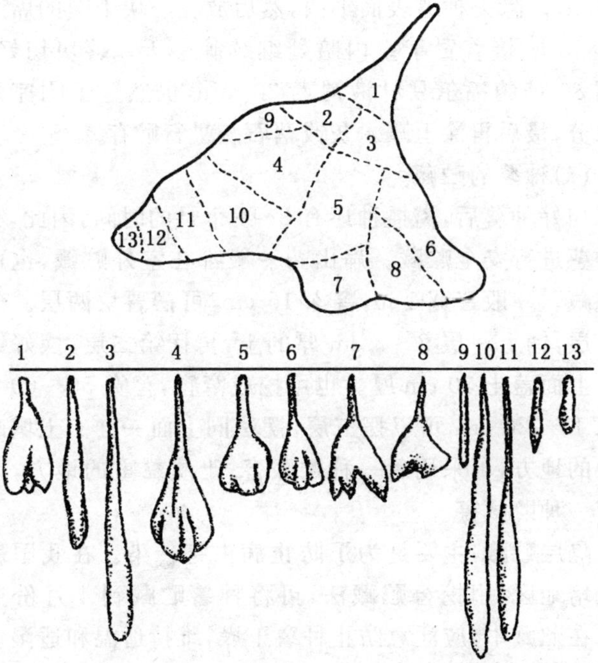

图 24　不同部位的扁山药所形成的薯块形状

至翌年 1 月份最为合适。切割器具要保持清洁卫生。用竹片切割时,一定要使片刃锋利,做到一次切好,不要出现很多伤痕,以便很快形成木栓层,以保护伤面,使伤口很快愈合。用菜刀切割时,应找一块木板,木板上面垫一层有弹性的橡胶制品,一刀切块,切好后放入干净的容器中,防止感染病虫害。切薯地点应在贮藏窖附近,以减少病虫害感染。每年不要在同一处或用同一套工具切割,以防止传染病虫害。若用同一套工具切割,必须经过消毒处理。经验证明,把好切割薯块消毒这一关非常重要,是防治病虫害的重要措施。所选用的种薯,也要先用 80 倍的福尔马林液浸泡

20 min，以除去种薯表面细菌，然后放在一块干净的席子上晾 2～3 h，接着置于室内暗处继续晾一天。薯块切好后，再用 80 倍的福尔马林液消毒 20 min，仍然置于阴凉处散发水分，最后再涂上草木灰或消石灰进行贮存。

(3)种薯的贮藏

切好种薯后，离播种还有 3～4 个月的时间，因此，必须对种薯进行安全贮藏。扁山药一般都在室外贮藏，也可挖窖贮藏。一般窖宽 1 m，窖深 15 cm，可摆薯块两层。先摆好一层，铺上一层 2～3 cm 厚的土，再摆第二层，摆好第二层后上面盖土 30 cm 厚。也可挖成窄窖，窖宽 50～60 cm，窖深 12～20 cm，可以摆三层，摆法同上面一样。土壤疏松干燥的地方，可采用后一种贮藏窖；土质黏重的地方，可选用前一种贮藏窖。

隔层贮藏，主要是为了防止病虫害传染。在我国扁山药栽培地区，用挖窖贮藏法，可将种薯贮藏到 4 月份播种期。在贮藏中，应注意防止种薯干燥，维持适温和适湿。干燥时，可用塑料薄膜包裹种薯。

76. 扁山药栽培怎样科学播种？

(1)适期播种

扁山药播种时，地温应稳定在 11～12℃。这样的地温水平在我国华东沿海各省正值进入 4 月份。有些地区，到 4 月中旬，才能达到扁山药播种对地温的要求。同时，播种适期还有一个标准，就是观看种薯表面是否出现毛根，播种一定要赶在毛根活动之前。此外，要严格掌握种薯贮藏的温度，过高时会在贮藏期间出现萌动的现象。

扁山药播种，适期很重要，既不能过早，也不能过迟。4 月下旬到 5 月上旬，气温和地温都已升高，种薯很容易萌芽发根。如在这时再播种,不是伤芽,就是碰根,造成缺苗断垄。若播种时地温过低,种薯长时间埋在土中不能发芽,或发芽时间过迟,不仅使发芽率大大降低,而且使产量明显减少。

(2)播种深度

扁山药播种的适宜深度,一般为10～15 cm。沙性土壤以13～15 cm为宜,这不仅发芽出土整齐,且产量最高,块茎生长整齐。要是深植到20 cm,其产量和质量都会明显下降。壤土或较黏的土壤要浅播,可控制在10 cm左右的深度,但不能浅于5～7 cm。否则,极易受到干旱的威胁。

扁山药生长在30 cm以内的土层,在土下10～30 cm处肥大;生长在土下10 cm以上,或30 cm以下,都属不正常深度。按照标准深度10 cm播种,有8～10条吸收根便在10 cm深的土层中辐射展开,幼茎向上通过10 cm的土层出土,向上争得阳光,块茎向下深入到30 cm以内的土层中肥大,整个植株就能正常发育。若播种深度少于7 cm,则吸收根在这样浅的土层中不能正常伸长,或由于表层土壤干燥而停止发育。同时,由于土层过浅,幼茎没有用力便能出土,苗株不易固定,左右摇摆,地下块茎有相当多比例者不能深入土壤下层,在表层长成畸形山药。在播种深度超过15 cm时,吸收根在地下15 cm处展开,和地面距离较远,气体条件抑制幼根的生长,使幼根的数目、粗度和长度都受到影响。同时,由于土层较厚,幼芽要通过15 cm的土层才能伸出地面,消耗营养过多,以致延迟出土,植株生长不壮,分枝较少,块茎较小。

(3)栽植距离

扁山药的栽植距离,依不同品种、地域和栽培目的而不同，也受种薯大小和用种量的影响，还要看对总产量和单重的要求。在一般情况下，行距为 60～70 cm，株距为 20～25 cm。这样的栽植间距，总产量和单个重量都比较理想，优良品种单重可以达到300 g以上，用种量也较节省。距离再大或种植过密，均无必要。

需要注意的是，扁山药的种植距离应该均匀一致，以保证出芽整齐，便于管理。在摆薯时不能乱丢，一定要将种薯的皮层部分摆在下面，使其多接触土壤，便于吸水萌发。同时，要按照深浅要求，摆在同一水平上。覆土也要均匀一致，且应适当镇压。若土壤过湿或播种较深时，则不要镇压。

☞ 77. 扁山药栽培怎样进行田间管理？

扁山药从播种到幼苗出土，需经过 40～50 天时间，但最迟不能超过 60 天。扁山药从出苗到蔓长 1 m 时，主要依靠种薯的养分。自此以后，植株的生长发育就要靠自己从土壤中吸取养分。因此，在扁山药的生长发育期，要加强田间管理，充分供应营养，及早消除杂草，积极防治病虫害，及时灌水，保证秧苗正常发育，促成块茎肥大。

(1)肥料的供应

除了冬前施入足量的基肥外，在翌年春季播种前还应结合整地做畦，施入一定的肥料。提倡施用有机肥料，一般以施用腐熟的堆厩肥或家畜家禽肥料为好。每 667 m^2 施堆厩肥 2 000 kg 或氮磷钾复合化肥 50～70 kg。

追肥的原则是：在需肥的时候提前施用，保证不同的生育阶段都有足够的营养。前期宜多施有机肥料或缓效的化学肥料，后期则以施化肥为主。在整个生育期间，化肥的70％宜作基肥施用，30％作为追肥施用。磷肥要早施，追肥以氮肥和钾肥为主,并应多施用复合多元肥料。

在6月上中旬,可施一次化肥,7月下旬,要重点施肥,每667 m^2每次可施尿素30 kg。追肥应尽量在雨前施用。晴天追肥需及时灌水,以便及时溶解化肥。施肥应避开植株茎叶,撒在畦间。追肥可结合中耕除草,将肥料混入土中。追肥数量和次数,可根据植株生育情况决定。肥多虽可增产,但肥料过多则会使茎叶生长过旺,影响地下块茎形成,推迟成熟,使产量降低,畸形薯增多。

(2)水分的供应

扁山药根群较浅,若水分不足,不仅影响根系的生长和发育,更会影响植株对肥料的吸收。从块茎开始形成到膨大盛期,是需水量最大的时期,缺水时生长不良。因此,从6月下旬到9月中旬,应注意水分供应,绝对避免土壤干燥。在山药肥大时期,每5～7天最少灌水一次,每次灌水30～50 mm即可。要避免大水漫灌。最好进行喷灌,既省水省工,又给水均匀,有利于山药的正常肥大。

(3)地面覆盖

为保持山药田的适宜湿度,减少水分蒸发,防止土壤干燥,进行地面覆盖很有必要。北方地区多使用通气良好的麦秆覆盖,667 m^2约需麦秆500 kg。南方地区多使用稻草覆盖,效果也很好。

近年来,随着塑料薄膜的普及,采用地膜覆盖山药田的越来越多。尤其是采用黑色塑料薄膜覆盖,既可抑制杂草生长,又可防止土壤干旱,能保持土壤适湿,降低地温,还可防止茎叶污染,有利于提高产量。用塑料薄膜覆盖全部山药田,容易使地下块茎形成不整齐的形状。因此,一般不采取全面覆盖的方法,而是隔畦覆盖,并覆盖在畦间,不覆盖在种山药的畦面上。覆膜时要一次盖好,四周用泥压实,使薄膜紧贴地面，这样才能起到灭草的作用。覆盖麦秆和稻草，则要盖在种薯上面，这点应引起注意。

从山药播种，到幼苗出土，时间很长。6月中旬覆膜即可。再早覆盖就没有必要；再迟覆盖，茎蔓已经伸长，极易伤害茎蔓，作业也不方便。

对覆盖后长出的杂草，除用除草剂灭除外，应尽早用手拔去。由于山药生长在浅土层，拔大草时极易将苗株带起，因此，应一手压住山药植株，一手轻轻拔掉杂草，防止将种薯和山药苗一起拔掉。

(4)爬地栽培

许多地区对扁山药实行爬地栽培，其优越性主要有以下四点：

一是简便省工。只要播种良好，即可任其爬地生长，最多调整一下茎蔓，使其均匀布满地面。比起支架栽培，爬地栽培操作简便，省工省时。

二是有利于保持土壤适湿适温。保持土壤适湿适温，是扁山药栽培成败的关键。爬地栽培有利于抗旱，保证稳产高产。

三是有利于抵抗风灾。扁山药栽培地区，一年四季都有大风。尤其在生长季节的台风，常将高大的立架一扫而走，或使茎蔓折断，致使植株光合作用不能正常进行。而爬地栽培，基本上可避免风灾。

四是可以减少投入。支架栽培，投入成本较大，而爬地栽培，几乎不需花钱。因此，不少地区至今仍沿用爬地栽培。

(5)支架栽培

从综合效益衡量，支架栽培优于爬地栽培。实践和试验证明，支架栽培的产量比爬地栽培的提高40%～60%。支架栽培的优越性主要在于：一是光合作用明显改善。由于立有支架,茎蔓顺支架形成立体布局,受光面积要比爬地栽培大得多。二是通风条件良好。茎蔓起架以后,植株之间、枝叶之间与株形内部都形成了良好的通风环境,地面的通风也有改善,有利于植株的正常生育和减少病虫害。

(6)精细收获

扁山药的收获,一般从 10 月中下旬茎叶变黄以后开始,可一直延续到翌年的 5 月份。收获时,先将枯枝黄叶集中起来烧掉,然后从畦的一侧用铁锨挖沟,露出块茎后用铁锨挖出,同时将稻草、麦秆填压在沟中。

☞ 78. 为什么进行圆山药栽培?

圆山药多是圆筒形,或呈团块状,也有圆形和椭圆形的(图 25)。一般长度在 15 cm 左右,横径在 10 cm 左右。分布在我国南方的福建、台湾、浙江、广东等地的黏湿土地区域。我国栽培圆山药历史悠久,品种很多。据测定,圆山药是山药中品质最好的品种,其粗黏物质、淀粉等含量都超过了普通长山药和扁山药,而且不易变色,可做高级饮料。因此,圆山药市场价格较高,种植效益较好。

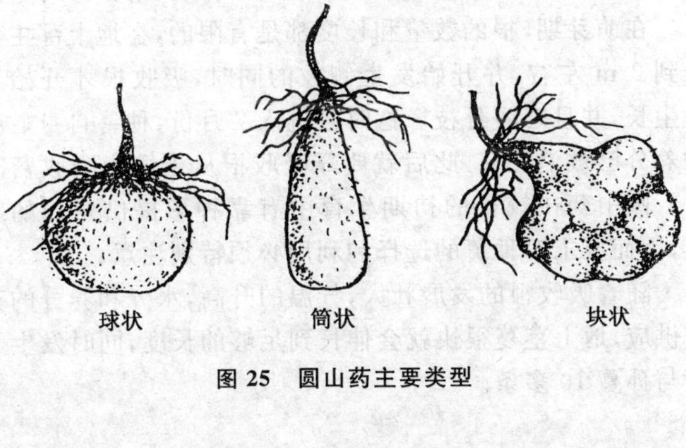

图 25　圆山药主要类型

☞ 79. 圆山药有什么生育特点?

圆山药一般在10～11月份成熟,而后便进入休眠期。到翌年3～4月份,平均气温达到12℃左右时,开始萌芽生根。气温达到20℃左右,茎蔓迅速生长,并进行分枝,发生子蔓与孙蔓,攀卷右旋,向上生长。圆山药虽形状短圆,但仍具有明显的顶端优势。虽然由种薯分割的每个小块都可以萌芽生长,但发芽最快、芽条最壮的仍是顶芽,其次是顶芽附近的芽子。

圆山药种薯埋入土壤后,遇到适宜条件,表皮立即发生很多小突起点,其中,只有最优秀的一个突起点能正常发育,进行细胞分裂,发生吸收根和新芽,并继而出土,而其他的突起点则会自生自灭。倘若这个长出的芽子遇到变故,就立即会有另一个突起点取而代之,发育成新芽。同时发生两个壮芽,是极少见的。

圆山药吸收根在块茎萌芽后,从茎基部所生新块茎的上端发生,一般有8条左右。圆山药的吸收根,主要分布在土壤表层30 cm以内,水平方向伸长可达90～100 cm。圆山药地下部分吸收根的生育和地上部茎叶的增长同步进行。在萌芽期,根的数量和长度都是有限的,在地上部主茎长到2 m左右,并开始发生侧枝的同时,吸收根才开始迅速生长,并且旺盛分枝。这时已进入7月份,种薯自身贮藏的养分已被消耗完,此后就要靠吸收根从土壤中吸收营养了。圆山药在较长的初期生育中有靠种薯提供营养的特点,因而要求对种薯的选择和利用必须特别注意。

随着吸收根的发展壮大,气温的升高,水分和养分的充足供应,地上茎蔓很快就会伸长到足够的长度,同时发生子蔓与孙蔓10多条。

圆山药地下块茎在6月初开始萌发,但在地上部茎叶生长盛期并不肥大,直到8月份进入开花期后,才开始迅速膨大。经过30～40天,大约在9月份,地下块茎即可长成固有的大小和形状,此后则是不断充实其内容。当气温平均降到20℃时,茎叶开始变黄,降到12～13℃时茎叶枯萎。圆山药比长山药要求有较高的温度,旺盛生长期需保持25～26℃的气温。气温降到12℃以下,圆山药的生命活动即行停止。

圆山药的叶片,主茎的最初10多节是互生的,以后的叶序都是对生。子蔓多在主蔓第4至第5节上发生(生长旺盛时期子蔓在主茎第21至第28节上发生),每节都发生两条。子蔓的第7至第15节,每节发生两条孙蔓,可长到1 m以上。这时正值现蕾开花,但花而不实,只在开花后期子蔓或孙蔓接近先端的叶腋间,着生少数零余子,并且长成的不多。

80. 圆山药栽培怎样选择土地?

圆形山药多生长在浅土层,无须进行1 m深的耕作,因而最好选用沙壤土或壤土种植。圆山药的适宜温度为20～33℃,因此,应该选择日照量较多的土地栽培。圆山药生长需水较多,种植土地应有较好的保水性,同时又要具有良好的排水条件。

在秋冬季节,要抓紧时间对种植土地进行深翻和晒垡,争取在冬季使土壤熟化。圆山药田要做成畦子,畦宽120～150 cm,一畦可栽两行。也可做成90～100 cm宽的畦子,只栽一行。山药病虫害严重的地区,可结合整地,使用氯化苦进行土地消毒,每隔30 cm注入3 mL,土壤消毒的深度应达到20～30 cm。

据试验，圆山药在 50 cm 深水位的土层中，比在 25 cm 深水位的土层中，产量会提高 1 倍。这是因为地下水位低的田块，根的生长旺盛，块茎生长时间长，叶片到 10 月份才会变黄。而地下水位高的田块，不仅根数少，而且分布范围小，在 8 月份叶片即开始变黄，块茎生长时间较短，还会发生腐烂现象。因此，应尽量选择地下水位较低的土地种植圆山药。

81. 圆山药栽培怎样准备种薯?

如前所述，圆山药在种薯发芽以后的 2 个多月内，茎叶枝蔓的生长基本依靠种薯中贮藏的养分。因此，选择优良的种薯，科学分割薯块，对圆山药的生长和产量影响很大。

(1)种薯切割

①切割的方式：很多地方对圆山药种薯的切割不甚重视，随意切块，或太大或过小，七棱八瓣，很不整齐，严重影响产量和品质。后来逐步推行了先进的柑橘式分切法，取得了较好的效果。

虽然顶芽具有先端优势，但种薯只有一个顶芽。要将一个种薯切成多块，只能依靠其他不定芽，不能只靠顶芽。而且顶芽贮藏养分少，影响新薯肥大。顶芽发芽早，也使薯苗生长不一致。因此，为了提高整个薯田的产量和品质，应避开顶芽部，就是在切块时先将顶芽用刀削去。然后从上到下，如同分离柑橘一样，将其分成几瓣切割。种薯上部，即接近顶芽部分，容易发生不定根，应平均切分给各个薯瓣。据试验，这样的切法，山药生长整齐，总产量较高，品质较好。

②切割的时机：很长时间以来，对切割薯块的时机看法不一。有的在冬前切割，有的在种植前 1 个月切块，有的则在种植前切薯。在种植前分切，可避免贮存，减少病害感

染，但常使发芽推迟，而且发芽很不整齐，给以后的栽培管理造成很多困难，产量和品质都受到影响。

近几年的试验结果表明，早切的比晚切的发芽早，薯苗整齐，产量高，3 月份切割的明显优于 4 月份切割的。但早切后，断面容易被细菌侵入，薯块的腐败率较高。

在早切割的同时，要采用长山药的断面愈伤法避免腐烂，即在温度 30℃、湿度 55％～60％的条件下，对 11～12 月份早切块的种薯进行处理，10 天后断面可形成木栓层而不再腐烂。

③切块的大小：种薯切块大一些，产量相对高一些，但所需种薯量很大。种块太小了，产量也上不去。因此，种薯切块大小，既要考虑收成与品质，又要兼顾种薯用量和来源。标准的种块是每块 50 g，大一点的可达 60 g，小一点的应不少于每块 40 g。药农往往认为小块种植最合算，用种少，因而每块种薯只切成 30～40 g。这样，不仅直接影响产量，而且会使种薯退化。若连年使用过小的薯块种植，即使最优良的品种，也会逐渐失去其优良特性。这是因为种块太小了，断面相对增加，种皮部分相对变小，影响优良性状的遗传性，会使种薯个体越来越小。优质品种的种薯，每个应重 400～500 g，至少应重 300 g。大薯可切成 8 块，小薯可切成 4 块。

(2)种薯消毒

圆山药的褐腐病、炭疽病、叶锈病和蔓割病等病害的病菌，多附着在种薯上越冬。为了防止病害的发生，应对种薯进行消毒。否则，病菌很易从切割的断面侵入，造成腐烂和缺苗。在一般的情况下，种薯应原封贮存越冬。春季栽植前进行种薯切块时，除保持菜刀、箩筐、席子、案板和盆子等器具的清洁卫生外，可将种薯放入福尔马林 80 倍液中浸泡

20 min。然后，将种薯放在席子上晾 2～3 h，再搬到室内暗处放一天，以蒸散多余的水分。

在切割圆山药种薯时，应尽量多带皮层，避免伤害皮层，以求发芽整齐一致。种薯切块后，再放入福尔马林 80 倍液中消毒20 min，然后置阴凉处散去水分。最后，在断面上涂草木灰或消石灰。这样，在种薯切割前后，两次用福尔马林消毒，效果很好。也可进行热处理消毒，即在 48℃（最高不能超过 50℃）的温水中浸种 40 min，可将线虫等杀死。

☞ 82. 圆山药栽培怎样科学播种?

(1)播前催芽

近几年圆山药的催芽播种技术发展很快，方法简便易行。选一块背风向阳和地下水位较高的场所，挖成阳畦或温床（也可利用现成的阳畦、塑料棚或日光温室），即可进行块茎催芽。摆放块茎要整齐，各个块茎不能相互接触。种薯块摆好后，在上面先覆土，而后再覆盖塑料薄膜。在催芽期间，要注意给水，保持土壤湿润。当块茎露出新芽或新根 1～2 cm 长时，即可播种。芽子不能太长，长了影响播种质量。若不能马上播种，应设法降低温度，以抑制幼芽伸长。

圆山药带芽播种一定要细心，不要伤及芽子。同时，灌水要及时，进行适湿管理，避免芽、根干燥。催芽播种可以随时进行，从 4 月上旬到 5 月下旬都可播种，而且出土快，缺苗少。早熟栽培或保护地栽培，均可采用催芽育苗。

(2)适时播种

圆山药的播种期，主要依据两个因素来确定，一个是块茎的萌芽期，另一个是外界的温度条件。块茎收获后很快进入休眠，当春天气温达到 13～14℃时，块茎即萌动，新的植物体开始生长，这时就是播种适期。播种过早不会发芽，或是发芽时间过长;播种过晚,芽子太大,播种困难,而且晚种晚收,影响块茎肥大,降低品质。

各地条件不同,有些地区平均气温达到 12℃时就可播种,有条件的地区也可以提前到 11℃时播种。华中地区一般在 4 月中旬播种。

(3)播种深度

圆山药生长在浅层土壤,不宜播种过深。一般穴深 7～8 cm 即可。穴中土壤一定要细碎,播种时切块断面向上,让块薯表皮层尽量接触土壤。这样,不仅有利于生根发芽,还可以避免干旱。有人提出切口向下,皮层向上,能使幼芽直接向上生长。但根据科学试验,皮层向下接触土壤,有利于造成生长萌发所需的温度条件,不会影响向上出芽。因此,还是提倡切口向上,皮层向下的播种方法。

摆好薯块后,轻轻覆土 1 cm,再在上面撒上腐熟的堆厩肥。覆土厚了发芽不整齐,且易造成腐烂。覆土 1 cm,加上堆肥、坑土等,足有 2～3 cm 厚,这是较为理想的播种深度。

(4)栽植密度

圆山药分为支架栽培和爬地栽培,分别有不同的栽植距离。从各地现行的栽植密度来看,一般每 667 m^2 栽植 3 000～4 000 株为宜。1.5 m 的畦子栽 2 行,1 m 的畦子栽 1 行,株距以 30 cm 为主。同时,要掌握以下原则:支架栽培较密,爬地栽培较稀;肥沃土壤较密,瘠地较疏;留种栽培较稀。

☞ 83. 圆山药栽培怎样进行田间管理?

(1)肥料管理

当年 4 月份播种的圆山药,直至 6 月底,植株生育主要靠种薯贮藏的养分，7 月份以后，则要依靠吸收根从土壤中吸取人工供应的养分。追肥时间不能等到 7 月份，要在 6 月上中旬追施，到 7 月份才能显出肥效。此时植株还在萌发阶段，吸收根尚未伸长，地上部茎蔓仍在伸长初期，追肥作业较为简便，既不会断根，又能保证及时供应营养。

追肥方法多是在畦中开沟进行沟施，然后覆土。应结合施肥，在畦间和畦面普遍撒用除草剂，防止和杀灭杂草。冬前主要施堆厩肥，播前整地做畦时可施鸡粪。追肥则主要施化肥，每 667 m^2 可施尿素 15～30 kg，同时要注意施用钾肥，以满足块茎肥大的需要。一般在 6 月份追肥一次即可，如果不足，还可再追肥一次，但到 8 月上旬应停止追施。给肥太晚，不仅对块茎肥大作用不大，还会使块茎变得七棱八瓣，严重影响商品价值。追肥应在雨前进行，并尽量避开茎叶，施肥后要及时灌水。

(2)水分管理

圆山药入土不深，怕土壤干燥。特别是在块茎肥大期遇到干旱，不仅影响肥大，而且使表皮粗糙，块茎变形，降低商品质量。如有积水，对植株生育也很不利，会造成缺氧腐败。一般在 7 月下旬进入现蕾期后，地下块茎开始肥大，需水量不断增加，直到 9 月下旬茎叶开始变黄时，都应注意供水。第一次浇水多在 7 月份，以保持土壤表层湿润为度。此后，应根据土壤墒情，及时供水。

浇水时切忌大水漫灌，不能一次浇水太多，且应在夜间或清晨浇水，避免白天浇水。要维持土壤表层的适宜湿度，不能过干或过湿。夏日多雨季节，应注意排涝，做到田间无积水。为了保持土壤适湿，可在 6 月下旬以后进行地面覆盖。一般以覆盖稻草为宜。覆盖塑料薄膜也可。覆盖黑色薄膜，还可以有效防止杂草，降低地温。覆盖塑料薄膜不能过早，一般在 6 月底芽子已经出齐时再覆盖。

(3)植株管理

一块种薯植入土中，只准有一个芽子形成一棵植株，若生出 2 或 3 棵植株，应将多余的及时除去。否则，一个薯块维持 2～3 棵植株，就会影响块茎肥大，经济效益很差。为了避免出现 2 或 3 个芽，在栽培上应使土壤细碎。据观察，在 1 个芽萌发中遇有硬物便会死亡，并会从旁长出 2 或 3 个芽。覆盖塑料薄膜过早，芽子出土时，无孔便会死去，旁边也会长出几个芽子。在种薯上用刀切开 1 cm 深的裂缝，也可以避免出现多个芽子。

圆山药搭架栽培有利有弊。优点是作业便利，通风良好，受光面大，有利于块茎肥大。但支架费工费钱，若支架被风吹倒，则会使茎蔓被拉断，而且由于畦面裸露，土壤极易干燥，导致块茎畸形。

圆山药搭架栽培多实行小架支柱，一般架高都在 1 m 以下。支柱埋在畦的中间，两行苗子埋一排，5～6 株苗子埋一根，在块茎发芽前埋好。在强风和干旱地区，应实行爬地栽培，植株覆盖畦面，既可保持土壤湿润，又可防止折断茎叶，还可提高块茎品质。在有些地区和有些田块，圆山药爬地栽培可获得比搭架栽培更好的效果。

☞ 84. 圆山药栽培怎样收获与贮藏？

(1)收获

圆山药可同期一次收获，也可分期收获。可在冬前收获，也可在翌年春天收获。一般在茎叶枯死、块茎充分肥大后，进行一次性采收。我国福建、台湾等地，多从 10 月底开始采收，到 11 月中旬一次收完。为了提早上市，可提前在 9 月下旬到 10 月上旬收获。有些地方考虑到贮藏条件和土地利用，也可到翌年3月份再进行收获。圆山药耐寒性较强，可在田中越冬而不受冻害。

一般多用铁锨收获圆山药，深挖10～20 cm，一株一株地收取。采收中，要防止铲破或碰伤块茎。同时，应将腐败枝叶集中烧毁，以消灭病虫源。收获后，应尽快将块茎运入屋中，以免干燥，并小心除去根部，分级堆放贮藏或运销市场。如果利用挖掘机收获，则播种时就要使畦宽窄一致。否则，块茎损伤太大。机械收获省工省力，很有发展前途。

(2)贮藏

冬前收获的圆山药块茎，可供应1年，接上第2年9月下旬上市的新圆山药。圆山药块茎较好贮存，2～5℃的低温是最佳贮藏温度。气温在0℃以下时，块茎必然受冻腐烂，在7℃以上时则会发芽。必须选好贮藏窖址，要求排水条件好，任何情况下都不会进水。窖内块茎堆积不能太高，一般保持在50 cm，上面覆土10 cm厚。要保持一定湿度，防止干燥。从12月份到翌年3月份严寒期间，要增加覆盖，保温防寒，以免受冻。

圆山药在块茎入窖前，要认真清选一次，带伤带病的块茎严禁入窖，避免一个病薯染烂全窖。有条件的，可以在入窖前对块茎进行消毒。用50℃(不能高于50℃)的蒸汽或温汤进行消毒，时间控制在60 min以内，可防止贮藏中的腐烂现象。圆山药也可放在贮藏库贮存，但要严格控制相应的温度和湿度，需要时还要用塑料薄膜包盖，以保持适湿。可在3月中旬到4月上旬块茎尚未开始萌动时入库。一直放在冷库中贮存没有必要，4月份以前还是放在室外窖中贮藏为好。4月份以后，入库贮存可安全过夏。

☞ 85. 热带山药(大薯)栽培是怎么回事?

热带山药也叫田薯、大薯,台湾省干脆混叫山药,实际上它是由野山药和褐苞薯蓣共同进化而来的一个栽培种,属于山药的近缘植物,不过它的性状、品质都与山药十分接近,民间一般都把它当作山药来栽培,其中也选育了很多优良品种,如广东早白薯、台农 2 号等(图 26)。热带山药(以下通称大薯)主要分布在我国南方沿海诸省的温暖地带以及印度尼西亚诸岛,另外在非洲中部也有大面积的栽培,不过在非洲主要是作为粮食作物栽培的。大薯的营养价值也相当不错,接近于普通山药的水平,淀粉和黏蛋白的含量还要略高一些,非常适于食用、药用和加工利用。大薯的主要形状是纺锤形的,也有块状的和扁块状的,中间的变异形状也很多,这主要是因为受到栽培环境和土壤条件的影响。

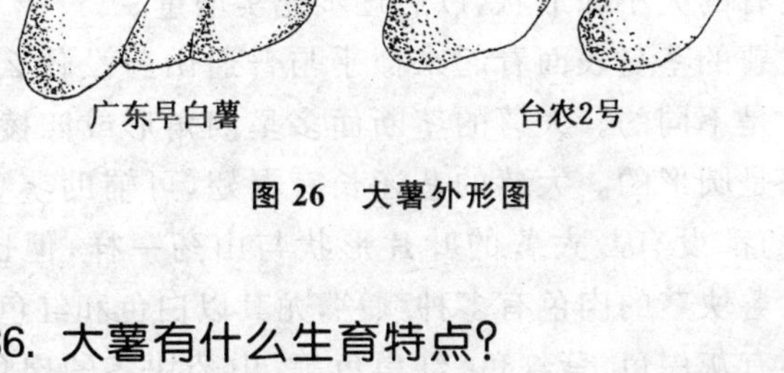

图 26 大薯外形图

☞ 86. 大薯有什么生育特点?

大薯生长在热带和亚热带地区,喜欢高温多湿的气候条件,不耐寒冷。贮藏块茎温度若低于 12℃,则会发生寒害。在我国广东和台湾等省栽培大薯的早熟品种，从播种到收获最短只需要 150 天，3 月中旬播种后，9 月份即可挖收块茎上市；大薯中熟品种的生长期约需 250 天，一般到 12 月份才开始采收块茎。

收获不久的块茎即进入休眠期，一般是从 1～3 月份，大薯不经过休眠是不能萌芽的。休眠期结束后当外界气温达到 20℃左右，地上部茎叶便开始迅速生长，从 3 月下旬种薯萌发到 6 月下旬茎蔓生长盛期到来之前，植株生长主要是依靠种薯中贮藏的养分，但栽培上必须提前 20 天左右追施肥料，也就是在 6 月上旬就要进行第一次追肥。

大薯的吸收根在种薯萌发后不久，就开始向四周辐射伸长，主要是水平生长，每条根最终可达 90～100 cm 的长度，根系大都集中在距土面 10 cm 以下、30 cm 以上的浅土层中。大薯的吸收根一般有 10 条左右，从萌芽一开始就长出来，以后只是不断地伸长和增粗。

随着新植株的生长，新的块茎也在 6 月初开始发育生长，但由于此时主要是地上部茎蔓的生长，养分消耗也集中在此，故地下部新薯的肥大还很缓慢，到 8 月份茎叶已经长足，养分供应转到地下部，新薯才开始迅速膨大，到 9 月底长到应有的大小和形状，以后逐步充实增重。

大薯的茎蔓表面看起来似乎与普通山药没什么区别，但细看是不同的。大薯的茎断面多呈四角形或四棱形，而山药都是圆形的。大薯的茎还长有翼翅，可辅助茎蔓的直立，山药都没有。大薯的叶片形状与山药一样，但比山药大。大薯块茎的肉色有多种颜色，尤其以白色和红色居多，另外还有灰白色、紫红色、红黑色等，山药块茎的肉色一般都是白色，没有其他颜色。大薯的块茎个头也比较大，小的 1～2 kg，大的 5～10 kg，还有长达 3 m、重几十千克的巨薯，山药很少有这么重的块茎。

☞ 87. 大薯栽培怎样选地、整地、施肥？

大薯对土壤的适应性较广，但仍以沙壤土最为适宜，尤其是在土层深厚、肥沃，地下水位低，排水良好的土壤，大薯能够获得优质高产。土壤的 pH 值在 6 左右最适合大薯生长。湿土地要绝对避免，因只要地下水位在 30 cm 以内的田块，栽植的大薯吸收根系的分布范围就会变得很窄，而且在七八月份常出现烂根现象，茎蔓枯黄期会提早近 1 个月，收获的块茎个体小，容易腐烂。其实只要地下水位低于 45 cm，情况就彻底改观了，不仅根群生长旺盛，生育期延迟，块茎的产量和质量都有显著提高。栽培大薯选择山坡地是可以的，但不能选择阴向坡地，要保证光照时间充足。

大薯在同一地块只能搞 2 年连作，第 3 年则病虫害很严重，薯形不齐，要再隔 2 年才能重新栽植大薯，因此不如事先做好轮作计划。一般可与瓜类、茄果类、花生和水稻轮作，效果都不错。大薯的栽培田耕深应达到 40 cm，最好有 50 cm，这样可充分发挥大薯的生长特性，保证块茎膨大拥有足够的空间。另外，要保证土壤细碎，没有硬土、石块混杂。为了消灭土传病害，促使土壤风化，可以在冬前深耕晒垡。大薯提倡机耕，既深又快，耕前每 667 m^2 栽培田要施入腐熟的堆厩肥 4 000～5 000 kg，与土壤混匀；也可先在冬前施入一半肥料，另一半在翌春整地做畦时集中施入。大薯栽培田可根据地势做成高畦或平畦，做成 1.2 m 宽的畦子，栽两行；做成 60 cm 宽的畦子，栽一行。株距一般 20～30 cm，随栽培品种而异。

☞ 88. 大薯栽培怎样制备种薯？

大薯都是利用块茎进行营养繁殖，杂交种可以说没有，因此遗传性比较稳定，多年种植大薯的农家或农场，完全可以自己选种，选出适合当地栽培的优良品系。选择时一定要注意大薯上部即首部的形状和充实度，因为这部分是块茎遗传性最强的位置，要确保这部分的截断面是圆形或椭圆形的，而且肉厚充实，毛根细而少，无病虫害侵染，个体大小适中。个体太小了生长发育不良，太大了遗传性不强。

种薯的分切除了应注意上边切小，下端切大以外，主要是要多带皮层，尽量不使皮层在种薯分切时损伤过多，另外也要在贮存、运输过程中注意不伤皮层。圆块状或不规则团块状的大薯在分切时，应采用柑橘式分切法，从上到下分瓣切割，种薯小的切成 4 瓣，大的切成 8 瓣，也可以是 18 瓣，但每瓣重量不能低于 40 g，也不要高于 80 g。这样分切可以使每一瓣薯块都带有一部分上端的顶端优势，播种后出芽整齐，生长势强，块茎最终产量和质量均有较好保证。切割种薯时应使切断面尽量小一些，而且要一刀切下（刀具应锋利），以减少病菌侵染。切割种薯所用刀具、切割板、包括种薯自身也都必须事先消毒，切割板可垫上一层有弹性的无毒橡胶皮。种薯消毒的方法可参照圆山药栽培技术部分进行。

分切后的种薯要进行催芽处理。多年试验表明，经过催芽的大薯播种后，出苗率高，出苗整齐，生长势强，产量和品质均可保证。大薯的催芽方法可参照圆山药栽培技术部分。

☞ 89. 大薯栽培怎样播种?

大薯的播种深度一般要求 10～15 cm,最浅不能少于 8 cm。沙性土壤应稍深一些,达到 13～15 cm;墒情好的壤土或黏壤土可以在 8～10 cm。播种过浅,大薯的吸收根极易受到干旱的威胁,从而抑制生长;而且播种过浅,大薯植株扎根不稳,苗株摇摆不定,生长势弱,容易死秧。播种时间要掌握在外界气温稳定在 13～14℃,在我国南方一般是到了 4 月初,最早也是在 3 月下旬。播种时一定要将种薯切断面向上,皮层向下摆好,不能随便乱摆。种薯皮层向下接触土壤有利于种薯生根发芽,出苗生长势好,且易保持适湿。株行距可以为 100 cm×30 cm。爬地无支架栽培的要把行距放宽一倍,可以为 200 cm,株距可保持不变。播后所覆盖土壤要求无病虫污染,土壤不能太干,也不能覆盖泥涝土,否则均不利于出苗。

☞ 90. 大薯栽培怎样田间管理?

大薯第一次追肥应在 6 月上中旬进行,每 667 m^2 施入硫酸铵 10 kg;7 月下旬开始第二次追肥,每 667 m^2 施入硫酸铵 10 kg 或氮磷钾复合肥 10 kg。这次追肥是最重要的一次,以后一般不需再进行追肥。大薯根系较浅,不耐干旱,土壤水分不足时块茎就会紧缩变细,出现细长茎腰,缺水严重的还会导致块茎停止发育,如果供水时断时续,大薯块茎容易长成肥瘦相间的畸形薯块,失去商品价值。所以在栽培上就要保持土壤连续适湿状态。一般在无降雨情况下最少每隔 5～7 天浇一水,不能搞大水漫灌,提倡进行田间喷灌。田间喷灌从长远考虑还是合算的,既省水又省力,对保持土壤适湿效果良好，对其他轮作栽培也很有利。

大薯畦面有条件的尽量进行覆盖。一般可采用麦秆覆盖、稻秸覆盖或塑料地膜覆盖。麦秆覆盖具有通气良好，保持土壤适湿，降低地表温度，防除杂草等优点，一般每667 m^2需要覆盖麦秆500 kg。由于我国南方很多地区不生产小麦，故也可采用当地资源丰富的稻秸覆盖，同样具有保持土壤适湿、降低地温、防除杂草的作用，不过稻秸的通气性不如麦秆好。近几年来，大薯产区还流行采用地膜覆盖，一般都是用黑色塑料地膜，效果也不错，尤其对杂草的防除效果良好，另外保湿降温的效果也可以。覆盖时应注意将稻麦秸盖在栽培畦面上，黑色地膜铺盖在栽培畦间。有的地方将稻麦秸覆盖与黑色地膜覆盖结合进行，既能降低一些生产投入，又可进一步提高地面覆盖的效果。不论哪一种覆盖方式，覆盖地面的时间均应在6月下旬左右。覆盖早了或晚了都对大薯的生长不利。

大薯播种出苗后，如果发现同一块种薯上同时生长出2～3株苗子，应只保留其中一个生长势最好的，其余都应及时去除。大薯茎蔓长到一定长度时可在栽培畦面上设立支架，一般在出苗后20天进行，主要是看茎蔓长度是否达到80～100 cm，沿海地区都以1 m高的棚架为宜，3 m一柱，比较结实，既抗强风，又有利于通风采光，降温效果明显，施肥灌水也较便利，对地下块茎的形成非常有利。也可以在大薯植株未出苗前搭立支架。搭立支架要特别注意不能扎伤种薯。如果当地经常有台风袭击，又无合适的搭立支架材料，可采用无支架的爬地栽培。按距离栽好种薯后，可任其在地面上匍匐生长，当然有精力的可进行一些理蔓整枝工作，让茎蔓分布均匀或朝一个方向爬地生长。进行爬地栽培大薯，应注意把栽培行距加大一倍，2 m一行比较适宜。

☞ 91. 大薯栽培怎样收获?

大薯的收获一般在当年10月下旬开始,可以一次收获,也可以分期收获,一直可以采收到来年5月份为止。收获前要先将地上部的枯枝败叶集中处理烧毁或异地深埋,防止病虫害蔓延。挖薯时应先从栽培畦一侧开始,挖出一个50 cm深、60 cm见方的土坑,然后用铁锹横向先将大薯植株两侧的根系挖出,逐渐围拢下挖,最后小心将薯块取出,不可碰伤薯块,否则极易在贮存中受病菌侵染腐烂。挖薯要一株挨一株挖,防止漏收,一行挖完后再挖相邻一行。打算采用机收的必须在播种时将株行距对齐,不能歪斜,否则机器容易碰伤薯块或掉行漏收,影响大薯的产量和质量。

☞ 92. 为什么要进行山药良种选育?

山药栽培有它的特殊性,农家制种仍然是现在山药生产的主流,因此,农户有必要掌握其关键技术。由于山药一般为雌雄异株,种子多具不稔性,有些品种还不易开花,搞杂交育种十分困难,所以多年来都集中于山药良种的收集和筛选上。如今我国已筛选出一批具有产量高、品质好、抗逆性强、适于多种加工的优良山药品系。如长山药中的农大短山药、农大长山药、太谷山药、孝义梧桐山药、汾阳山药、牛腿山药、农大双胞山药、群峰山药和淮山药等。

☞ 93. 山药良种选育大致有什么目标?

山药良种选育简单说有3项目标。

(1)适应环境能力强

优良山药品系,应具有高适应力和高稳定性,适合于生长的环境范围较广，对不良环境的敏感度较低，并能维持一定的生育表现。在比较合适的环境条件下，各项生育性状及产量均有较好表现。

(2)能够高产及稳产

优良山药品系，不但要求能获得较高的产量，而且应该具有比较稳定的产量，受环境条件的影响较小。这就要求山药品系不但抗逆性强，而且应不易退化，遗传性稳定，更新复壮的周期较长。

(3)适合多种加工需要

从国内外使用山药的发展趋势来看，山药直接食用的比例正在不断下降，越来越多的山药被用来进行深加工，从而获得各种中药制剂、化工原料和保健食品。所以，需要筛选不同品质的山药品系，根据山药块茎的不同色度和黏度，以及微量元素含量等，定向选出适合不同加工需要的优良山药品系。

94. 山药良种的选育方法是什么?

(1)品种选育试验

山药良种选育，离不开品种选育试验。品种选育试验，包括品系观察试验、品系产量比较试验及区域试验。

①品系观察试验。将各处收集来的山药种薯，栽培于试验地中。试验设计以采用随机区组为好，至少要进行3次重复。小区面积不小于4 m^2，行距保持为1.0～1.2 m，株距为30～35 cm。在各个小区内设立标牌，注明山药种薯的名称、编号、试验地点等有关内容。试验地中的肥力、光照、供水、排水和防风等条件应该保持均衡。否则，易使品系观察出现偏差，妨碍得出正确结论。山药品系观察试验的主要数据包括山药株高、分蘖数、节数、茎叶干重、单株

块茎鲜重及干重、单位面积产量等。其中株高、分蘖数、节数等应定期观察，以获得整个生育期的动态数据。在试验中，各品种山药的生育期要求一致，如（从出苗开始）统一观察 7 个月等。

②品系产量比较试验。试验设计以随机区组为宜。小区面积保持在 4 m^2 左右，至少进行 4 次重复。行距为 1.0～1.2 m，株距为 30 cm 左右。在各个小区挂牌标明各山药品系。试验地中的肥力保持中等偏上水平，其余试验条件也应尽量一致。品系产量比较试验，应在同一地点，连续进行 3～5 年。这项试验需要获得的主要数据包括山药地上部茎叶的干重、株高、分蘖数和节数，地下部单株块茎的长度及鲜重、干重、每 667 m^2 产量，气生块茎（零余子）的数量、大小、个体平均干重与鲜重和单位面积产量。数据可用方差分析，比较不同山药品系的产量差异。

③区域试验。一个地区的山药良种，引种到另一个地区，其生育表现会有不同程度的差异，因而需要用试验区域来验证。这是山药异地引种的重要前提条件。否则，会由于盲目引种，造成大面积减产。试验区域的选择，应有较好的代表性。区域试验一般采用随机区组设计，进行 4 次重复。小区面积以 12～15 m^2 为宜，行株距一般为 100 cm×30 cm。区域试验需要获得的主要数据应有山药株高、分蘖数、植株茎叶鲜重及干重、单株块茎长度及直径、单株块茎的鲜重和干重、单一气生块茎（零余子）的鲜重和干重、每株气生块茎的数量，以及单位面积产量。区域试验应连续做 3 年以上，从中筛选出适合不同地域的山药良种。

(2)栽培试验及品质分析

①肥料种类及用量试验。主要进行氮肥、磷肥、钾肥的施用试验。试验设计以随机区组为宜，进行 3 次重复。小

区面积不小于 12 m^2，行株距为 100 cm×30 cm。同时，还应进行施用有机肥的对照试验。通过试验，应搞清不同山药品系对不同肥料种类及施用量的基本需求。

②行距与株距试验。通过试验，确定每种山药最适合的行距和株距。一般将行距设计为 80 cm、100 cm 和 120 cm 3 种处理；株距设计为 20 cm、25 cm 和 30 cm 3 种处理，每个小区设计为24 m^2，要求进行 3 次重复。

③种植期试验。山药播种期或定植期试验，一般设计为 4 月份、5 月份和 6 月份 3 种种植期，南方地区可设计为 2 月份、3 月份、4 月份、5 月份和 6 月份 5 种种植期。要求随机区组设计，进行 3 次重复。一般小区面积为 12～24 m^2，行株距为 100 cm×30 cm。种植期试验一般要进行 2～3 年。在第 2 年和第 3 年，可将种植期处理的时间间隔缩短至 10～15 天，如可进行 4 月 1 日、4 月10 日、4 月 20 日和 4 月 30 日等 4 种种植期处理，进一步研究适合山药生长的准确种植期。在前述山药品系几种选种试验的基础上，通过种植期试验，筛选出山药良种，从而进一步确定其在特定生产地域的最佳生长日期。

④块茎贮藏试验。山药块茎的贮藏试验，主要是要搞清适合不同山药品种贮藏的外界温度和湿度。试验设计要求进行 3 次重复。一般将温度的试验处理设计得较多，每个处理所含块茎数量应不少于 5 个。普通山药的温度处理可按 0℃、3℃、6℃、9℃ 和 12℃ 设计；相对湿度处理可按 60％、70％和 80％设计。

⑤品质分析。通过块茎贮藏试验，主要是分析山药块茎和零余子的成分，对个别品系也对茎叶进行成分分析。在一般成分分析中，对水分以普通常压干燥法定量；对脂肪以石油醚萃取法，求得粗脂肪数值；对粗蛋白质通过分解、

蒸馏及滴定等步骤，测定出总氮量，乘以系数6.25，再换算成蛋白质含量；对粗纤维通过弱酸、弱碱及酒精处理后，经灰化后失去的重量即是粗纤维量；对灰分先将样品在600℃条件下灰化，去除有机物，留下的绝大部分无机物就是灰分；对矿质元素含量的测定，要先将样品用三酸混合液（硝酸：高氯酸：硫酸＝4：1：1）浸提并加热分解，或加入1 mol/L浓度的HCl静置24 h后过滤，并定容至50 mL，然后以火焰光度计分析K（钾）含量，以原子吸收分光光度计测定Ca（钙）、Mg（镁）、Fe（铁）、Mn（锰）、Cu（铜）、Zn（锌）、Pb（铅）、Cd（镉）、As（砷）的含量。

对氨基酸的测定，要先将块茎洗净、去皮、烘干和研粉，并经水解和过滤，稀释成1 mL，而后从中取5 μL注入氨基酸自动分析仪分析，把所得数据与定量标准品相比较，即可获得氨基酸组成及含量；对山药块茎的黏度分析，可用100 g去皮山药块茎加入3.5倍水后，用果汁机打汁1 min，利用黏度计测定，在10 min后计算相关值，即可获得黏度数值；对山药块茎的色度，可用色差仪测定。以上所有分析的样品，均从各处理中随机取样，经3～4次重复，取平均值作为最后数据。同时，还要进行方差分析和显著性检验。

95. 怎样进行山药良种繁育？

经过选育获得的山药良种，需要采用正确的繁育技术，保证种性不退化。然后进行大面积繁殖，以提供生产用种。因此，有必要建立分级繁育的制度，设置专门的山药留种田，逐步扩大繁殖，确保种薯的质量不致降低。当生产上发生品种退化时，要及时采用高质量的原种种薯加以更新。必要时，也可以采用经过审定的、适合当地推广的山药新品种加以更换。

正规的山药种薯生产程序是:由原原种产生原种,再由原种产生良种。原原种是由育种工作人员直接生产和控制的质量最高的繁殖用种;原种是与原原种亲缘关系最近、质量仅次于原原种的繁殖用种;良种就是生产用种。由育种工作人员提供原原种,并实行严格的良种繁育程序,是提高种薯质量的重要保证。

原原种薯由育种单位提供,可以防止“种出多门”而造成种薯杂乱。因为只有育种工作人员最熟悉原品种的特征特性,育种技术最好,育种单位的场地和设备条件也最优越,因而才有可能培育生产出高质量的原原种薯。原种薯的繁殖,应由各级原种场和授权的原种基地负责。原种薯的质量一般略低于原原种薯。其生产方法和注意事项与原原种薯相同。生产用种薯,也应由专业化的制种单位或有条件的专业农户来生产繁殖。山药种薯的繁育程序如图27所示。

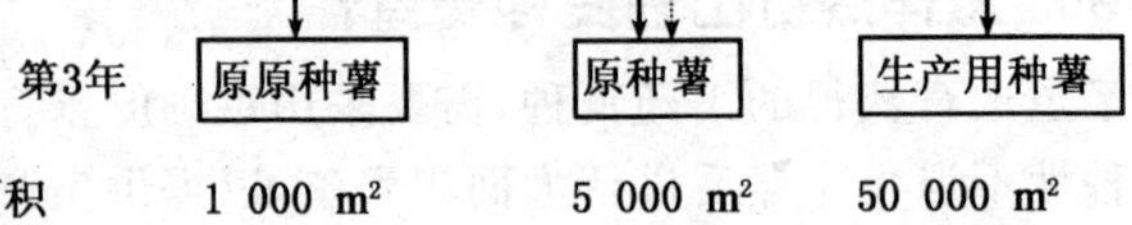

面积	1 000 m^2	5 000 m^2	50 000 m^2
种薯用量	4 000株	20 000株	170万株
淘汰率	30%	25%	40%
实获种薯	2 800株	15 000株	102万株

图27　山药种薯的繁育程序

☞ 96. 山药良种繁育的要点有哪些?

(1)了解生长特性

总的讲,山药生长要求有温暖的气候,必须在无霜期才能生长。由于各地气候不同,山药的生长周期也不相同。生长期的长短,对山药块茎的大小有着重要的影响。作为采种栽培的山药,应尽量延长其生长期,以便获得较大的薯块。这有利于第二年扩大繁殖量和提高种薯质量。如果当地气候寒冷,无霜期较短,可考虑选择气候温暖、条件适宜的异地,进行良种繁育。

山药发芽的适温是 17～18℃。当年收获的山药必须经过冬季休眠,第二年春暖时才能萌芽。4 月份,将种薯播入土壤中后,初期植株生长所需养分均由母薯供应。待山药出苗甩条、生长出茎叶后,逐渐由新生茎叶和土壤提供养分。山药生长的前期和中期,以地上部茎叶生长为主。到了山药生长的中期和后期,地上部茎叶基本停止生长,地下块茎开始迅速生长膨大,地上部茎叶制造的养分不断向薯块转移。山药茎叶生长的适温为 25～26℃,地下块茎的发育适温为 22～23℃。这些温度要求,在山药采种栽培中需要格外注意,否则不易获得良好的种薯。

在整个山药生长期,温度太高和干旱过久,都不利于其生长发育。作为山药采种栽培,当地年降水量应在 600～3 000 mm。雨量的多少与山药茎叶重成正比关系,与山药地下薯块重量亦成正比。山药对日照长短的感应与马铃薯相似。日照超过 12 h,有利于茎蔓及叶的生长;少于 12 h 的短日照环境,对块茎的形成及发育较为有利。山药采种栽培,以沙质壤土为佳,土壤酸碱度应接近于中性。另外,采种栽培的山药应避免连作,否则会使土壤中的养分不平衡,病虫害严重,藤苗早枯,收获的种薯质量下降。山药采种栽培,可与茄科、豆类、瓜类和芋头等作物轮作,效果较好。

(2)种薯栽种前需要催芽

山药采种栽培,需要进行种薯催芽。首先,要挑选形状良好、无病虫害的块茎,用消毒后的不锈钢刀切块,每个切块应重 60～80 g。切块须带有皮层,否则不能发生不定芽。切面上必须涂上草木灰,以促进切面木栓化,防止病菌侵染造成腐烂。种薯切块后,经过日晒 3～4 h,也可减少腐烂率。种薯切块后,可埋在湿沙里催芽。种薯排列一层,铺一层湿沙,湿沙每层厚 2～3 cm,最外层用薄膜覆盖好。待芽吐出 1～2 cm 时,即可栽种。

(3)注意栽后管理

山药采种栽培与普通栽培的管理大致相同。一般要求土壤为沙壤土,并要深耕,细碎,做高畦。如果土壤过于黏重,可用中国农业大学山药课题组发明的山药专用栽培基质进行土壤改良(已获得国家发明专利,专利号:03109079.6)。深耕或挖沟的深度,随不同山药品系而异,但都必须具有满足山药块茎发育的空间。山药种田的灌水排水系统,要力求完善。做畦后,可于畦中间开一小深沟(10 cm 左右),施入基肥后(可每 667 m^2 施充分腐熟的厩肥5 000 kg),覆土 4～5 cm 厚,然后按事先定好的株距(20～30 cm)放入种薯,使皮层面向下,再覆土 3～5 cm 厚,然后适量供水。

山药在出苗后的 3 个月内,茎蔓生长迅速。这时要注意中耕除草和追肥。中耕除草的方法,可参考山药常规栽培技术的有关内容。在山药采种栽培中,应该将有机肥料与化肥同时施用,这样对收获种薯的质量有保证。每 667 m^2 可追施有机肥料(如充分腐熟的厩肥)100 kg,增施硫酸铵

30 kg,过磷酸钙 25 kg,硫酸钾10 kg。山药采种栽培,一般也须搭立支架。如果是种植新品种,也可不用支架,但株行距需相应扩大,株距可定为 40～50 cm,行距可定为 120～150 cm。在山药采种栽培中的病虫害防治,可参照山药常规栽培技术。山药种薯收获后,须贮放在阴凉通风的干燥处,以防止腐烂。若相对湿度高于 80%,则种薯易发芽,难以贮存。

97. 山药试管苗繁殖怎样配制培养基?

山药试管苗繁殖能否成功,选择适合的培养基是一个重要因素。培养基的种类和成分,直接影响到山药试管苗的生长。目前,采用的山药培养基,绝大多数是在 MS 培养基的基础上调制而成的。

(1)山药培养基的成分

使用效果较好的山药茎叶培养基,其具体成分是:MS 培养基+萘乙酸(0.3 mg/L)+6-苄基氨基嘌呤(3 mg/L)+0.5%活性炭。山药生根培养基的成分是:MS 培养基+萘乙酸(0.2 mg/L)+0.5%活性炭。目前还有几种山药茎叶培养基,也用得较多。它们分别是:

①1/2MS 培养基+激动素(1 mg/L)+6-苄基氨基嘌呤(0.5 mg/L)+吲哚乙酸(1.5 mg/L);

②MS 培养基+激动素(2 mg/L)+吲哚乙酸(1 mg/L);

③MS 培养基+激动素(2 mg/L);

④1/2MS 培养基+激动素(1 mg/L)+吲哚乙酸(1.5 mg/L)。

(2)培养基的配制方法

①母液的配制与保存。为减少工作量,便于低温贮存,一般要先配出比培养基浓度高 10～100 倍的母液。在配制

母液时，要防止产生沉淀，为此在各种药品充分溶解后才能混合。同时，在混合时要注意先后次序，把钙离子(Ca^{2+})、锰离子(Mn^{2+})、钡离子(Ba^{2+})、硫酸根(SO_4^{2-})、磷酸根(PO_4^{3-})错开，以免互相结合，生成硫酸钙、硫酸钡、磷酸钙或磷酸锰而形成沉淀。在混合各种无机盐时，其稀释度要大，并要缓慢混合，边混合边搅拌。配制母液时，要用重蒸馏水等纯度较高的水。药品至少应用化学纯三级(CP)，以免带有杂质，防止对培养基造成不利的影响。药品的称量及定容都要准确，称量不同的化学药品需使用不同的角匙，避免药品的交叉与混杂。

配制好的母液，其瓶上应分别贴上标签，注明母液号、配制倍数、日期及配 1 L 培养基时所取的量。母液最好放在 2～4℃的冰箱中贮存，在 1 个月内用完。如发现有霉菌和沉淀物，就不宜再使用。有些药品不易溶于水，可以通过加热和不断搅拌使其溶解。对萘乙酸(NAA)、吲哚丁酸(IBA)、吲哚乙酸(IAA)、赤霉素(GA_3)、玉米素(ZT)、2，4-D 等生长素，可先用少量 95%酒精溶解，然后加水溶解。如果溶解仍不完全，可再加热溶解。对激动素(KT)和6-苄基氨基嘌呤(BA)，可溶于少量 1 mol/L 的盐酸中，再加水定容。为便于操作，对生长调节物质也可先配成原液，在配制培养基时，按需要量采取并稀释即可。

②培养基的配制程序。配制培养基时，预先要做好准备工作。首先，要将母液按顺序排好，把所需的各种玻璃器皿、量筒、烧杯、吸管和漏斗等放在合适的位置，称好琼脂、蔗糖，配好所需的生长调节物质，并备足重蒸馏水(或去离子水)、棉塞、包纸和橡皮筋等。然后，在烧杯或量筒内放一定量的水，以免加入药液时溅出。接着，按母液顺序量取规定的量，加入所需的生长调节物质，倒入已溶化的琼脂中，

再放入蔗糖，定容到所需体积。而后继续加温，不断搅拌，直至琼脂完全溶解为止。山药培养基的氢离子浓度，一般要调整在 158.5～316.3 nmol/L（pH 值为 6.8～6.5），可用1 mol/L 的盐酸或氢氧化钠来调节。

对配制好的培养基，要趁热（琼脂未凝固时）分装到准备接种用的三角瓶或试管中。分装时，可采用滴管法、虹吸法或漏斗直接分注法。分装时，一定要掌握好装入量，一般以占三角瓶或试管容积的 1/4～1/3 为宜。要防止培养基沾到管壁上，以免沾染杂菌。分装后，应立即在管口塞上棉塞或盖子，并做好标记。

接着，要认真进行灭菌。一般采用高压蒸汽灭菌锅进行，在 120℃、102 kPa 的条件下，持续 20 min 即可。使用灭菌锅前，要检查锅内是否有一定量的冷水。在增压前，要将锅内的冷空气放尽，以使蒸汽均匀到达培养基的各部位。消毒时间和压力范围，均不能超值，否则培养基容易变质、变色或不易凝固。灭菌结束后，可切断电源，让锅内压力慢慢下降。当压力为 0 时，才可打开放气阀排气。然后，打开锅盖，取出培养基。由于吲哚乙酸、玉米素、吲哚丁酸等遇热不稳定，可采用减压过滤装置灭菌后，再加入到已经高压灭菌的培养基中。从灭菌锅取出培养基后，要让其凝固（三角瓶平正放置，试管斜面放置）。培养基凝固后，放到培养室中预培养 3 天，若没有发现污染，即可用于接种。暂时不用的培养基，可放在 10℃左右的恒温箱中保存。已含有生长调节物质的培养基，要在 5℃左右的低温条件下保存。培养基最多只可保存 1 个月，过期不可再用。

☞ 98. 山药试管苗繁殖怎样接种山药茎段？

要选用无病、幼嫩的山药茎蔓做接种材料。这样，容易成苗，而且不易丧失种性。对接种用的山药茎蔓，要先切成长 1 cm 左右的小段，然后进行消毒处理。在消毒中，既要把接种材料上的病菌消灭，又不能损伤接种材料，不影响其在培养基中的生长。因此，可选用漂白粉（5%～10%）、升汞（0.5%）、酒精（70%）、双氧水（3%～5%）等作消毒剂。漂白粉的杀菌效果较好，但应注意避光并干燥贮存；升汞消毒效果虽好，但有剧毒，消毒后要多次冲洗植株才能清除残余的汞。消毒时间因消毒剂不同而异，漂白粉消毒时间一般控制在 10 min 左右，升汞为 2 min，双氧水为 10 min 左右，酒精（70%）为 5～10 min。

在接种时，不仅山药茎蔓要消毒，对整个接种室及操作仪器均要消毒。目前，接种使用超净工作台的较多，但应放在洁净的屋内，窗户要密封。过滤膜要定期冲洗，以延长使用寿命。工作人员使用的工作服、口罩等要定期高压灭菌。接种时，要用 70%的酒精擦洗双手，并杜绝谈话或咳嗽，否则易引发污染。整个接种工作，应在近火焰处进行。先打开培养容器的瓶口，并使瓶口倾斜，瓶口低于瓶底，接种完毕立即盖好瓶口并封严。接种后，山药茎段在培养容器内的分布要均匀，以保证必要的营养面积和光照。要求山药茎段有 1/2 左右（约 0.5 cm）插入培养基中。

☞ 99. 山药试管苗接种后怎样管理?

(1)防止褐变

接种后的山药茎段很容易褐变，甚至使培养基也发生褐变。褐变的原因，主要是由于植物组织中的多酚氧化酶被激活，细胞中的代谢发生变化，酚类物质被氧化后产生醌类物质所造成的。这类物质大都呈棕褐色，会从植株中逐渐扩散到培养基中，导致植株和培养基变褐，严重影响植株的生长和分化。在一般情况下，植株发生褐变后生长速度非常缓慢，失去了试管苗快速繁殖的意义。防止山药茎段褐变，一般采用在培养基中加入活性炭的办法。加入0.1%～0.5%的活性炭，对吸附酚类物质的效果很明显。培养基中加入抗氧化剂（如抗坏血酸），也有阻止褐变的作用。由于山药容易发生褐变，也可采用连续转移的方法，减轻或消除褐变。

(2)改善培养条件

对山药试管苗的培养，一般将温度控制在24℃左右为好，最低不要低于16℃，最高不要超过30℃。可采用恒温管理，也可采用昼夜变温管理。光照强度控制在5 000 lx左右为好。采用太阳光照，生长效果也不错。培养室内的相对湿度，以控制在70%～80%为宜，湿度过高易引起棉塞等长霉，增加污染率。

(3)继代培养的要求

当山药试管苗在瓶内长满（未生根）时，就要转接培养基，进行继代培养。这样可在短期内得到大量的无根试管苗，经过生根处理后即可移栽。山药继代培养，多用固体培养基。要先对初代培养的山药苗进行分割、剪截，然后再转接到新鲜培养基上。继代培养的容器，一般要用比初代培养更大的三角烧瓶、广口瓶和大扁瓶等，以增加生长面积，加快繁殖速度。山药继代培养，一般不要超过4次。否则，继代培养的山药植株，其分化再生能力衰退，容易丧失种性，也不容易成活。

(4)试管苗的生根

山药试管苗经过继代培养后，可得到大量的无根幼苗，但要经过进一步转移诱导生根后，才能获得完整的山药幼苗(图 28)。目前，山药试管苗，可通过转移到生根培养基中生根，或直接在试管外生根。试管外生根，获得的山药幼苗适应性较强，移栽成活率较高。试管外生根，一般可将山药无根幼苗插入透气保温效果良好的生根基质中进行。生根基质可用泥炭与蛭石各半配成，也可用珍珠岩和泥炭各半配成。山药无根幼苗扦插完成后，要保持生根基质的温度在 28℃左右，相对湿度在 85%～90%范围内，并用喷雾机喷施水雾，保持山药幼苗处于湿润状态。在喷施水雾的同时，可定期插喷生根剂。生根剂由生根效果好的植物生长调节物质配成，可选用 0.2 mg/L 的萘乙酸。生根剂可混入水雾中同时喷施，但浓度要进一步降低。一般经喷雾处理 3～4 周后，山药苗可长出完整的根系。然后，可停止喷雾，但要在山药苗上方罩上透明薄膜，四周封严，保持山药苗生长所需的湿润小气候条件。经 2～3 周后即可揭膜。再将山药苗放在温室内培养 1～2 周，然后即可将生长健壮的山药苗移至大田栽培。

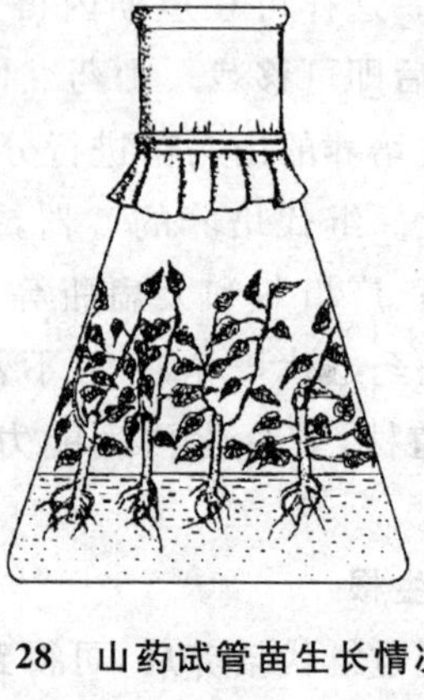

图 28　山药试管苗生长情况

(5)试管苗的移栽

山药试管苗的移栽，是最后一个关键环节。山药幼苗从无菌、光温恒定、湿度饱和的培养条件下，转移到有菌、生长条件不稳定的自然环境下，这一过程的变化很剧烈，管理稍有疏忽，移栽就会失败。在移栽中，控制湿度是最重要的技术，一定要使山药苗从相对湿度饱和的环境中逐渐向相对湿度较低的大田环境平稳过渡，确保 5 cm 厚的表土层呈湿润状态。同时，温度的变化也要缓慢过渡，地温应该稳定在 15℃以上。定植 5 天之内的管理尤其关键，一定要确保适宜的温、光、湿条件，避免恶劣天气的影响。定植 5 天后，山药苗基本度过缓苗期，开始生根、长叶和发条，这时要注意保持充足的肥水供应。在定植 5～10 天期间，应在每日中午向山药幼苗喷水，防止干萎。

☞ 100. 山药试管苗繁殖怎样降低生产成本?

山药试管苗培养技术，目前基本上处在实验室阶段，植株生长势弱、成本较高是制约其大面积推广的重要原因之一。为此，在保证成活率的前提下，可采用以下措施降低山药试管苗的生产成本，为大面积推广创造条件。首先，要尽量节省水电费开支。在一般情况下，山药试管苗生产的水电开支，要占生产成本的 1/3～1/2。因此，应尽量采用自然光照保温，试用自来水、泉水和井水，代替重蒸馏水或去离子水配制培养基，采用常压蒸汽消毒等措施，千方百计节省水电费。其次，要尽量减少物资消耗。培养瓶可用果酱瓶或罐头瓶代替，简化山药培养基的配方，使用廉价药品，努力从各方面降低生产成本。

四、山药病虫害防治技术

☞ 101. 怎样进行山药病害诊断?

防治山药病害,首先要进行科学的诊断,一般可分为症状观察、显微镜检查、环境分析、病原鉴定和人工诱发等方法。

(1)山药非传染性病害的诊断

山药非传染性病害的病株,在田间分布有一定的规律性。病株发生比较集中,发病时间比较一致。具体诊断方法如下:

①症状观察。在田间观察病株时,可用放大镜仔细检查病部表面,看有无病原物所形成的结构物,必要时可将病株消毒后,置于一定的温度和湿度环境下 24~48 h 后,检查病部有无病症发生。

②显微镜检查。按实验室常规操作方法,将发病部分组织切片,放在显微镜下观察,检查有无病原物。为了便于观察,最好作染色检查(非传染性山药病害的发病组织内检查不到任何微生物)。

③环境分析。山药非传染性病害,是由不适宜环境引起的。因此,应注意分析病害发生与地势、地形、土壤和肥料的关系,气候条件与病害的关系,施用农药和化学肥料与病害的关系,废气、废水、废烟污染与病害的关系等,从环境因素中找出致病因素。

④病原鉴定。在确诊属于山药非传染性病害后,还应

进一步做好病原鉴定工作。根据病害发生的具体情况，可采用化学诊断、人工诱发和排除病因等3种方法。化学诊断主要用于山药缺素病和盐碱害等。其方法是对山药植物组织和土壤成分进行化学分析，测定所含元素是否能满足山药生长需要。人工诱发是人为地创造一个相似的发病环境，诱发病害，观察其症状是否相同。此法适用于观察温度和湿度是否适宜、元素是否缺乏、是否药物中毒等山药非传染性病害。排除病因是在大致了解山药病害发生的环境条件下进行的，如茎腐病是由于土壤中水分过多引起的，即可采用开沟排水的方法，观察山药块茎能否正常生长，从而确定病因。

(2)山药传染性病害的诊断

山药传染性病害开始出现时是分散的，然后从点到面逐渐扩展开来。具体诊断方法如下：

①症状观察。大多数真菌病害，除表现病状外，还具有可形成各种特征性结构物的病症。病毒病害的特点，是有病状而无病症。可根据这些特征，观察病症，找出病因。

②显微镜检查。按实验室常规操作方法，在显微镜下仔细观察病原物的形态，如真菌的菌丝有无隔膜，孢子或子实体的颜色、大小、细胞数目等。如系细菌病害，一般都可看到大量细菌从病部溢出(细菌脓)，这是诊断细菌病害简易而准确的方法。对病毒病病害的显微镜检查，除检查病植株中的内含体外，还可用化学方法测定病组织中某些物质的累积情况，作为诊断的参考。植株感染病毒病后，组织内往往有淀粉累积，可采用浸涂碘或碘化钾溶液的方法，测定其显现的深蓝色淀粉斑。

③人工诱发。人工诱发是在症状观察和显微镜检查的基础上进行的。通过微生物的分离和培养工作，并且在适

当的环境条件下进行接种试验，以确定其病原物。

(3)山药病害的侵染循环

防治山药病害，还要了解山药病害的侵染循环过程。许多传染性病害的防治措施，就是根据病害侵染循环特点而制定的。山药病害的侵染循环，主要表现在以下3个方面：

①病原物的越季。病原物越季，是指病原物通过寄主（山药）的越冬休眠期，而成为下一个生长季节的病原物的来源。所以，应及时采取措施，消灭寄生在越冬山药上的病原物，减轻翌年的病害。山药病原物有各种越冬方式，如引起山药炭疽病的真菌病原物，是在山药的病残体和附近杂草上越冬的，应该有针对性地加以消灭。

②病原物的初次侵染和再次侵染。越季的病原物在山药生长期间的第一次侵染，称为初次侵染。病原物在初次侵染的病株上，产生繁殖器官又传播到健株上为害，称为再次侵染。初次侵染的病原物，主要来源于越季的病原物。再次侵染的病原物主要是来自当年山药植株上的病原物。

山药传染性病害，在侵染上有两种情况：一种是在山药整个生长季只有初次侵染；另一种是发生初次侵染后，还发生再次侵染。大多数山药的病原物，都表现为再次侵染。如果环境条件对病害发生有利，再次侵染的次数就相应增多，病害的蔓延就迅速；如果环境条件不适宜，侵染次数相应减少，病害发展就缓慢。

对于山药整个生长季只有一次侵染的，应该集中力量消灭其越冬的病原物。对于有多次侵染的山药病害，除了消灭越冬的病原物外，应根据病害发生情况和田间环境条件，采取有效措施进行防治。侵染次数多的病害，如山药炭疽病，防治的次数要相应增加，否则不易达到根治的目的。

③病原物的传播。山药病原物可以通过自身因素进行传播，如真菌的菌丝可以在土壤中生长，线虫可以在土中移动。绝大多数山药病原物，是依靠自然因素和人为因素进行传播的。在自然因素中，主要是通过风、雨水和昆虫进行传播。在人为因素中，以带病山药种苗的调运和田间操作所造成的传播最为重要。因此，切断病原物的传播途径，是防治山药病害的有效方法。

风力传播，是真菌的主要传播途径。真菌的孢子体积小而轻，数量多，很容易被风吹落在山药上。细菌的菌痂也可随风吹走。山药病原菌孢子生活力强的，可远距离传播，生活力弱的只能近距离传播。防治风力传播山药病害的基本方法，是选育和种植抗病山药品种，加强田间管理，及时喷施农药。

有些山药的病原物，可通过雨水和灌溉水传播。防治这些山药病原物的办法，主要是消灭初次侵染的病原菌，避免灌溉水流经病田。昆虫主要是传播病毒，山药病原物经昆虫传播的很少。人为因素传播山药病害占有一定比例，如使用带病的种薯、将含有病原物的肥料施入田里等。因此，需要加强田间管理，杜绝人为因素传播病害。

102. 山药病害的防治措施有哪些？

在对山药病害确诊，并掌握病害侵染循环过程的基础上，下一步就可以有目标地进行山药病害的防治了。对山药病害的防治，一般包括农业防治和化学防治两个方面。

(1)农业防治

农业防治，就是利用山药生产中的育种、栽培和耕作等技术，达到避免、减轻和消灭山药病害的方法，主要包括轮作、耕作、田园清洁、施肥、灌溉和选育抗病品种等。

①轮作。轮作对消除寄生在冬眠山药上的病原菌和土壤寄居菌所致的病害,效果比较明显;对土壤寄居菌所致的病害,也能起到压低菌量、减轻病害的作用。一般山药至少3年轮作一次,否则易发生山药茎腐病和根结线虫病。常年栽培山药的老产区,提倡1年轮作一次。与山药轮作的作物,必须能起到调节地力的作用,而且是病原物寄主范围以外的作物,具有调节土壤根际微生物种群的作用。山东省济宁地区,种植山药实行每年隔行换沟轮作,能保证3年之内不重茬,效果也很好。

②耕作。耕作是直接改变山药地土壤环境的一种措施,能直接消除在土中越冬的病原物。在山药传统栽培技术中的翻沟,可把遗留在地面上的病残体、越冬病原物的休眠结构(如菌核等),翻入土中,加速病残体的分解和腐烂,促使潜伏在病残体内的越冬病原物加速死亡,或使其到第2年失去传染作用。同时,土壤翻耕后,由于表土干燥和日光直接照射,也能使一部分病原物在短时间内失去生活力。

③田园清洁。田园清洁包括铲除田间杂草,把初发病的山药叶片、茎蔓及时摘除等,可以防止病原物在田间扩大蔓延,具有减少病原物再次侵染的作用。另外,在山药收获时,把遗留在地面上的病残株、杂草和腐烂根茎集中烧毁或择地深埋,对减少翌年山药病原物的初次侵染,可起到重要作用。

④施肥。施肥的种类、数量和方法等都与山药病害的发生有着密切的关系。一般增施磷肥和钾肥,有利于山药机械组织的形成,增强抵抗病原物的能力。施用高锰酸钾,具有延迟山药发病的作用。施用过多氮肥,易使山药植株徒长,茎叶组织柔嫩,导致其抗病性差,易生山药炭疽病。施用未腐熟的有机肥料(如厩肥),则极易把大量病原物带

入山药地中,引发病害。

⑤灌溉。灌溉也与山药病害的发生有一定关系。地下水位高,积水不退,易发生山药茎腐病。灌溉水从山药发病田流向山药未发病田,也易蔓延病害。

⑥选育山药抗病品种。这是农业防治山药病害的有效方法。针对以风力传播的山药病害和由土壤传播的山药病害,栽培抗病品种就能起到抗病的作用。如栽培太谷毛山药,可以有效抗茎腐病的危害。在选育和利用山药抗病品种时,还应掌握病原物的动态,合理布局,及时轮换品种,并注意品种的提纯复壮。

(2)化学防治

山药病害化学防治的机理,主要体现在化学保护和化学治疗两个方面。化学保护,就是在山药发病之前喷施杀菌剂,以防止病原菌的侵入,使植株得到保护。使用杀菌剂的途径,包括在病原菌来源部位喷药和在可能侵染的山药植株上喷药。在病原菌来源部位施药,目的在于消灭和减少病原菌初次侵染的来源。在田间生长的山药植株上喷药,是化学保护的有效途径,药剂喷到植株表面形成一层薄膜,可抑制病原菌的孢子萌发或将其杀死。但是,由于病原菌的繁殖速度快,再次侵染的次数多,故在未发病的植株上喷药时,要求药剂的持效期较长一些,这样能减少喷药次数。在山药发病初期,特别是在病害流行的生长季节,及时喷药消灭发病中心病原菌,是很重要的环节。化学治疗,就是在山药感病后喷施药剂,恢复植株健康或阻止病害继续发展。山药病害的化学防治方法主要有种薯处理、土壤消毒和植株喷药 3 种。山药种薯的药物处理采用浸种方法的较多。就是把种薯浸到一定浓度的药液里,经过一定时间后取出晾干,再行播种。浸种用的药剂,必须是溶液或乳浊液，不能使用悬浮液。药液浓度和浸种时间都要严格掌握，否则会产生药害或药效不明显。药液的用量，以浸过种薯5～10 cm为宜。浸过种的药剂，可以继续使用多次，但要补充所减少的药液。浸种对防治山药茎腐病具有重要作用。土壤消毒，就是把药剂直接施入山药地中。目前，主要采用翻混法，即将农药施到土壤上随即翻耕，使药剂分散到土壤耕作层内。这一方法在防治山药茎腐病中较常采用。植株喷药，是山药病害化学防治的主要方式。喷药要均匀，做到完全覆盖。如果使用非内吸性药剂，还应把药液喷到山药叶片的背面，效果才好。喷雾应选择在晴天、无风(或风力在1～2级)的条件下进行。大雨过后，对使用黏附力差或非内吸性药剂的区域，还应进行适当补喷。

103. 山药炭疽病怎样防治?

【症状】山药炭疽病的发生初期，在山药叶片上产生下陷的不规则褐色小斑，后来逐渐扩大成黑褐色，边缘清晰，形成圆形或不规则的病斑。病斑直径为0.2～0.8 cm。后期病斑中部呈灰色至灰白色，上面有不规则的同心轮纹。病斑周围的健叶有发黄现象。叶柄受害后，初期表现为有水渍状褐色病斑，后期病部呈现黑褐色干缩，致使叶片脱落。茎部受害后，初期会产生褐色小斑点，后期逐渐扩大成圆形或菱形的黑褐色病斑。病部略下陷或者干缩，天气潮湿时可产生粉红色黏状物。

【病原】半知菌薯蓣圆盘孢属真菌。

【防治方法】首先，要在收获后清扫山药残体枝叶及杂草落叶，并集中烧埋，以减少越冬病原物。其次，要适当更新架材，减少架材上寄生的病原物。在山药栽培过程中，要设法降低田间湿度，改善通风透光条件。施用药剂是最重要的防治方法。一般可在发病后用70%代森锰锌500～600倍液，或75%百菌清500～600倍液，或50%甲基托布津700～800倍液，视病情轻重交替喷药2～4次。也可在发病初期，用65%的代森锌可湿性粉剂500倍液，或50%的多菌灵胶悬剂800倍液喷雾，共喷2～3次，相邻两次之间相隔8～10天。雨后应补喷药液。

☞ 104. 山药叶斑病怎样防治?

【症状】发病初期，叶面出现黄色或黄白色病斑，边缘不十分明显，蔓延扩大后则呈现褐色的不规则形状，上无轮纹。发病后期的病斑边缘微凸起，中间淡褐色，上生小黑点。有些病斑能形成穿孔，严重时致使叶片枯死。在叶柄和茎上，会形成长圆形病斑图。

【病原】半知菌柱盘孢属真菌。

【防治方法】首先，不要施用过多氮肥。其次，在收获山药后，将残体枝叶和杂草深埋。再次，尽量增高架材高度，加强山药植株的通风透光，降低温度和湿度。药剂防治，可用50%的甲基托布津500倍液和70%的代森锰锌800倍液，交替喷雾，共喷2～3次，相邻两次间隔10天左右，雨后要及时补喷。

☞ 105. 山药茎腐病怎样防治?

【症状】发病初期，地上茎部形成褐色不规则的斑点物。发病后期，斑点逐渐扩大成深褐色长圆形病斑，病部有凹陷。严重时地下块茎干缩，并有淡褐色丝状霉点出现。

【病原】半知菌丝核菌属真菌。

【防治方法】首先，要坚持轮作换茬，种植山药2～3年后，必须进行3年以上轮作，并且不施未腐熟的带病原菌的肥料。防止田间积水。其次，要在山药种植前，用50%多菌灵500倍液浸泡种薯30 min，晾干后再播种。再次，要积极采用药剂防治。一般在发病初期，用50%多菌灵400～500倍液，或用75%百菌清600倍液，或用95%敌克松200～300倍液灌根，共灌2～3次，相邻两次间隔15天左右。另外，在播种前还可用40%的五氯硝基苯粉剂1.5～2.5 kg，进行土壤消毒处理，效果也不错。

☞ 106. 山药根结线虫病怎样防治？

【症状】受害的山药块茎表面呈暗褐色，无光泽，大多数形成畸形，在根结线虫侵入点附近肿胀凸起，并出现很多直径为2～7 mm的线虫根结，严重时线虫根结联合在一处。山药根系受到根结线虫危害后，则产生米粒大小的根结。剖视病部，能见到乳白色的线虫（图29）。山药根结线虫病能使整个山药植株长势变弱，叶片变小，直到发黄脱落。

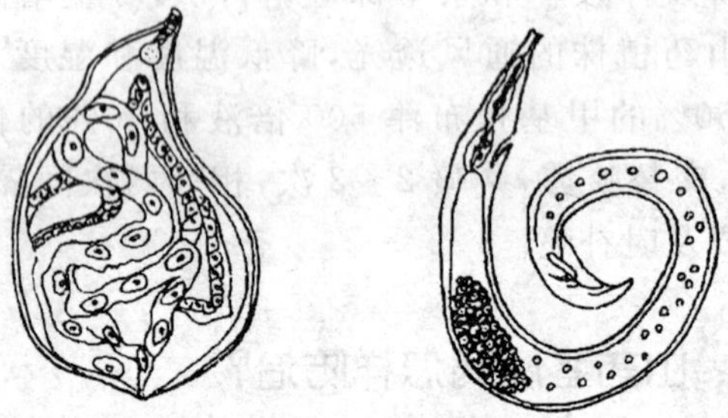

图29　山药根结线虫

【病原】有爪哇根结线虫、南方根结线虫和花生根结线虫等。

【防治方法】首先，应加强山药植株的检疫，不从发病区调用种薯，并及时进行轮作倒茬，收获后将植株残体集中起来，选择远的合适地方进行深埋。其次，应选用无病健壮种薯，不施未充分腐熟的带病原菌的肥料。再次，要积极进行土壤药剂消毒。

☞ 107. 山药根腐线虫病怎样防治?

【症状】山药的整个生长期均可发生山药根腐线虫病。发病初期，危害山药种薯、幼根和幼茎，发病后期则危害山药块茎。山药根系受害后，表面出现水渍状暗黄色伤口，并逐渐变为黑褐色缢缩点。山药块茎受害后，先出现浅黄色的点状物，后扩展为圆形或不规则形病斑，病斑内部则为黑褐色海绵状物。

【病原】有薯蓣短体线虫、穿刺短体线虫和咖啡短体线虫等。

【防治方法】首先，要选用不带病原的健康种薯做种，有条件的还可实行温汤浸种。即将种薯放置在 52～54℃ 的温水中，浸泡 10 min，并上下搅动两次，使之受热均匀，达到杀灭线虫的目的。也要对土壤消毒。其方法是，在播种前，每 667 m^2 施用 40%甲基异柳磷 0.65 kg，加水 200 倍左右，充分与土混合，使药剂均匀地分布在深 30 cm 以内的土层中。再次，要实行合理轮作，将山药与小麦、玉米、红麻、白菜、地瓜和萝卜换茬。经过 3 年轮作以后，再在原来的田块上种植山药。

☞ 108. 怎样使用山药常用的杀菌剂?

为正确实施对山药病害的化学防治，很有必要对山药杀菌剂的性能以及针对性用法作一介绍。常用的山药杀菌剂有多菌灵、瑞毒霉、瑞毒霉锰锌、甲基托布津、代森锌、福美双、百菌清、代森锰锌、多菌灵硫黄混合胶悬剂、百科、波尔多液、五氯硝基苯等。另外，杀线虫药剂有滴滴混剂、二溴氯丙烷、克线磷等。上述药剂的性状分别如下：

①多菌灵：多菌灵又称棉萎丹、苯并咪唑 44 号。为浅棕色粉末，不溶于水。遇碱、酸发生分解，为广谱内吸杀菌剂，高效低毒。商用剂型有 25%和 50%可湿性粉剂。该农药可用于防治山药茎腐病，但连续使用次数不能超过 3 次，否则病原物易产生抗药性。

②瑞毒霉：瑞毒霉又称甲霜灵。为白色或米色粉末，不易燃，可在水中分散悬浮，贮存稳定性好，为低毒内吸性杀菌剂，有效成分通过根、茎、叶部进入植物体内。商用剂型有 25%可湿性粉剂。这种药剂可用于防治山药炭疽病，但只宜作辅剂使用。

③瑞毒霉锰锌：瑞毒霉锰锌又称雷多米尔锰锌。为红色或黄色粉末，不易燃，可在水中分散悬浮，具有内吸和保护作用。商用剂型有 58%可湿性粉剂。可用于防治山药叶斑病和炭疽病。

④甲基托布津：甲基托布津为淡黄色或白色粉末，难溶于水，易溶于二甲基甲酰胺，遇碱较稳定。为广谱性内吸杀菌剂，具有保护和防治作用，属高效低毒品种。商用剂型有 70%和 50%可湿性粉剂。可用于防治山药枯萎病、炭疽病和叶斑病。该剂不能与含铜的制剂混用，否则会降低药效。

⑤代森锌：代森锌为淡黄色或灰色粉末，稍带臭鸡蛋味，难溶于水，不溶于大多数有机溶剂，遇碱或酸都易分解，特别是在高温和潮湿的情况下分解更快。是一种保护性有机硫杀菌剂，杀菌谱广，对植物很安全，一般不会产生药害。商用剂型有 65%和 80%可湿性粉剂。可防治山药炭疽病和叶斑病。不可与碱性及铜汞剂混用。

⑥福美双:福美双为无色或淡黄色粉末,不溶于水,遇酸易分解,为保护性杀菌剂,对植物安全,很少有药害。商用剂型有40%和80%可湿性粉剂。可防治山药炭疽病和叶斑病,但只宜作辅剂使用。

⑦百菌清:百菌清为无色无味的结晶,不溶于水,溶于有机溶剂,耐雨水冲洗,不耐强碱。对人、畜低毒,对皮肤和黏膜有刺激性。商用剂型有75%可湿性粉剂。可防治山药炭疽病和叶斑病。不能与强碱混合使用,否则会降低药效。

⑧代森锰锌:代森锰锌为黄色粉末,不溶于水及大多数有机溶剂,高温下遇潮湿和遇酸会分解,对人、畜低毒。商用剂型有70%可湿性粉剂。可防治山药炭疽病和叶斑病。

⑨多菌灵硫黄混合胶悬剂:由多菌灵和硫黄配合而成,具有两者特有的性状,具广谱性。商用剂型有40%混合胶悬剂。可防治山药锈病、炭疽病和叶斑病。

⑩波尔多液:波尔多液是用硫酸铜溶液和石灰乳混合而成的一种天蓝色胶状悬浮液,可由药农自行配制。杀菌的主要成分为碱性硫酸铜。该剂黏着力强,喷到植物表面可以形成一层薄膜,不易为雨水冲刷,药效期一般可达15天左右,是一种很好的保护性杀菌剂。该剂放置过久,会使悬浮的胶粒互相聚合沉淀而形成结晶,降低黏着力,因而使用波尔多液时,应现配现用,不能久放。该剂对金属有腐蚀性,配制时不宜使用金属容器。配制波尔多液时,应注意选用质量好的生石灰和硫酸铜为原料。生石灰以色白、质轻、块状的为好,不新鲜的石灰多半风化为碳酸钙和氢氧化钙,故不宜使用。硫酸铜最好是纯蓝色的,以不夹带绿色或黄绿色的杂质为佳。

在配制该药剂时,石灰乳和硫酸铜液均应冷却到室温。

否则,波尔多液胶粒在高温下极易凝聚而发生沉淀。两种原液混合后,稍加搅拌即可,不要搅拌太久,以免影响其悬浮性。在配制该剂时,容器最好用陶器或木桶。波尔多液对植物安全,所含的微量铜能促进植物叶绿素的形成。所以,喷施波尔多液后,能增加叶片中叶绿素的含量。该剂可防治山药炭疽病和叶斑病,但只宜在发病初期施用,在发病盛期只能作辅剂使用。在山药苗期使用时,浓度要适当降低。

☞ 109. 山药的主要害虫有哪些?

山药的主要害虫大概有 6 种。分别介绍如下:

(1)蛴螬

蛴螬是金龟子幼虫的统称。又称白土蚕、白地蚕。是在土中危害山药茎根的害虫,对山药叶片的危害不重。

【危害特点】幼虫咬食种薯,并能直接咬断山药幼苗的根系,致使全株死亡,缺苗断垄,影响山药的产量和质量。成虫对山药叶片的咬食不严重。

【形态特征】老熟幼虫的体长为 35～45 mm,整体多皱褶,静止时弯成弓形,臀节粗大。头部黄褐色,胴部乳白色。头部前顶有刚毛,每侧各 3 根,纵向排列。肛门孔呈三射裂缝状,肛腹片后部腹毛区散生钩状刚毛,无刺毛列。变成成虫金龟子以后,体长16～22 mm,体色为黑色或黑褐色。小盾片近于半圆形。鞘翅长,椭圆形,有光泽,每侧各有 4 条明显的纵肋。前足胫节外侧有 3 个齿,内侧有 1 个距。

【生活习性】北方地区 1～2 年发生一代,以幼虫和成虫在土中越冬。5～7 月份成虫大量出现。成虫有假死性和趋光性,并对未腐熟的厩肥有强烈趋性。白天藏在土中为多,晚上 8～9 时为取食、交配活动盛期。一般交配后

10～15 天开始产卵，卵产于松软湿润的土壤内。每雌可产卵 100 粒左右。卵期 15～22 天，幼虫期 340～400 天。冬季在 55～150 cm 深土中越冬。蛹期约 20 天。蛴螬始终在地下活动，与土壤温度与湿度关系密切。当 10 cm 深处土温达 5℃时，一般开始上升至表土层。土温达 13～18℃时活动最盛，土温达 23℃以上时则往深土中移动。土壤湿润则活动性强，小雨和连阴天气时危害尤重。

(2)小地老虎

【危害特点】小地老虎又称土蚕、黑土蚕、地蚕和黑地蚕。幼虫危害山药近地面的种薯、根系和幼苗，能造成整株死亡，严重时会大面积缺苗断垄。

【形态特征】小地老虎成虫体长 16～23 mm，深褐色，前翅由内横线和外横线将全翅分为三段，具有显著的肾状斑、环形纹、棒状纹和 2 个黑色剑状纹；后翅灰色无斑纹。卵长 0.5 mm，半球形，表面具纵横隆纹，初产出时为乳白色，后出现红色斑纹，孵化前变为灰黑色。幼虫体长 37～47 mm，灰黑色，体表布满大小不等的颗粒，臀板黄褐色，具有两条深褐色纵带。蛹长 18～23 mm，赤褐色，有光泽，第 5 至第 7 腹节背面的刻点比侧面的刻点大，臀棘短刺一对。

【生活习性】每年发生代数，由北向南逐渐增多，黑龙江省每年发生 2 代，北京市 3～4 代，江苏省 5 代，福建省 6 代。成虫在夜间活动和交配产卵。卵产在 5 cm 以下的小杂草上，每雌平均产卵 800～1 000 粒。成虫对黑光灯及糖、醋、酒等趋性较强。幼虫共6 龄，3 龄前在地表的杂草或寄主幼嫩部位取食，危害不大。3 龄后，白天在表土中潜伏，夜间出来为害，动作敏捷，常自相残杀。老熟幼虫有假死习性，受惊缩成环形。幼虫发育历期为：15℃时为 67 天，20℃时为 32 天，30℃时为 18 天。蛹发育历期为 12～

18 天，越冬蛹则长达 180 天。小地老虎喜温暖及潮湿的条件，最适发育温度为 13～25℃。适于在低洼内涝、雨水充足的地区生活。如果山药地周围杂草和蜜源植物多，为小地老虎的成虫提供产卵场所和充足食源，将会造成严重的大虫源。

(3)非洲蝼蛄

【危害特点】非洲蝼蛄又称普通蝼蛄、小蝼蛄、拉拉蛄、地拉蛄、土狗子、地狗子、水狗。成虫和若虫均在土中危害山药根茎，易使山药根系脱离土壤，而造成缺水死亡，严重时造成明显的缺苗断垄。

【形态特征】成虫体长 30～35 mm，灰褐色，腹部色较浅，全身密布细毛。头圆锥形，触角丝状，前胸背板为卵圆形，中间具有明显的暗红色长心脏形凹陷斑。前翅灰褐色，较短，仅及腹中部。后翅扇形，较长，超过腹部末端。腹末具有一对尾须。前足为开掘足，后足胫节背面内侧有 4 个距。

【生活习性】在我国北方约两年发生一代，南方一年一代，以成虫或若虫在地下越冬。春天清明节后上升到地表活动，在洞口可顶起一小堆虚土。5 月上旬至 6 月中旬是蝼蛄最活跃的时期，也是第一次危害高峰期。6 月下旬至 8 月下旬，天气炎热，转入地下活动。6～7 月份为产卵盛期。9 月份气温下降，再次上升地表，形成第二次危害高峰。10 月中旬以后，陆续钻入深层土中越冬。蝼蛄昼伏夜出，以晚上 9～11 时活动最盛。早春或晚秋气候凉爽，仅在表土层活动，不到地面上来。蝼蛄具有趋光性，对香甜物质等也有强烈趋性。成虫和若虫均喜欢在软潮的壤土或沙壤土上活动，最适宜在气温 13～20℃，20 cm 土温为 15～20℃的条件下活动。温度过高或过低，都潜入深土层中隐藏。

(4)沟金针虫

【危害特点】沟金针虫又称沟叩头虫、沟叩头甲、土蚰蜒、芨芨虫和钢丝虫。幼虫在土中取食种薯及幼根，对山药块茎危害较重。常常在块茎上留下许多洞眼，有些还藏在块茎内休眠。若沟金针虫大发生，可导致大面积缺苗断垄。

【形态特征】老熟幼虫体长 20～30 mm，细长筒形略扁，体壁坚硬而光滑，有黄色细毛，两侧较密。体黄色，前头和口器为暗褐色。头扁平，上唇三叉状突起，胸部、腹部背面中央呈一条细纵沟。尾端分叉，稍向上弯曲，各叉内侧有一个小齿。各体节宽大于长，从头部至第 9 腹节渐宽。

【生活习性】每 2～3 年发生一代，以幼虫和成虫在土中越冬。在中原地区，越冬成虫于 2 月下旬出蛰，3～4 月份为活动盛期，白天在表土内潜伏，夜间出土交配产卵。雌虫无飞行能力，每雌产卵约 90 粒。雄成虫善飞，有趋光性。卵发育历期约 40 天，5 月上旬幼虫孵化。在食源充分时，当年体长可长至 15 mm 以上。到第 3 年 8 月下旬，幼虫老熟，于 20 cm 左右深的土层中做土室化蛹，蛹期 16 天左右。9 月份羽化，当年在原蛹室内越冬。在北京地区，3 月下旬土温达到 9℃时开始为害，4 月上中旬危害最烈。5 月上旬后，幼虫则趋向 13～17 cm 深的土层中栖息。9 月下旬至 10 月上旬，土温降到 18℃左右时，幼虫又上升到表土层中活动。10 月下旬随着土温下降，幼虫也开始下潜。至 11 月下旬，10 cm 深处土温在 1.5℃左右时，沟金针虫潜到 27～33 cm 深的土层中越冬。雌成虫活动能力弱，一般在原地交配产卵，扩散危害受到限制，因此在虫口高的田内防治一次后，短期内种群密度不易回升。

(5)斜纹夜蛾

【危害特点】斜纹夜蛾又称莲纹夜蛾、莲纹夜盗蛾。幼虫咬食山药叶片，有时能咬断茎蔓，造成地上部枯死。大发生时，对山药块茎产量有较大影响。

【形态特征】成虫体长 14～20 mm，翅展 35～40 mm。头、胸、腹均为深褐色，胸部背面有白色丛毛。腹部前数节背面中央具有暗褐色丛毛。前翅灰褐色，斑纹复杂，内横线及外横线为灰白色，波浪形，中间有白色条纹。在环状纹与肾状纹间，由前缘向后缘外方有 3 条白色斜线。后翅白色、无斑纹。前后翅常有水红色至紫红色闪光。卵为扁半球形，直径为 0.4～0.5 mm，初产出时为黄白色，后转变为淡绿色，孵化前变为紫黑色。卵粒集结成 3～4 层的卵块，外覆灰黄色疏松绒毛。幼虫体长 35～47 mm，头部黑褐色，胴部体色因寄主和虫口密度不同而异。背线、亚背线及气门下线均为灰黄色或橙黄色。从中胸至第 9 腹节，在亚背线内侧有三角形黑斑一对，其中以第 1、第 7、第 8 腹节的为最大。胸足近黑色，腹足暗褐色。蛹长 15～20 mm，赭红色，腹部背面第 4 至第 7 节近前缘处，各有小刻点一个。臀棘短，有一对大而弯曲的刺，刺的基部分开。

【生活习性】在华北地区一年发生 4～5 代，长江流域为 5～6 代，在广东、广西、福建和台湾地区可终年繁殖。成虫夜间活动，飞行力强，一次可飞数十米远，高达十几米。成虫有趋光性，并对糖、醋、酒液及发酵的胡萝卜、麦芽、豆饼和牛粪等有趋性。成虫在补充营养不足时，产卵很少，卵多产于高大、茂密的田边作物上，以产于植株中部叶片背面叶脉分叉处最多。初孵出的幼虫群集取食。3 龄前仅食叶肉，残留上表皮及叶脉，使叶片呈白纱状后转黄，容易识别。4 龄后进入暴食期，多在傍晚出来为害。幼虫共 6 龄。老熟幼虫在 1～3 cm 深的表土内，做土室化蛹，土壤板结时可在枯叶层下化蛹。各地斜纹夜蛾在 7～10 月份危害严重。

(6)山药叶蜂

【危害特点】山药叶蜂主要咬食山药叶片(图 30)。大发生时,几天之内可造成山药叶片严重缺损,影响块茎产量。

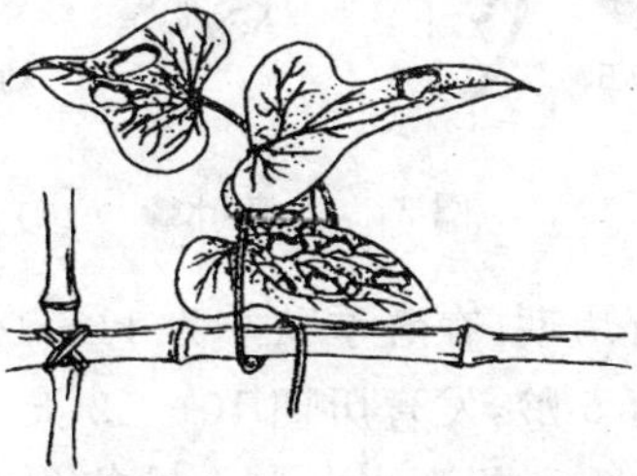

图 30 山药叶片被叶峰咬食后的症状

【形态特征】成虫体长 6～8 mm,头部和中、后胸背面两侧为黑色,其余为橙蓝色,但胫节端部及各跗节端部为黑色(图 31)。翅基半部黄褐色,向外渐淡至翅尖透明,前缘有一黑带与翅痣相连。触角黑色。雄性触角基部两节,淡黄色。腹部橙黄色。雌虫腹末有短小的黑色产卵器。卵近圆形,长 0.4～0.8 mm,卵壳光滑。初产出时乳白色,后逐渐变为淡黄色。幼虫体长约 15 mm,头部黑色,胴部蓝黑色,各体节具有很多皱纹小突起。胸部较粗,腹部较细,具有 3 对胸足和 8 对腹足。蛹的头部黑色,蛹体初为黄白色,后转变为橙色。

【生活习性】山药叶蜂在我国北方地区每年发生 4 代。各代发生的具体时间为:第 1 代 5 月上旬至 6 月中旬,第 2 代 6 月上旬至 7 月中旬,第 3 代 7 月上旬至 8 月下旬,第 4 代 8 月中旬至 10 月中旬。山药叶蜂成虫在晴朗高温的白天极为活泼,并交配产卵。卵产入叶缘组织内,呈小隆起,每处 1～4 粒,常在叶缘产成一排。每头雌成虫产 40～

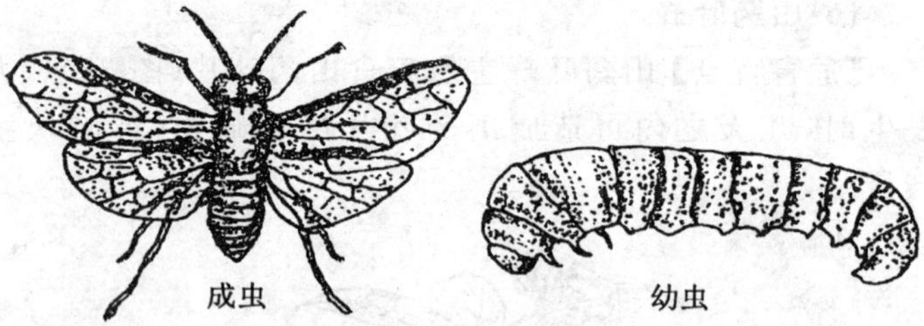

图 31　山药叶蜂

150 粒。卵发育历期，在春季秋季为 11～14 天，夏季为 6～9 天。幼虫共有 5 龄，发育历期 10～12 天。幼虫早晚活动取食，有假死习性。老熟幼虫入土做茧化蛹。每年春季和秋季，为 2 个发生高峰期。

☞ 110. 怎样进行山药害虫预测？

预测山药害虫的目的，在于将害虫未来的动态趋势及时发布出去，以便药农做好防治害虫的准备工作。在大面积栽培山药时，预测害虫是不可缺少的一项工作，以由基层农业技术人员完成为宜。

预测山药害虫的内容，包括预测害虫发生时期、发生数量、发生范围和可能的危害程度。根据预测时间的长短，可分为短期、中期和长期预测 3 种。短期预测，主要是预测近期的虫情动态，一般为 10 天左右的虫情预测。中期预测，主要是预测 1 个世代以上的虫情，或 1 个月左右的虫情。长期预测，主要是预测当年的虫情，以及害虫发生趋势的估计。

(1)预测害虫发生期

山药害虫发生期预测是关于某一虫态出现时期的预测，比如何时羽化，何时孵化，何时化蛹，何时迁飞等。发生期预测的准确性，对于抓住关键时期防治山药虫害甚为重要。发生期预测是以虫态历期的资料为依据，只要知道前一虫期的出现期，并考虑近期的环境条件，便可推断出后一虫期的出现期。山药害虫发生期的预测方法主要有期距预测法和积温预测法 2 种。

①期距预测法。期距是指两个虫态出现的时间距离，或上下两个世代同一虫态出现的时间距离。预测期距通常采用人工饲养、田间调查和诱集预测等办法进行。人工饲养时，应尽量使害虫处于近似自然状态的条件下，观察统计虫卵、幼虫、蛹和成虫的期距。田间调查时，要从某一虫态出现前开始，每隔 1～3 天进行一次，统计各虫态所占百分比。然后，将系统调查统计的百分比排列，便可看出害虫发育进度的变化规律。通常将某虫态出现数量达 20%时，定为“始盛期”；达 50%时，定为“盛发高峰期”；达 80%时，定为“盛发末期”。前一虫态与后一虫态盛发高峰期的相间时间即可定为“盛发高峰期距”。田间调查还可按害虫各虫态的分级标准进行发生期预测。比如，根据田间总卵量，将卵按其发育进度不同和色泽变化不一来分析，统计各种卵的百分率。根据田间总蛹量及各级蛹的百分率预测发生期，其准确度较高。诱集预测，即在害虫发生期前，逐日统计所获虫量，据此可看出当地当年各代成虫的始见期、盛发期、高峰期和终见期，将上下两代的有关数据加以比较，即可预测出害虫发生的期距。

②积温预测法。对害虫发育快慢起主导作用的是气温高低。已知某一虫态或全世代的发育起点温度和有效积温，就可根据田间调查资料，利用当地近期气象预报的平均气温，以积温公式预测下一虫态（或世代）的发生期。同时，根据历年害虫发生期与气温关系的资料，可建立当地害虫

发生期的预测模式。

(2)预测害虫发生量

山药害虫数量的增减，是比较复杂的问题，一方面取决于害虫的虫口基数、繁殖力和存活率等内在因素，另一方面又受气候条件、天敌和食料条件等环境因素的影响。因此，预测山药害虫发生量，需要考虑害虫与环境因素的辩证关系。

预测害虫发生量有多种做法。一是根据田间虫口密度调查资料，与历史资料进行对比分析，就可判断害虫发生数量的趋势以及危害程度。二是采用相关分析方法，以害虫发生量与单因子或多因子的相关分析结果，制定预测模式。三是根据多年资料做出坐标图，将当年气象预报与坐标图相比较，估计害虫数量的趋势。另外，也可用害虫生命表，根据当地当代或某虫态因各种原因所致的死亡率，并考虑害虫繁殖力，预测下一代或下一虫态的发生量。近年来，害虫数量预测愈来愈多地借助计算机进行统计分析，预测的准确度进一步得到了提高。

☞ 111. 怎样进行山药害虫的化学防治?

对山药害虫，主要采用化学防治。采用化学防治有如下优点：首先，防治效果好。它既可在害虫发生前作为预防性措施，以避免或减少害虫的危害，又可在害虫发生后作为急救措施，迅速消除害虫的危害。其次，不受地区和季节性限制，能大面积机械化使用化学药剂。再次，杀虫范围广，几乎所有害虫均可用杀虫剂防治。但是，若化学药剂使用不当，也易造成人、畜中毒，植物药害和环境污染等问题。因此，在使用杀虫剂时一定要慎重，注意和其他方法配合使用，尽力做到合理使用，避免残毒，达到经济、安全、高效地保护山药正常生长的目的。

(1)对症下药

在使用某种杀虫剂时，必须先了解该药的性能和防治对象，才能做到对症下药，取得良好的防治效果。因为杀虫剂的种类很多，防治的范围和对象也不同，有的能兼治多种害虫，有的仅能防治某一类害虫。

(2)适时用药

危害山药植株的各种害虫，它们的习性和为害期各有不同，其防治的适期也有所不同。例如，防治危害山药叶片的斜纹夜蛾幼虫，一般应在3龄前防治。因为此时虫体小，抗药力弱，用较少的药剂，就可产生较高的防治效果。但也不能用药过早，否则由于药效期有限，先孵化的害虫已被杀死，而后孵化的害虫却依然为害，因而不得不进行二次防治。所以，既要有准确的虫情预测，又要抓时机、抢速度，争取在适宜的时间内施药。

(3)采用最有效的施药方法

要使药剂防治害虫效果良好，必须采用最有效的施药方法。较多采用的施药方法有喷粉法、喷雾法、浇灌法、浸种法、毒土法、毒饵法和熏蒸法等。比如施用敌百虫、敌敌畏、氧化乐果、辛硫磷、敌杀死和速灭杀丁等，宜采用喷雾(粉)法，同时也可采用浇灌、浸种和熏蒸等方法。

(4)保证施药质量

施药时，应力求均匀周到，叶子正反两面均应着药，土施时也要尽量混匀，否则很难保证防治效果。同时，施药还要考虑气候因素。一般应在无风或微风天气施药。另外，要注意气温的高低。气温低时，大多数有机磷制剂杀虫效果不好，故应选择中午气温较高时施药。

(5)避免药害和污染

山药苗期对杀虫剂比较敏感，浓度稍高就易产生药害，使植株叶片出现斑点，发生萎缩和卷曲现象，严重时整株死亡。因此，在施用杀虫剂时，最好先选几株山药做一个小试验，确信安全后再大面积施用。另外，一般在山药收获前1个月之内，就要停止土施杀虫剂，以防止对块茎造成污染。要积极提倡使用高效、低毒和低残留的安全农药(杀虫剂)，并且配合其他防治方法，形成综合防治的良好局面。

112. 克服山药害虫产生抗药性的对策有哪些?

(1)实施综合防治

由于用药次数越多，害虫的抗药性越强，因此要实施综合防治，把农业管理措施、生物防治、物理防治、人工防治等与化学防治结合起来，只在害虫为害的关键虫龄期采用化学防治，尽量减少施药次数和施药量。不能见虫就打药。

(2)轮换使用不同作用机理的杀虫剂

在防治山药害虫时，轮换使用不同作用机理的杀虫剂，能克服和延缓害虫抗药性的增强。在选择替换农药时，应选择无交互抗性的药剂进行交替，如可互相交替使用有机磷和有机氯杀虫剂。

(3)混合使用杀虫剂

把不同作用机制的杀虫剂混合使用，是克服害虫抗药性的良好办法。这样做，不仅能克服和延缓害虫的抗药性，而且能起到兼治病害、增强药效、减少农药用量和降低成本等作用。比如，把敌敌畏、乐果与马拉硫磷混用，既可延缓害虫抗药性的产生，又能明显增强药效。

(4)换用新药剂

在一种山药害虫对某种药剂产生抗药性的情况下，换用新药剂是克服害虫抗药性的办法之一。选用的新药剂应是与原用药剂没有交互抗性的药剂，最好是选用有负交互抗性的药剂。

(5)添加增效剂

增效剂本身对害虫一般无毒效，但对害虫的酶系有抑制作用。比如，增效醚对多功能氧化酶、磷酸三苯酯对酯酶都有显著的抑制作用。在一些种类的农药中，加入一定量的增效剂可以明显增强药效。

113. 山药栽培中怎样使用杀虫剂?

①敌百虫：敌百虫为白色结晶粉末，稍有气味，易潮解。属于广谱性杀虫剂，具有胃毒和触杀作用，残效期短，对人、畜较安全。商用剂型有2.5%粉剂、90%结晶和80%可湿性粉剂。可防治小地老虎和蝼蛄等山药害虫。在块茎收获前7天，应停止使用。

②辛硫磷：辛硫磷的纯品是浅黄色，不溶于水，易溶于有机溶剂，遇碱分解，具有触杀及胃毒作用，为广谱性杀虫剂。对人、畜低毒，残效期短。商用剂型有50%乳油和50%颗粒剂。可防治小地老虎、斜纹夜蛾、蛴螬和蝼蛄等山药害虫。注意不要与碱性农药混用，不要在强光下喷施。

③亚胺硫磷：亚胺硫磷的纯品为白色结晶，无臭，难溶于水，可溶于甲醇、乙醇、苯、甲苯、丙酮、二甲苯和四氯化碳等，遇碱性物质易分解。商品乳剂为棕色油状液体，有特殊的刺激性臭味。具有触杀及胃毒作用，同时也具有一定的内渗杀虫作用，是广谱性杀虫剂。对人、畜有中等毒性，残效期较长。商用剂型有20%和25%乳油。可防治小地老虎和黄地老虎等山药害虫。注意不能与碱性农药混用。

④西维因：西维因的纯品为白色结晶，微溶于水，可溶

于丙酮、苯和乙醇等有机溶剂。对光、热和酸性物质较稳定，遇碱易分解，对人、畜低毒。具有触杀及胃毒作用，也有微弱的熏蒸和内吸作用。商用剂型有25%和50%可湿性粉剂。可防治斜纹夜蛾、蚜虫等山药害虫。

⑤巴丹：巴丹的纯品为无色柱状结晶，可溶于水及甲醇，难溶于乙醇、丙酮、氯仿和苯等有机溶剂。稍有吸湿性，对金属有腐蚀性，在常温及酸性条件下稳定，在碱性条件下不稳定。具有强烈的触杀作用，也具有一定的胃毒及内吸作用，残效期较长，对人、畜低毒。商用剂型有50%和80%可溶性粉剂。可防治蝼蛄和蛴螬等山药害虫。

⑥溴氰菊酯：溴氰菊酯又称敌杀死、凯素灵和凯安保。原药为无味白色粉末，不溶于水，能溶于丙酮和二甲苯等多种有机溶剂。在酸性液中稳定，碱性液中不稳定。耐光、耐热性能较好。制剂为透明的淡黄色或黄色液体，带有芳香气味。具有触杀和胃毒作用，是中等毒性广谱杀虫剂，但对天敌的杀伤也较严重。商用剂型有2.5%乳油。可防治斜纹夜蛾、造桥虫和叶蜂等食叶山药害虫。注意应在幼虫3龄前防治。

⑦功夫菊酯：功夫菊酯又称三氟氯氰菊酯。原药为淡黄色固体，无臭，不溶于水，能溶于多种有机溶剂。具有触杀和胃毒作用，无内吸性，是广谱、高效、中等毒性的杀虫剂。对害虫天敌杀伤也较严重。商用剂型有2.5%乳油。可防治斜纹夜蛾和造桥虫等山药害虫。注意不能与碱性农药混用。

⑧百树菊酯：百树菊酯又称百树得。原药为棕色黏稠液体，不溶于水，能溶于丙酮、甲苯和二氯甲烷等有机溶剂。在酸性条件下稳定，在碱性条件下易分解。具有触杀和胃毒作用，无内吸性，为低毒杀虫剂，药效迅速，残效期较长。

商用剂型有5%乳油。可防治斜纹夜蛾、造桥虫和叶蜂等山药害虫。

⑨氯氰菊酯:氯氰菊酯又称灭百可。原药为棕色黏稠状液体,不溶于水,能溶于丙酮、乙烷和二甲苯等有机溶剂。在酸性、中性条件下稳定,遇碱会分解。耐光、耐热性能良好。具有触杀和胃毒作用,无内吸性,是广谱、高效、中等毒性的杀虫剂。商用剂型有10%乳油。该药剂可用来防治斜纹夜蛾、造桥虫和叶蜂等山药害虫。

⑩杀灭菊酯:杀灭菊酯又称速灭杀丁和敌虫菊酯。原药为黄色油状液体,不溶于水,能溶于丙酮、甲醇、氯仿和二甲苯等有机溶剂。对光、热稳定,遇碱易分解。具有触杀和胃毒作用,无内吸性,是广谱、高效、中等毒性杀虫剂,对害虫天敌的杀伤力也较大。商用剂型有20%乳油。可用该药剂防治斜纹夜蛾和造桥虫等山药害虫。

⑪来福灵:来福灵又称高效杀灭菊酯。原药为棕色黏稠液体,不溶于水,易溶于丙酮、氯仿和二甲苯等有机溶剂;在酸性介质中稳定,在碱性介质中分解。具有触杀和胃毒作用,是中等毒性杀虫剂,杀虫范围广、效率高。商用剂型有5%乳油。可防治斜纹夜蛾和造桥虫等山药害虫。

⑫万灵:万灵又称灭多威。纯品为白色结晶体,有轻微硫黄味,易溶于甲醇、丙酮和乙醇等有机溶剂中,遇碱易分解。具有触杀和胃毒作用,是内吸性高毒杀虫剂,药效期较短。商用剂型有24%水剂和90%可溶性粉剂。可防治斜纹夜蛾、造桥虫、叶蜂和蚜虫等山药害虫。喷药时应穿好防护衣,避免药液与皮肤接触。

⑬敌敌畏:敌敌畏的纯品为无色油状液体,无恶臭,略有芳香气味。属于广谱性有机磷杀虫剂,具有触杀、胃毒和熏蒸3种作用。该剂对害虫击倒力强,对人、畜的急性中毒

作用较强。商用剂型有50%和80%乳油。可防治山药叶蜂。在夏季中午高温时应停止施药，否则易引起施药者中毒。

⑭乐果：乐果的纯品为白色结晶固体，略具樟脑臭味，较易溶于水，在酸性溶液中稳定，在碱性溶液中迅速水解，能溶于多种有机溶剂。具有强烈的触杀和内吸作用，也具有一定的胃毒作用。对人、畜低毒。商用剂型有20%和40%乳油、60%可湿性粉剂等。可防治金针虫、蝼蛄和蛴螬等山药害虫。

⑮哒净松：哒净松又称哒嗪硫磷。纯品为白色针状结晶，难溶于水，易溶于丙酮、甲醇和乙醚等有机溶剂。对酸、热较稳定，对强碱不稳定。具有触杀和胃毒作用，无内吸作用，是高效、低毒、低残留、广谱性有机磷杀虫剂。商用剂型有20%乳油和2%粉剂。可防治造桥虫和叶蜂等山药害虫。

⑯嘧啶氧磷：嘧啶氧磷的原药为淡黄色油状液体，能溶于醇、丙酮、乙酸乙酯、苯、甲苯和二氯乙烷等多种有机溶液。受热、遇碱、遇酸都会分解。具有触杀、胃毒和内吸作用，属中等毒性杀虫剂。商用剂型有40%乳油和50%乳油。可防治蝼蛄、蛴螬和地老虎等山药害虫。使用时，应注意随配随用，不宜久放。

五、山药贮藏与加工技术

☞ 114. 怎样进行山药贮藏？

扁山药和大薯的贮藏适温为14～19℃。如果低于

14℃，块茎则易受到寒害的侵袭，这时虽然块茎的外观看似完好，但块茎内部已逐渐呈吸水海绵状，这是很明显的内部腐烂症状。但如果扁山药和大薯在20℃的室温下贮藏，则不出2个月就会造成块茎100%发芽。不过扁山药和大薯在短时间的−4℃左右也不会造成冻伤。圆山药块茎在12～15℃的温度条件下贮藏最佳，长山药块茎的贮藏温度为5～8℃。在适温下贮藏山药，平均可贮藏120～170天，最长的可达185天。目前菜农常用的山药贮藏方法有沟藏法、埋藏法和筐藏法。

沟藏法需在冬前挖1～2 m深、宽1 m左右的沟，然后将挖出的山药立即排放入沟内，排一层山药覆盖一层土（土壤干燥些较好），每层土厚度约1 cm，山药堆高不要超过80 cm，顶部再盖一层细土。以后随着气温逐渐下降，顶部覆土层要逐渐加厚，最冷时土层厚度要达到20 cm（顶部土层要求距当地冻土层5～10 cm）。用这种方法可贮藏山药块茎5个月左右。

埋藏法是在仓库或室内的水泥台上，用砖砌起1 m高左右的埋藏坑，在坑底铺上10 cm厚的干细沙土，然后将挑选过的无病山药排放在沙面上，排一层山药铺一层细沙。细沙厚度为1～2 cm，最后堆至坑口10 cm左右，上面用细沙铺平。用这种方法可贮藏山药块茎4～5个月。

筐藏法在我国长江流域及长江以南地区采用。先把晒干的稻草或麦草铺垫在消过毒的竹筐里，然后将挑选好的无病山药块茎逐层排放，最后堆至八分满，上面用稻草、麦草覆盖满筐。为防止地面湿气，应在地板上垫上砖头或竹木板。采用这种方法可将山药贮藏4个月左右。如果先将山药块茎装在透气密织的网袋中，再放入筐中贮藏，效果会更好。

115. 怎样进行山药饮料、果酱、罐头等加工?

(1)山药奶汁加工法

原料:鲜山药、蔗糖、明胶、柠檬酸、香精、苯甲酸钠、奶粉、食盐(均为食用级)。

设备:高压灭菌锅、胶体磨、多用绞肉机、烘箱、自动电位滴定计。

生产工艺流程:选料→清洗→刮皮→切片→烘干→研磨→加水煮沸→调配→装罐→灭菌→成品。

配方 A:每 1 000 g 饮料,含山药粉 80 g,蔗糖 120 g,柠檬酸 0.8 g,明胶 4 g,饮料酸度为 3.30,糖度为 10%～12%。该配方风味较好,但稍有沉淀。

配方 B:每 1 000 g 饮料,含山药粉 80 g,蔗糖 120 g,柠檬酸 1.2 g,奶粉 50 g,苯甲酸钠 1 g,饮料酸度为 3.46,糖度为 11%。该配方酸甜可口,黏度适中。

操作注意事项:①奶粉首先要配成浓度为 5%左右的奶液,并加热到 50℃,把相同温度的蔗糖液倒入后充分搅拌,同时缓慢加热到 85℃,然后冷却,再把柠檬酸加入,连续搅拌 15～20 min。②山药奶汁中可适当添加少量食用香精,这样可部分掩盖山药味,使饮料风味更佳。③灭菌一般采用巴氏灭菌法(80℃),时间为20～30 min。注意在高温下灭菌,控制时间要适当,否则会使蛋白质变性沉淀。

(2)山药蜜汁加工法

原料:鲜山药、蜂蜜、蛋白糖、柠檬酸、维生素 C、食盐、氯化钙(均为食用级)。

生产工艺流程:选料→清洗→刮皮→切片→护色→加水煮汁→冷却→榨汁→过滤→果汁与配料调配→装罐→封口→杀菌→检验→成品。

操作注意事项：①复合护色剂配方应选用0.25%维生素C、1%氯化钠、0.5%氯化钙、0.3%柠檬酸，浸泡山药片30 min为宜。该配方不存在二氧化硫等有害物质，护色后不用冲洗。因此，既能增加成品的抗氧化能力，防止褐变，又能增加成品的营养价值。②山药片经护色后，最好加10倍水煮15 min后压榨取汁，这样蜜汁的风味浓，且不易褐变。③调配糖酸比的配方，宜采用0.15%蜂蜜、0.18%蛋白糖、0.11%柠檬酸，这样调制出来的成品风味好，很适合中老年人饮用。④灭菌在100℃下处理10 min，可以很好地保持色、香、味，成品质量稳定，山药风味浓郁。

(3)山药酸奶加工法

原料：鲜山药、脱脂奶粉、双歧杆菌、乳酸菌、蔗糖、稳定剂羧甲基纤维素钠和藻酸丙二醇酯、四硼酸钠、维生素C(均为食用级)。

生产工艺流程：选料→清洗→去皮→护色→熟化→搅匀打浆→调配→均质→定量装瓶→灭菌→加入双歧杆菌和乳酸菌的混合菌群发酵→后酵→成品。

操作注意事项：①护色配方应选用0.5%四硼酸钠与0.5%维生素C混合液。②稳定剂配方选用0.15%羧甲基纤维素钠和0.15%藻酸丙二醇酯的混合液。③调配的脱脂奶液与山药泥的比例为3∶7。④发酵温度应保持在40℃左右，发酵时间为10 h。发酵的菌种乳酸菌与双歧杆菌的比例，保持1∶5为宜，接种量保持7%较合适。蔗糖含量保持9%为宜。这样加工出来的成品，外观乳白，口感细腻，并具有弹性，风味独特。

(4)山药枸杞果酱的加工法

原料：鲜山药、新鲜枸杞、卡拉胶、蔗糖、柠檬酸、苯甲酸钠。

生产工艺流程：

鲜山药→预处理→破碎打浆→均质
卡拉胶→清洗、浸泡→热溶→热滤
新鲜枸杞→清洗、浸泡→打浆→均质
蔗糖→热溶解→除杂→过滤
→调配→加热浓缩→(空罐消毒)热罐装→密封→杀菌→冷却→检验→成品。

配方：山药泥30%～35%，枸杞泥5%，卡拉胶3%，苯甲酸钠0.01%，蔗糖20%～30%，柠檬酸少许。

操作注意事项：①卡拉胶清洗干净后，要在凉开水中浸泡2～3 h，吸足水分后再加热煮沸溶解。②蔗糖加热溶化后，先配成60%的溶液，清除表面杂质，再经糖浆过滤机过滤后使用。③将各种原料配好后，应搅拌均匀，再加热到85℃左右，使其充分混匀。

(5)山药清水罐头的加工法

原料：鲜山药、食盐、氯化钙、柠檬酸。

生产工艺流程：选料→清洗→去皮→护色→分切→预煮→装罐→注液→排气→杀菌→冷却→擦干→保温检验→成品。

操作注意事项：①用流水洗净山药外皮上的泥沙，注意不要损伤山药外皮。洗净后，用不锈钢刀去皮，并尽快投入护色液中护色。应采用复合护色剂护色，配方为0.2%柠檬酸、0.2%氯化钙和0.5%食盐，护色时间保持5～6 h。②应根据罐形结构，把山药块茎切分成方块形或长圆柱对剖形。山药和预煮液的比例，应保持在1.5∶1。先将水煮沸后再倒入山药块，重新沸腾后保持微沸10～15 min。预煮时应及时搅动，避免糊锅。③装罐液中应调入0.1%柠檬酸、0.5%食盐，保持氢离子浓度1 000 μmol/L(pH值3.0)左右。煮沸过滤后趁热罐装，并留出5～8 mm的顶隙。④成品在恒温箱中保温 7 天，每天观察胀罐情况，合格后方可出厂销售。

116. 怎样加工山药药材？

山药作为药用，需要对鲜山药进行加工，制成毛山药(毛条)或光山药(光条)。把山药加工干制成药材，主要有以下 3 种方法(以长山药为例说明，其余山药类型可参照加工)。

(1)毛山药(毛条)加工方法

首先，在加工前要选好材料。一般宜选长 20 cm 以上、直径3 cm 左右、无病虫害霉烂部分、条直的山药块茎。选料完成后，要将块茎先端(栽子部分)全部切除(这一部分块茎粗硬，入药品质不好)。其次，将块茎放入水中洗净泥土，泡在水中用竹刀刮净外皮及须根。最后放入熏炉中熏干。每 100 kg 去皮鲜山药，用硫磺0.5～1.0 kg 熏蒸，熏蒸时间为 12 h 左右。如果山药含水率较高，可适当延长熏蒸时间。

熏炉用砖砌成，一般长 1.6 m，宽 1.2～1.4 m，高 1.2 m。熏炉下部一侧设一炉口，炉口宽和高各 12 cm 左右，里面放入燃硫容器。炉内四周用砖支起，在离地面 20 cm 处架上一排木条，间隔 20～30 cm，将山药块茎放在木条上。装满山药后，用麻袋、草包等盖严上部，然后点燃硫黄熏蒸。用硫黄熏蒸后，块茎色泽洁白，变软，内部水分渗出，然后再烘干即可。有的地区是先用硫黄熏蒸5～6 h，取出晒至外皮稍干后再入炉熏蒸，如此反复至干为度。用火烤烘干时，火力要小而匀，防止烤焦块茎或造成外干里湿、发空等现象。

毛条加工完成后，表面应该达到黄白色或棕黄色，纵皱及栓皮明显，断面洁白，并有少量须根痕，质地坚实而不易折断，直径在1.5 cm以上。味甘，微酸，嚼之发黏。

(2)光山药(光条)加工方法

光山药一般由毛条山药进一步加工而成。首先，在块茎熏硫后，趁其尚软时放在光滑桌案上，再用一光滑小木板把山药搓成圆柱形(如果山药已经干燥，需用净水泡软无干心时再搓)。其次，用刀切齐，晒干。晒干后，用小刀刮净山药块茎上的病斑及残存表皮，再用细木砂纸搓磨，直至山药块茎外表平滑、洁白，两端平齐，立放站住为好。有些地方将光山药搓挂上绿豆粉浆，然后再晒干，效果更佳。市场售价也较高。

(3)山药片炮制方法

山药加工成光条后，还不能直接入药，一般须先切成山药片，再经过麸皮炒炮制才可入药。具体方法是：按山药片10 kg、麸皮2 kg、生蜂蜜100 g、白酒(50°左右)50 mL的比例备料。炮制前，将麸皮、蜂蜜、白酒拌匀置于锅内，加火炒至冒烟时，倒入山药片并且不断翻搅，用中火炒至山药片发黄为止，放凉后筛去麸皮即成。这种炮制方法，由于蜂蜜能增强山药片的光泽度，白酒能除去麸皮熏烤气味，所以山药片色泽清亮、气味香甜。

炮制山药片也可用如下土法：首先取碾细过筛的灶心土置于热锅中，加入经过挑选的大小一致的生山药片，然后均匀翻炒，当感觉药片由硬变软，又由软开始变硬时，即可立即出锅，筛去土后平摊放凉，装入纸带中即成。

马铃薯

一、马铃薯的类型与品种

☞ 117. 马铃薯生产现状怎样?

马铃薯,北京人叫土豆,山西人叫山药蛋。也有叫做洋芋、地蛋、荷兰薯、爪哇薯等,俗名很多。这是一种原产于南美洲安第斯山区的茄科植物,主要在智利,但演化中心在秘鲁和玻利维亚。传入我国的时间说法不一,一般认为有400年的历史,可能是先传至我国东南沿海各省,然后传至内地诸省如山西、陕西、河南等地,到清朝初年栽培已较普遍。马铃薯在我国的栽培历史虽不是很长,但因其生育期短,产量高,用途广,可以粮菜兼用,而且省工,省肥,栽培技术简单,因此,发展很快遍及全国。尤其是我国西南山区、东北北部和黄土高原省份,是当地的主要粮食和蔬菜作物,播种面积占到全国的85%以上。从全世界来看,马铃薯的栽培面积仅次于水稻、小麦和玉米,其重要性可想而知。中国的种植面积在500万 hm^2 左右,居世界第一位。

马铃薯共有8个栽培种,其中有1个普通栽培种和7个原始栽培种。目前,世界各地广泛栽培的均是普通栽培种,7个原始栽培种至今只在南美的安第斯山区域有少量种植。由于马铃薯遗传基础狭窄,亲本材料没有突破普通马铃薯的范围,所以目前培育的新品种较少,有些老品种在很长时间都是主栽品种。比如1876年育成的布尔班克至今仍是美国的主栽品种,1910年育成的宾杰目前占欧洲马铃薯面积的1/4,1878年育成的男爵在日本仍大量种植。

我国的主栽品种育成时间很多也都有 30～40 年历史，因此，马铃薯品种的更新换代速度大大低于其他蔬菜品种。目前，我国的马铃薯主栽品种有十几个。

☞ 118. 怎样识别并选用适于一作区栽培的马铃薯主栽品种？

所谓一作区就是一年一作，春种秋收，主要是我国东北（辽东半岛除外）、内蒙古、宁夏、甘肃、河北北部、山西北部、陕西北部、青海东部和新疆天山以北。这些地区气候寒冷，无霜期短，一般110～170 天，且昼夜温差大，日照充足，很适合马铃薯的生育，栽培面积占全国总面积的 50%以上。都是中熟和晚熟品种，贮藏长达半年以上。除北方一作区外，西南高寒山区也多实行一年一作，但雨水较北方多，栽培上应注意排水。现择要介绍其主栽品种。

(1)克新 1 号

黑龙江省农科院克山马铃薯研究所育成。株型开展，株高70 cm 左右，叶片绿色，复叶肥大，侧小叶 4 对，花淡紫色，无天然结实，块茎椭圆形，大而整齐，白皮白肉，芽眼中等深浅，表皮光滑，结薯集中，休眠期长，中熟种生育日数95 天左右，蒸食品质中等。抗细菌病，较抗晚疫病和皱缩花叶病毒病，耐涝，耐贮，丰产性好，一般每 667 m^2 产量1 500 kg，高产者 3 000 kg，东北和内蒙古较多栽培。山西和河北也不少，是目前栽培面积较大的品种之一。黑龙江一般垄作栽培，行株距(60～80) cm×(20～25) cm，开沟栽植，盖土 10 cm，封垄前培土成垄。

(2)虎头

河北省张家口地区坝上农科所育成。株型直立，分枝多，株高 80 cm 左右，生长势强，叶深绿色，复叶较大，侧小叶 4～5 对。花冠白色，天然结实性弱。块茎扁圆形，皮浅黄色，肉浅黄色，表皮较粗，块茎中等大小，较整齐，芽眼中等多，较深，块茎顶部下陷，结薯比较集中，块茎休眠期较短。中晚熟品种，生育日数 110 天左右，耐贮藏，蒸食品质优。植株高抗晚疫病，块茎抗病，抗旱性强，丰产性好，每 667 m^2 产量 1 500 kg 左右，适合华北地区栽培。

(3)高原 4 号

青海省农科院育成的晚熟品种，生育日数在 120 天以上。该品种株型直立，株高 83 cm 左右，茎绿色，生长势强，分枝数中等。叶片绿色，茸毛多，复叶大，叶缘平展，侧小叶 4～5 对。花序总梗浅绿色，花冠白色，能天然结实。块茎圆形，黄皮黄肉，表皮粗糙，大而整齐，芽眼较深，数量中等，结薯集中。块茎休眠期短。蒸食品质优。中抗晚疫病，轻抗环腐病，轻抗雹灾，耐贮藏。丰产性好，每 667 m^2 产量 2 000～2 500 kg，高产田可达到 3 000 kg 以上，适合我国西北地区栽培。

(4)晋薯 2 号

山西省农业科学院高寒区作物研究所育成。株型直立，株高80 cm 左右，茎绿色，粗壮，叶片肥大，叶面粗糙，绿色或浅绿色。花冠白色，天然结实多。块茎扁圆形，顶端平，基部凹，薯皮粗糙，芽眼浅而少，在近脐部一芽眼的两侧各有一下陷的根眼，各长有一条细根，芽眉弧形，且较明显，薯皮浅黄色，肉白色，结薯集中，薯块大小中等，薯块整齐，次生薯很少。薯块休眠期中等，食用品质中等，适于淀粉加工。中熟种，生育日期 95 天左右。较抗环腐病，不抗黑胫病和晚疫病，见光易变绿。一般每 667 m^2 产量 1 500 kg。适于山西、内蒙古、河北北部等地栽培。

(5)新芋 4 号

湖北省恩施市池山农业科学研究所育成。株型直立，分枝多，株高 50 cm 左右。茎绿色，生长势强，叶片生理色，复叶大。花冠紫褐红色，花大，天然不结实。块茎短筒形，皮和肉均为浅黄色，块茎大而整齐，表皮光滑，休眠期较短。食用品质较好。中熟，生育期 150 天左右。较抗晚疫病、环腐病和黑胫病，轻感青枯病，较抗花叶病和卷叶病毒，适应性强，一般每 667 m^2 产量 1 500～2 000 kg。适于山区、平原一季栽培，也可在二季栽培。

(6)东农 303

原系谱号为东农 69-10773，由东北农业大学以白头翁为母本、卡它丁作父本杂交育成。极早熟，生育日数 60 天左右，株高 45 cm，茎直立，绿色，生长势强，块茎长圆形，黄皮黄肉，表皮光滑，组织致密，芽眼浅，块茎中等大小，较整齐一致，结薯集中，品质较好，淀粉含量 13%左右，粗蛋白含量 2.5%，维生素含量14.2 mg/100 鲜薯，适合出口和食品加工。春作一般每 667 m^2 产量1 500～2 000 kg，秋作一般 800～1 000 kg，高产者有3 500 kg。因植株较小，适于密植，每 667 m^2 栽植 4 500～5 500 株。要求土壤中上等肥力，生长期应有充足水分，耐湿性较好，不适于干旱地区种植。植株中感晚疫病，抗环腐病，高抗花叶病，易感卷叶病。

☞ 119. 怎样识别并选用适于二作区栽培的马铃薯主栽品种?

马铃薯二作区即一年两作，春天一茬，秋天又一茬。可分为中原二作区和南方二作区，还有西南河谷盆地二作区等。

中原二作区主要是辽宁半岛、河北、山西和陕西的南部、湖北、湖南东部，以及河南、山东、江苏、浙江、安徽、江西等省。这一片地区栽培面积中等，且多是采用粮棉间套的方式。中原二作区无霜期较长，一般在 180～300 天之间，年平均温度在 10～18℃之间，积温在 3 500～6 500℃之间，年降雨量在 500～1 750 mm 之间，因夏季长，温度高，不利于马铃薯生长，故采用春秋两季栽培。春季 2 月下旬至 3 月上旬播种，5 月下旬到 6 月中上旬收获，以生产商品薯为主。秋季在 8 月份播种，11 月份收获，以生产明年春季的种薯为主。

南方二作区包括广东、广西、福建、海南和台湾。无霜期都在 300 天以上，年平均温度在 18～24℃之间，大于 5℃的积温在 6 500～9 500℃之间，年降雨量在 1 000～3 000 mm，一般利用冬闲地栽培马铃薯，可按时间分为秋冬和冬春二季，与中原二作区不同，栽培面积不足全国的 1%。但因为其产量高，品质好，在出口外销方面有重要意义。

西南河谷盆地气温高，无霜期长，夏长冬暖，雨量多，湿度大，也适于马铃薯二季栽培。但由于本区地势复杂，气候的垂直变化显著，在一个区内一年一作与一年二作交错分布，两者合计，可占到马铃薯全国总栽培面积的 40%左右。

现择要介绍其主栽品种。

(1)费乌瑞它

1980 年由荷兰引入的品种。又叫法阿利塔、荷兰 7 号、鲁引 1 号等。该品种早熟，生育日数 65 天，春作每 667 m^2 产量2 000 kg，高产者 3 000 kg；秋作每 667 m^2 产量 1 200 kg 左右。株高 50～60 cm，株型直立，分枝少，茎紫褐色，生长势强。叶片绿色，大型。叶缘呈轻微波状，侧小叶 4～5 对。开花多,蓝紫色,天然结实性强。结薯集中,块茎长椭圆形,皮色淡黄,肉色深黄,表皮光滑,芽眼浅而少,块茎大而整齐,商品率特高。休眠期短,50 天左右。蒸食品质好。干物质含量 17.7%,淀粉含量 12.4%,还原糖含量 0.03%,粗蛋白含量 1.55%,维生素 C 为 13.6 mg/100 g 鲜薯。适于两季栽培和间作套种,株型紧凑,每 667 m^2 4 000～5 000 株。对病毒病有较强抗性,易染晚疫病。块茎对光敏感,栽培应适当加厚培土,以免块茎膨大露出土面影响品质。很适合加工和出口鲜销。

(2)郑薯 6 号

河南省郑州市蔬菜研究所以高原 7 号为母本、郑 762-93 为父母杂交育成。也是一个适于加工和出口的品种。早熟,生育日数 65 天左右,春季一般每 667 m^2 产 2 000 kg,高产者为 3 000 kg,秋季一般 1 600 kg 左右。株高 55～60 cm,生长势强,分枝少,一般2～3 个。叶片大,绿色,侧小叶 4 对。花白色。块茎椭圆形,结薯集中,黄皮黄肉,表皮光滑,芽眼浅而少,薯块大而整齐,商品率很高。鲜薯适于外贸出口。耐贮性好,退化较轻,休眠期 45 天左右。田间无皱缩花叶,轻感卷叶,较抗茶蟥螨和疮痂病,蒸食品质优。干物质含量 20.35%,淀粉含量 14.66%,还原糖含量 0.177%,粗蛋白含量 2.25%,维生素 C 含量 13.62 mg/100 g 鲜薯。适于一季和二季栽培。河南、河北、山东、广东、四川、湖北和内蒙古等地表现早熟、高产。每 667 m^2 栽培 4 500 株左右,播前应注意春化处理或催芽,适时早播,加强肥水管理。

(3)鲁马铃薯 1 号

山东省农业科学院蔬菜研究所育成。株型半扩展,茎秆粗壮,分枝少,株高 60 cm 左右,生长势中等。叶片绿色,肥大，小叶多。花冠白色，花极小，天然不结实。块茎椭圆形，表皮黄色，肉浅黄色，中等大小，芽眼较浅。结薯早且集中，休眠期短。食用品质中等。早熟，生育日数60天。高抗卷叶病和皱缩花叶病，较抗疮痂病。一般春季每667 m^2产1 500 kg，适于山东和中原二季作区栽培，高产者可达3 000 kg。秋季每667 m^2产1 250 kg左右。耐贮性较好。淀粉含量13%，还原糖含量0.01%，粗蛋白含量2.08%，维生素C含量19.2 mg/100 g。每667 m^2栽植4 000～5 000株。

(4)豫马铃薯1号

河南省郑州市蔬菜研究所以高原7号为母本、郑762-93（沙斯基亚×燕子）作父本杂交而成。生育日数65天左右，春季一般每667 m^2产1 500 kg，高产者2 500 kg左右，河南主栽品种。山东、河北、安徽、湖北、四川、广东、甘肃等省栽培，也表现早熟高产。每667 m^2栽植4 500株左右。该品种株型直立，茎粗壮，株高60 cm，分枝少，一般1～2个，生长势较强，叶片大，绿色，侧小叶4对。花白色，能天然结果。结薯集中，匍匐茎连接块茎处较脆，单株结薯4块左右，块茎椭圆形，脐部稍小，黄皮黄肉，薯皮光滑，芽眼浅而少，薯块大而整齐，商品率极高，也适于鲜薯加工和外贸出口。休眠期45天左右。耐贮性好。

(5)中薯2号

中国农业科学院蔬菜花卉研究所育成。早熟，生育日数60天左右，株型直立，茎上有浅褐色，株高65 cm左右，生长势强，叶片绿色，复叶中等大小，侧小叶4对左右。花紫红色，花粉多，天然结实性强。块茎圆形，大而整齐，单株结薯4～6块，皮色肉色均为淡黄色，芽眼较浅，表皮光滑，耐贮性好。休眠期，60天左右。食用品质好，淀粉含量为

14%～17%，还原糖含量 0.2%，粗蛋白含量 1.4%～1.7%，维生素 C 含量 27～32 mg/100 g 鲜薯。植株抗花叶病，田间不感染卷叶病，感染重花叶病和疮痂病，在干旱缺水和土温高时易发生二次生长。每 667 m^2 栽植 3 500～4 000 株，对水肥要求较高，可与玉米间作套种，适宜二季栽培。春季每667 m^2 产 1 500～2 000 kg，秋季每 667 m^2 产 1 000～1 500 kg。

(6)中薯 3 号

中国农业科学院蔬菜花卉所育成。早熟马铃薯品种，出苗后 60 天可收获，株高 60 cm 左右，株型直立，分枝少，茎绿色，叶色浅绿，复叶大，叶缘波状，生长势强。花白色而繁茂，易天然结实。单株结薯数 3～5 块，结薯集中，薯块大小中等、整齐，大中薯率可达 90%以上，薯块椭圆形，顶部圆形，浅黄色皮肉，芽眼少而浅，表皮光滑，淀粉含量 12%，还原糖含量 0.3%，维生素 C 含量 20 mg/100 g 鲜薯，食味好。休眠期 60 天左右。植株较抗病毒病，退化慢，不抗晚疫病。春季每 667 m^2 产 1 500～2 000 kg，秋季每 667 m^2 产 1 000～1 500 kg。稳产性较好。适合于一、二季作地区的早熟栽培，可与玉米、棉花等作物间套作。栽培密度每 667 m^2 4 000～4 500 株，行距 60 cm，株距 25～28 cm。选择质地疏松、肥力中上等的土壤易获高产，播前施足基肥，以农家肥为主，播时适当施种肥，每 667 m^2 施 25～50 kg 复合肥，结薯期(约显蕾期)和薯块膨大期应及时浇水，以获高产。

(7)中薯 4 号

中国农科院蔬菜花卉所育成。早熟、优质、炸片型品种。块茎长圆形，皮肉淡黄色，表面光滑，大而整齐，芽眼少而浅。块茎食味好，每 100 g 鲜薯含干物质 19 g，淀粉含量 13.3 g，还原糖 0.47 g，粗蛋白 2.04 g，维生素 C 含量

31 mg/100 g 鲜薯。适于炸片和鲜薯食用。株型直立，分枝少，株高 55 cm 左右，茎绿色，基部呈淡紫色，叶深绿色，复叶挺拔、大小中等，叶缘平展，花冠白色，能天然结实。结薯集中。极早熟，从出苗至收获 60 天左右。适温条件下，块茎休眠期 60 天左右。植株较抗晚疫病，抗 PVX、PVY，生长后期轻感卷叶病，抗疮痂病；耐瘠薄。北京地区二季作春季在 3 月中下旬播种，播前催芽，6 月中下旬收获，一般地膜覆盖，可适当早播。每 667 m^2 栽培 4 500～5 000 株，行距 60～70 cm，株距 20～25 cm。秋季栽培在 8 月上中旬播种，10 月底收获。一般每 667 m^2 产 1 500～2 000 kg。

二、马铃薯的形态特征和生长特性

120. 马铃薯有哪些形态特征?

(1)根

马铃薯的根有两种。即最初长出的初生根和以后形成的匍匐根。块茎遇有适合的温湿度条件发芽后，便在芽的基部发生初生根。初生根开始都在水平方向生长，一般长到 30 cm，再逐渐向下垂直生长，可深入土层 60～80 cm，是马铃薯用来吸收水分和养分的主要吸收根系。

匍匐根一般 3 条，发生在匍匐茎的两侧和下方，是随着薯芽的伸长，陆续在芽的每个叶节处的匍匐茎上生出的 3 条。匍匐根都是水平生长，一般只长 20 cm 左右。当然，和初生根一样，其生长速度和发生迟早以及根的粗细、长短均依品种、土壤环境、气象条件等有所不同。

(2)茎

马铃薯的茎有 4 种，即地上茎、地下茎、匍匐茎和块茎。

地上茎多直立，断面棱形，有茎翼，也称茎翅，是沿着茎棱长出的波状形的翼状突起。一般情况下地上部主茎在形成 16 片叶子后花芽封顶，个别品种也有长到 12 片叶子即封顶不再生长。很快便在花下发生两个侧枝，主茎上的各叶腋均能发生侧枝。早熟品种分枝力较弱，干旱时分枝也少，种薯退化或是短日照等也会导致侧枝减少。

地表以下的茎为地下茎，节间很短，在间节处生根和匍匐茎，是植株养分和水分运输的枢纽，对植株生长和块茎膨大起着承上启下的作用(图 32)。地下茎一般白色或浅紫色，断面近圆形。匍匐茎也是长在地下的，是由主茎的地下部分演变而来，因为主茎的地下部分叶片虽已退化成鳞片状，但仍有明显的茎节，一般有 6～8 节，节上着生鳞片状叶，叶腋间照样发生侧枝，侧枝伸长便成为匍匐茎。匍匐茎同样能够分枝，同样节处生根。因此，在生长过程中常发现有地下匍匐茎钻出地面，转而成为地上枝条的现象。特别是在培土不当，干旱少雨或温度过高时容易形成。

第四种茎即是块茎，这就是我们的主要食用器官马铃薯地下块茎。是由匍匐茎先端膨大而来的。在匍匐茎先端的第 12 节至第 16 节间均可膨大形成块茎。块茎圆形或椭圆形等。块茎上有芽眼，芽眼就是茎节，其排列顺序也与主茎上的叶序相同。一般每个芽眼有 3 个芽，中央为主芽，两侧为副芽。块茎和匍匐茎相连的一端叫脐部，也叫薯尾部；另一端叫薯顶，薯顶的芽眼分布较多，发芽早，发芽势强，有明显的顶端优势。芽眼中的主芽同样具有顶端优势。但这

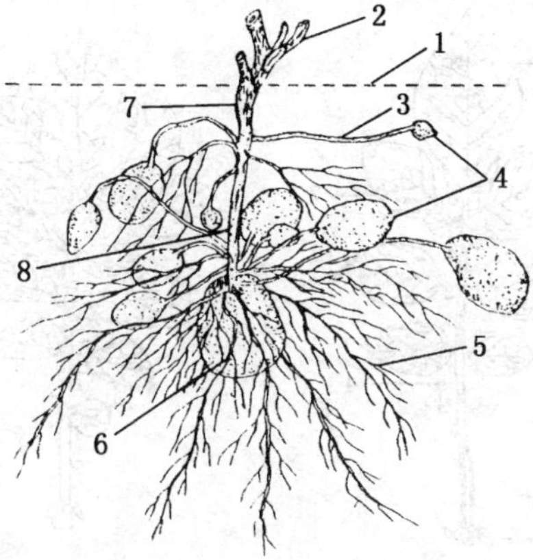

1. 土面 2. 叶柄 3. 葡萄茎 4. 幼嫩块茎 5. 纤维根
6. 种薯 7. 茎的基部 8. 地下茎

图 32 马铃薯根系和块茎的分布状况

种优势可在长期贮藏中消失。芽眼下有眉形线条，叫芽眉，是退化的叶柄痕迹。我国的马铃薯有红、白、黄、紫四种颜色。

(3)叶

马铃薯的叶为奇数羽状复叶，由一个顶生小叶，还有3～5对侧生小叶，以及小叶柄和小叶之间中肋上着生的裂片叶构成(图33)。在每个叶柄的基部两侧还着生一对托叶，形似镰刀。叶片的颜色由黄绿到暗绿，依品种和栽培条件而不同。

(4)花

马铃薯的花序为分枝型的聚伞花序，有白色、粉红色和紫红色等着生于枝的顶端。一般情况下在第一和第二花序开放时，地下部块茎进入旺盛膨大期，菜农们都知道根据开花的时间进行及时的水肥管理，以获得较高的产量。

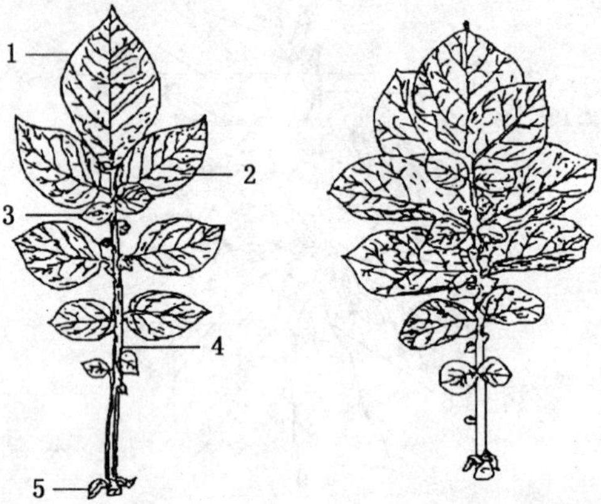

1. 顶小叶　2. 侧小叶　3. 二次小叶　4. 中肋(叶轴)　5. 托叶

图 33　马铃薯的叶

(5)果实和种子

马铃薯属于自花授粉作物，在没有昆虫传粉的情况下，异化授粉率为 0.5%左右。马铃薯的果实为球形或椭圆形，浆果(图 34)。种子较小，肾形，生产上很少采用。虽然也可以用来繁殖，但因后代性状分离大，再加育苗技术麻烦，因此，一般都是利用块茎繁殖。

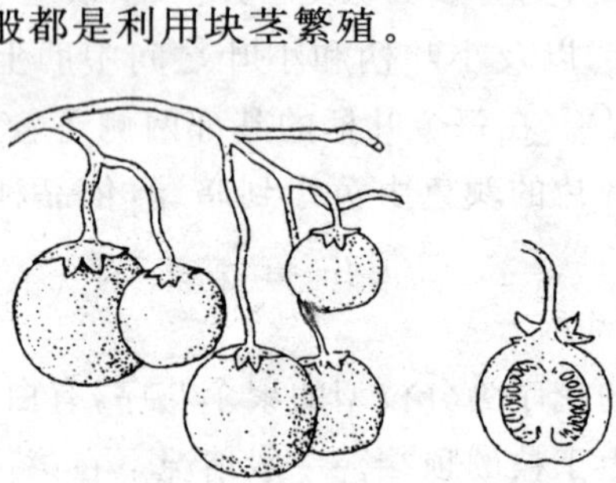

图 34　马铃薯的浆果(程天庆，1996)

121. 马铃薯有几个生长时期?

马铃薯的一生可分为5个生长时期,即发芽期、幼苗期、发棵期、结薯期和休眠期。不同的生长期对环境条件的要求是不一样的,分别叙述如下。

(1)发芽期

这一阶段一般指从种薯解除休眠开始萌芽到幼芽出土。所有的营养都要从种薯中来,管理上应创造适宜条件,利用自然或人工的办法让其解除休眠,加速根茎叶原基的分化和生长。种薯收获以后一般要经过5个月的贮藏,才能达到发芽最适生理时期。

(2)幼苗期

从出苗到第一个叶序环形成,即第6～8片叶平展,属于幼苗期,俗称团棵。幼苗期需要15～20天,生长量不大,但幼苗已出现分枝,匍匐茎已伸出,有的匍匐茎顶端已开始膨大,是进一步发棵结薯的基础时期。

(3)发棵期

幼苗团棵到主茎形成第二叶序环,封顶叶展平,完成主茎的第3段生长为发棵期。一般早熟品种第一花序已开花并发生第一对顶生侧枝。晚熟品种于第二花序开花并于花序下发生第二对侧枝,主茎上也发生部分侧枝。叶片加大,块茎已膨大到3 cm左右,需时为20天左右。

(4)结薯期

开花后结薯,直至茎叶变黄为结薯期,需时约45天。产量的80%在此阶段形成。开花后茎叶光合作用制造的养分大量转入块茎和浆果。

(5)休眠期

地上部茎叶变黄枯死后,马铃薯块茎进入休眠期,即使遇到合适的发芽条件，也不会发芽，这是自然休眠，也称生理性休眠，一般为1～2个月，长的可达3个月以上。自然休眠期过后，在2～4℃的低温条件下，块茎可以长期保持休眠状态。

☞ 122. 马铃薯对环境条件有什么要求？

(1)温度

马铃薯块茎休眠期过后，遇有4℃的温度芽眼即可萌动，5℃发芽。发芽的最适温度为12～18℃，地温在10～13℃时幼芽迅速生长，出苗很快。温度太高时芽条细弱，根数也少。

茎叶生长的适温是18℃左右，6～9℃生长缓慢，叶片扩展的温度下限是7℃，温度下降到－1℃时，植株受冻死亡。温度高于25℃时，茎叶生长缓慢，30℃以上时呼吸作用增强，造成养分分配失调。

马铃薯块茎对温度的反应比茎叶更为敏感，15℃的温度条件下，出苗后7天即形成块茎；25℃条件则要在出苗后21天左右形成块茎。如果播种前块茎贮藏温度较高，播种时又遇到低温，则会产生子块茎(图35)。温度再高时块茎发生次生生长，只能形成小薯(图36)。块茎形成的适宜气温是20℃，适宜地温是15～18℃，块茎膨大最好有适当的昼夜温差，夜间较低的温度有利于块茎的形成和膨大，夜间气温高于23℃则很难形成块茎。

(2)水分

马铃薯的芽条靠块茎中贮藏的水分便能正常生长，但需芽条发根后从土壤中吸收水分才能出苗。因此，播种后要保持土壤湿润，土壤含水量应为田间最大持水量的40%～50%。若土壤过于干旱，不仅影响幼苗出土，还会使薯块

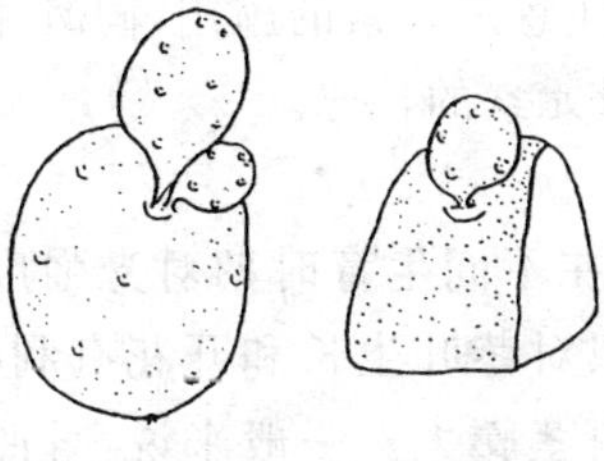

图 35　块茎播种后遇低温产生的子块茎(程天庆,1996)

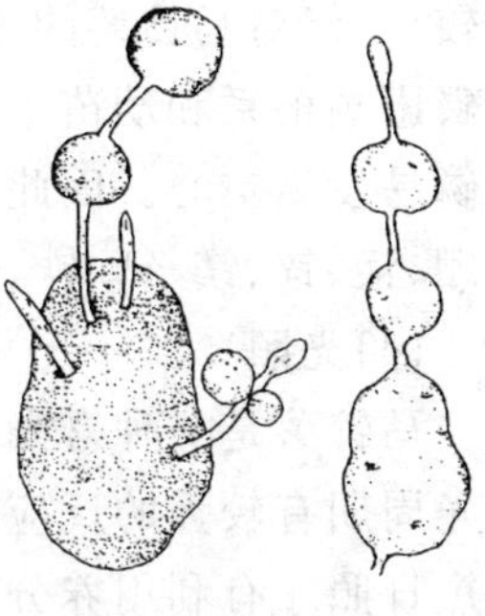

图 36　块茎形成后遇高温产生的畸形薯(程天庆,1996)

干缩,甚至雨后腐烂,造成大量缺苗断垄。幼苗期同样应保持湿润的土壤,短期的水量偏少可以促进根系往土层深处发展,但缺水时间过长则会明显抑制根系和茎叶的生长。

现蕾到开花是马铃薯一生中需水量最多的时期,水分不足时,植株萎蔫并停止生长,常出现块茎停歇和倒青现象。一般来讲在马铃薯生长期中有 300～400 mm 的较为均匀的降雨量,即可满足生长需要。

(3)土壤营养

马铃薯适合在疏松、通气良好的土壤中生长,以壤土和沙质壤土最好。黏重土壤不利于块茎肥大,且易产生畸形薯。不过在黏土地上只要注意施用有机肥料或掺沙改良后,同样可以获得好收成。马铃薯在微酸性土壤是生长良好,pH 值在 4.8～7.0 之间。碱性大时影响出苗。

每生产 1 000 kg 新鲜的马铃薯需吸收氮 5～6 kg,磷 1～3 kg,钾 12～13 kg,K∶N∶P 为 4∶2∶1。钾肥充足,才能保证高产优质,不仅植株健壮,枝叶坚实,叶片肥厚,而且抗病,对促进光合作用和块茎膨大有重要作用。氮肥充足,才能使茎叶繁茂,光合作用旺盛,有机物积累加快。磷肥需要较少，但对马铃薯的生长发育和增产作用非常显著，早期缺磷影响根系和幼苗生长，花期缺磷叶片皱缩变小，结薯期缺磷易发生空心。因此，首先应注意三要素的施用，同时注意硼、锰、锌、镁、钙、铁、铜等微量元素的补充。

(4)光照

马铃薯是一种喜光植物，但在不同生育时期对光强度和光周期有较强的反应。长日照对茎叶生长和开花有利，但短日照才有利用养分积累和块茎膨大。一般来说，日照时间以 11～13 h 为宜。在幼苗期的短日照再加上强光照和适当的高温，不仅可以壮苗促根，且有利于提早结薯。发棵期要长日照才能形成强大的同化系统。结薯期则除了较强的短日照，还需有较大的昼夜温差，加速同化物质的运转，提高块茎产量。

当然，还应注意增施有机肥，提高二氧化碳的浓度。因为马铃薯的光合作用需要很多的二氧化碳。

三、马铃薯生产技术

☞ 123. 马铃薯栽培怎样整地、施基肥？

马铃薯的生长器官生长在土中。用块茎繁殖的植株虽没有主根，但在芽眼周围发生大量的芽眼根或初生根，在生长期中又在每一根匍匐茎的周围发生 3～5 条匍匐根，形成强大的须根系，几乎占据了整个 25 cm 以内的表土层，而且主要根系都在水平方向或在倾斜生长 30～60 cm 后，部分根系便折而向下垂直生长，达到1 m 或更深的土层，且晚熟品种和较抗旱的品种，根系越强，对土壤的要求越高。

(1)选地

一般来讲，种植马铃薯应尽量选择地势平坦，旱能浇，涝能排的地块。土壤耕作层力求肥厚、疏松。选用沙质壤土最佳，因为马铃薯是须根作物，这种土壤非常有利于须根的生长，为高产优质打下了良好的基础。对于土壤酸度的要求应该是微酸性的较好。

马铃薯是比较耐连作的，但最好与禾谷类作物轮作，不仅可以取得高产，而且能保证产品品质。特别需要指出的是马铃薯不能与茄子、番茄、辣椒、烟草等茄科作物连作。具体来说，春作马铃薯的前茬应选小米、棉花、大豆，菜地马铃薯的前茬应选大葱、白菜、萝卜、甘蓝、黄瓜、菜豆，秋作马铃薯前作应选麦田，或是瓜类、豆类。南方地区则多选水稻。水田栽培则应水旱轮作。

(2)整地

首先应该明确马铃薯的根系和块茎的生长对氧气有着很高的要求。举个例子，在苗期按照 1 g 干根每小时耗氧 6.7～12 mL 计算，是其他作物耗氧量的 5～100 倍。所以要将种植马铃薯的田块整好是非常重要的，但不能千篇一律，应该考虑到时间和地点的区别。

南方马铃薯冬作区，前茬多是水稻。晚稻收获后要立即排干积水，犁耕灭茬，翻土晒垡。其他栽培春薯的田地，应在秋作物收获后，结合施基肥立即进行深耕，使其冻垡，冻死土壤中越冬的害虫，风化土壤。冬季雨雪稀少的地方，应在耕后立即耙地，以利保墒。基肥也可以在春季土壤解冻后播种前结合浅耕施用。也可进行冬灌或春灌，以满足马铃薯播种后薯块发芽和出苗对水分的需要。春季解冻后，要及时早耙、早耕，且应该随耕随耙，及时播种。前茬若是越冬绿叶菜，收后应立即耙地灭茬，并要耕翻两次，细耙后才能播种。

在春作区，冬季深耕一般不能浅于 23～25 cm，最好是 30 cm 左右，耕地过浅，保墒能力差，影响生长和产量，品质也下降。过浅了雨后水不易下渗，常形成田间积水，会造成植株死亡或块茎腐烂，对于既怕旱又怕涝的马铃薯来说，深耕尤其重要，且应深浅一致，不漏垡，这样才能保证薯皮光滑，薯块发育良好。

春耕应在冬耕的基础上进行，深度不能超过冬耕，以免使冬耕已翻入土壤下层的杂草种子和虫卵再翻上来，一般只要求 12～15 cm。秋作马铃薯要在春夏作物收获后，立即施肥、浅耕、灭茬、耙地，播种前若长出杂草，需要再一次耕耙灭草，这样才能减轻杂草和病虫的危害。

南方雨水多的地区种植马铃薯均采用高畦，畦宽 85 cm，沟宽 30 cm，畦上种两行，行距 25～30 cm，株距 25 cm 左右。北方以及干旱少雨的季节和地区，多是平地开沟播种。

(3)施肥

马铃薯是高产喜肥作物，底肥一定要充足，高产者每 667 m^2 要施入腐熟农家有机肥 5 000～6 000 kg，一般也要求每 667 m^2 施入 2 500～3 000 kg；另外每 667 m^2 还应再施入磷钾肥 50 kg，增产效果比较明显。马铃薯对钾肥的需求量最大，一般来讲，每生产 100 kg 块茎，需吸收钾肥 1 kg，氮肥 0.5 kg，磷肥 0.2 kg。667 m^2 产量为 1 600 kg 的地块，每 667 m^2 需要氧化钾 18 kg，磷酸 4.4 kg，氮 10 kg。在马铃薯生长初期和末期各吸收 25%，生长中期吸收 50%。

在底肥不足或耕地前来不及施肥的，可在播种时每 667 m^2 施入优质堆肥 500～700 kg，配合施入 3.5 kg 尿素，10 kg 过磷酸钙，也可施入复合肥或饼肥。沟施或穴施均可，但在施入肥料后最好深锄一次，以使土肥混合，有利播种。

☞ 124. 马铃薯栽培怎样挑选种薯?

一般来讲，北方一季作区选用的马铃薯品种，应具备优良的经济性状和农艺性状，以及较强的抗逆性。用于鲜食应选中早熟丰产良种，用于加工淀粉的，要选白皮白肉，淀粉含量高的中晚熟丰产品种；但用于加工油炸土豆片的品种其还原糖含量要低于0.5%，淀粉含量不低于 14%；作饲料用时，可选择蛋白质含量高、龙葵素含量低的丰产品种。

在中原二作区，由于春薯和秋薯的生育期，特别是结薯期所遇的环境条件不同，即春薯在结薯期正是夏季的高温长日照，而秋薯结薯期又正是短日照的冷凉条件，这就需要选择日照中性的早熟高产品种，才能在两季作都能正常结薯，且要求块茎休眠期短或易于解除休眠，因为春薯要为秋薯作种，秋薯又为翌年春薯作种，休眠期长了自然不行。对病毒性退化和细菌性病害也要有较强的抗性。

南方二季作区情况不同，秋薯不作种用，多供应市场；春薯又在冬季播种，收得很早，可供两季用种。种薯有 6～9 个月的贮藏期，贮藏期间应注意通风降温。西南单双季混作区，海拔较低的二作区同中原二作区，利用秋薯留种，可选用休眠期短的早中熟品种；和玉米套种的用早熟品种。高原山区则选用中晚熟的休眠期长的品种，当地一些山区是马铃薯的名产地，种薯只有轻微的退化，可以山上留种山下用。也有利用实生种子作播种材料的，但需经过育苗移栽，生长期长。高海拔地区可以露地越冬留种，翌年播种前 1 个月左右挖起晾晒后即可播种。

马铃薯的栽培除了定好适宜播种期外，还必须注意精选种薯。一般到了春季，只要不使种薯受冻，就应该尽早出窖，最迟也应在播种前25天左右出窖，使之见散射光，以抑制萌芽，也可使白嫩的幼芽绿化，并变得稍蔫一些，坚韧一些，以减少碰伤或折断。

作种薯的薯块必须规整，符合品种特征，大小适中，薯皮光滑，颜色鲜正，其他不理想的薯块应一概剔除。马铃薯块茎作种，含水量多，用种量大，每667 m^2 一般应备足100～125 kg；种子田要的更多，且全部是小整薯，每667 m^2 要有250～300 kg。

过小的薯块一般不宜作种，因为小薯块在植株上生长的时间较短，休眠期较长，种薯幼嫩，养分不足，播种后出苗晚，幼苗生长弱。大薯块种下去母壮儿肥，产量高，但用种太多，不合算。在贮藏期间中若窖温过高使种薯萌动发芽，可选幼芽粗壮的薯块作种，幼芽纤细的多是感染病毒的退化薯块，不能作种。

薯形不正，芽眼坏死，脐部腐烂，皮色暗淡，表皮老化，尖头畸形，以及长形薯变圆，圆形薯变长，芽眼突出，龟裂损伤者均不能选作种薯。因为种薯的好坏，直接影响播种质量、出苗、产量和品质。

125. 马铃薯栽培怎样处理种薯？

种薯处理对马铃薯是非常重要的，处理得好，可以增产1～2倍，至少也可增产30％以上，而且可以提高品质。

(1)暖种

暖种也就是春化处理。在马铃薯产区，大面积栽培普遍使用，是促进块茎萌动，提早出苗的重要技术措施。播种前种薯怎样进行暖种呢？一般是将选好的种薯摊在室内，下面铺好草毡或是干沙。厚度 25 cm 左右；也有的是装在箩筐内进行。温度保持 15～18℃，最高不要超过 20℃。

春化处理都在播种前 25 天左右开始，休眠期长的品种可以适当提前几天，处理期间应每 7～8 天翻动一次，使种薯上下温度均匀，幼芽生长一致。待芽眼萌动发芽后，即可切块播种。

春化处理也有在阳畦、温床、日光温室、塑料大棚、小拱棚或回龙火炕进行的，但在白天一定注意放风，夜间覆盖保温。在处理过程中，必须随时淘汰剔除病薯、烂薯以及一些退化不合格的薯块，进一步优选种薯，保证出苗整齐，生长一致。

实际上，暖种也是一种催芽的办法。早春温度低，马铃薯在播种后要 35 天左右才会出苗，为了提早出苗，增加马铃薯在田间的生长日数，提高产量，必须催芽。尤其是在二季作区，若早播不能早出苗，晚播生育期延后，受高温雨季影响，极易造成退化和田间烂薯。

(2)催芽

一种是室内催芽。将块茎切块后，混以湿润的土壤(1∶1)，摊开，宽 1 m，厚 30 cm 左右，上面和四周均盖好 7～8 cm 的湿润土，保持 15～18℃，芽长到 5 cm 时将块茎扒出播种。也可先将湿土摊平，厚 7 cm，上放切块，盖上 5 cm 土，再放一些切块，再盖土5 cm 厚，这样可放 3～4 层，最后再盖土一层。这是一种催大芽的方法，近几年来，为使马铃薯提早上市，搞早熟栽培，多使用早熟品种催大芽；再加之播种以后覆盖地膜，可以提早 20 天上市供应。

若种薯在窖内已萌芽，芽长 1 cm 时可出窖，平铺在室外见光，使其成为浓绿色，只要幼芽不超过 10 cm，就可采用此法。待芽子变绿，变坚韧后即可切块。

中熟品种在二季作区种植，必须催大芽，催芽后结合芽绿化，还需在播后覆盖地膜，才能早播早出苗，满足中熟品种较长的生长日数，大幅度提高产量。早熟品种、极早熟品种进行早熟栽培，也应催芽，早播，盖膜，也可获得早收早上市，但一般应以暖种和催小芽为宜，催大芽很容易引起早衰，也会影响到产量。小整薯播种也应进行暖种和催小芽，可以早播早收，也可以获得较高的产量，保持较好的种性。否则小整薯播种往往比切块播种出苗晚。

种薯可以和湿沙或湿锯屑互相层积于温床、温炕或木箱，保持10～15℃，厚度50 cm；也可以先切块，后层积催芽，芽长1～3 cm时取出播种。或者将种薯置于明亮的室内，当芽子长到1～1.5 cm，且种皮变绿，幼芽紫绿时切块播种，处理中要经常翻动，以使均匀见光。此法需要40多天。

催芽不仅可以早熟，挑除病薯，也可以躲过晚疫病发病期和一些旱、涝、霜冻等自然灾害。催芽的时间因品种和休眠期不同，一般仅为20～25天，幼芽绿化需要7天左右，整薯播种提前7天进行催芽。

(3)药剂处理

这里主要说的是“920”（赤霉素）浸种。在种薯尚未发芽，或者未经暖种的种薯，切块后使用“920”浸种催芽。经过春化处理催芽的种薯无需使用“920”浸种。只是有地方购置的种薯较晚，已近播种季节，来不及暖种催芽的，可用“920”浸种，也可以有催芽的作用。但浓度要严格掌握，浓度过高会使叶片细小，节间拉长，一个芽眼长出很多细瘦苗子。浓度适当才可促进块茎酶的活动，打破休眠，使幼芽细胞伸长，幼苗粗壮。切块浸种浓度为0.3～0.5 mg/kg水溶液，浸种时间为30 min。整薯浸种，以5 mg/kg水溶液为宜。

依品种和休眠状况不同，药剂的浓度和浸种时间不同。对于已出芽但芽子不到 0.2 cm 的，可用 0.1～0.2 mg/kg 水溶液浸种 10～15 min。没有出芽的浸种浓度，丰收白用 0.2～0.25 mg/kg，白头翁用0.4～0.5 mg/kg，郑薯 2 号用 0.5 mg/kg。也有用50 mg/kg甘油赤霉素液于播种前 15～20 天，涂抹种薯顶部芽眼或用喷雾器喷布种薯，其药液中酒精∶水∶甘油为 1∶3∶1，也有很好的效果。

以上办法都是在春季低温期，播种前浸种催芽处理种薯的办法，各地可依具体情况酌情使用。

(4)抑芽炼芽

马铃薯南方冬作区和西南单双季混作区，秋冬季使用的种薯都来自春薯。贮藏期可达 6～7 个月，为了在萌芽后控制芽条徒长，减少种薯水分和养分的损失，采用架上散光炼芽的办法，架宽 1.6 m，架高 3 m，分层摆设，层间距 30 cm 每层摆种薯 1～2 层，效果很好，架藏期间要经常检查，翻动薯层，使其均匀见光，并随时剔除病薯、烂薯。

126. 马铃薯栽培怎样将种薯切块？

马铃薯是用块茎播种进行无性繁殖的，切块播种不仅可以节省种薯，且可促进种薯早发芽，早出苗。尤其是在春播时温度较低，播种后也不会发生烂种，但切块应大小均匀一致，1 kg 种薯可以切成 45～50 块，切块过小，产量不高。

切刀要用 78%的酒精或 3%来苏水消毒，当然也可在火炉上烧烤 30 s，然后在冷水中浸一会儿即可继续使用。切刀应该无锈，刀刃要快而薄，这样才能使切面平齐，也有利于刀口愈合。

一般都在播种前或催大芽前的 1～2 天进行切块，切后可以摊放在室内或装入篓内，以使刀口愈合，形成新的木栓层后，再行播种或催芽。

马铃薯的块茎也是有顶端优势的。顶端的芽眼萌动快，发芽早，而脐部的芽眼则萌动慢，发芽迟。在顶部芽眼很多，而脐部则很少。根据这一特点，25 g 以下的薯块，只将脐部切去即可。50 g 以下薯块可纵切两块，80 g 的薯块可上下十字切成 4 块，较大的薯可先切脐部，切到中上部再十字上下纵切，大薯也可以先上下纵切，然后再分切。切口应尽量靠近芽眼，可促进早发。每个切块最少应有一个芽眼，但切块较大时，也可以对准主芽一分为二，这样主芽即使破坏，两旁的潜伏芽即副芽照样可以萌发生长，切块最好切成立体三角形，有皮有肉，平衡营养，生长一致。

由于切块播种容易染病和缺苗，有时采用整薯播种，整薯营养多，生命力旺盛，省工省器具，有利于机械化播种，保证全苗。一般来讲，整薯越大，产量越高，但投入成本也相应提高。如果采用整薯播种，应以 50～60 g 的小整薯比较适宜。

127. 春薯栽培怎样播种?

(1)播种期

从全国范围来看，一年四季都有播种马铃薯的，具体到每一个地方，则必须根据当地气候条件严格掌握播种期。但最好要设法将块茎形成期安排在适于块茎膨大的季节，即平均气温不超过 23℃，日照时间不超过 14 h，并有适量雨水。

以春季马铃薯而论，应该适时早播。虽说适时早播气温偏低，不能很快出苗，但地温已较稳定且在逐日升高，有利于根系发育，出苗后生长良好。再说适时早播的还是早出苗，因而也就比一般的播期早结薯，也可以提前收获，避开各地的后期高温。而且田间烂薯少，退化现象也较轻，种性好，后代播种后产量也高。

一般来说，在当地晚霜期前 20～30 天，气温稳定在 5℃以上时即可播种，河南、山东等二季作区的春播适期在 2 月下旬到 3 月上旬，山区高寒地带一季作区的适宜播期应从 4 月上旬开始到 5 月上旬。城市郊区的早熟栽培，由于采用早熟品种催大芽，且在播后盖地膜等，播期可以提早 10～15 天，但在出苗后要注意防止霜冻。

适期早播实际上应当以当地终霜日期为界，并向前推 30～40 天为正确播种期。因为春播日期关系到收获期的早晚和产量的多少。从中原二季作区的情况来看，5～6 月份的气温已达到或超过马铃薯生长适温的高限，且很快又到雨季，若在 3 月份播种，4 月份齐苗，实际见光生长日数也不超过 70 天左右，因此，春季栽培的各项技术措施应在“早”字上下功夫，一定要做到在当地断霜时齐苗，热季雨季到来时保产量。

经验证明，离播种适期每推迟 5 天，减产 10%～20%。华北地区在播种前使芽条经受低温锻炼，即使播后遇有轻霜冻，也无关紧要，有时冻坏了顶部，下部又会发生新枝，产量还可以有一定保证。当然就处理出芽的情况来看，已出芽的可适当晚播，未出芽的要早播。春季播种过晚，便会推迟马铃薯生育期，不仅产量低，而且品质差，收获后不耐贮藏，块茎感病烂薯，尤其是病毒病感染严重，引起病毒性退化，更不能留种作种。

(2)播种方法

马铃薯的播种栽植方式有 3 种，即垄作、畦作和平作。

垄作适用于生育期雨量较多的地方，如东北各地，或是需要灌溉的地方，如华北各省。垄作可以提高地温，在一些高寒山区，早春垄作播种有利于防寒提温，促进早熟，且便于培土和集中施肥，有利于土壤空气交换，可减轻风蚀虫害，为块茎的形成和膨大创造了条件。在地势低洼、土壤黏重的阴湿地块，也多使用垄作栽培。但垄作的缺点是不抗旱。

垄作的方法是开沟种植，后培土成垄，盖土厚度约10 cm。有些地区是将薯块播在土壤表面，上面覆土成垄，由于覆土较薄，土温较高，栽好后出苗较早，且苗齐苗壮，但也不抗旱。垄作适于雨水较多，墒情较足的地区采用。有的地区栽培是先起垄，在垄上开沟摆播，播后覆土增压保墒，种薯处于地面以上，这种方法在多雨易涝地区常用，遇涝可排水，浇水不漫灌。河南等地的马铃薯早熟栽培多利用开沟播种起垄，便于地膜覆盖，每垄双行，可充分利用地膜，也便于间作套种。一般是垄距 80～100 cm，沟深 8～10 cm，再开沟播种一行，播后用两边的土覆盖并轻度镇压。

畦作主要在华南和西南地区采用，且多是高畦，畦高20～30 cm，畦宽 85～200 cm，85 cm 宽的高畦，一畦栽两行，株距25 cm 左右，畦的高低和宽度均依地势和土壤松黏度决定。因前茬多是水稻田，所以要便于排水。栽植时在畦上开 10 cm 深的播种沟。施种肥后播种，覆土于畦面平。

平作多在气温较高，但降雨又少，干旱而又缺乏灌溉的地区。如山西北部、河北北部、内蒙古、甘肃、青海等干旱地区。播种时先开沟，将切块摆在沟内，然后将沟盖平。也有的用犁开沟，将切块摆在半坡、离地面 9 cm 处，用犁盖土，每隔 2～3 犁播种 1 行，播后耙翻过来，将地耙平，这样土壤水分蒸发少，有利保墒。开沟后先施肥，再播种。也可以用锄开穴,穴深 8～10 cm,施肥摆块,每穴1～2 块,开一穴再开一穴,依序进行,有利保墒。施肥后一般均应将肥料和土混合掺匀,再摆种,干旱地区注意镇压。

(3)栽植密度

马铃薯的栽植密度究竟多少算合适,这要因时制宜,因地制宜,因人制宜,也受播种方法和品种的影响。春薯比夏秋薯稀,也比夏薯和冬薯稀。中晚熟大秧品种比小秧品种稀。土地条件好时要稀,土壤瘠薄时要稠。管理水平高的种植能手一般栽培密度较稀,整薯播种要稀,大薯播种要比切块稀植。但不管何时何地何人,马铃薯的种植密度要根据单位面积上所允许的最适叶面积系数来决定。叶面积系数是总叶面积与所占土地面积之比,合理密度以叶面积系数达到 3.4～4 为宜。如果测定单株叶面积为0.8 m^2 时(晚熟大秧品种),每 666.7 m^2 栽植系数应该是:

每 667 m^2 株数=(叶面系数×666.7 m^2)/单株叶面积(m^2/株)

=(4×666.7)/0.8=3 334 株

一般情况下,为了使叶片有个合理的分布,有效提高叶面积系数,增强光能和地力的利用率,也便于培土和通风透光,行距应该尽量宽一些,在保证密度的情况下缩小株距,垄作行距应在 60～80 cm,株距 20～25 cm。稀者每 667 m^2 为 3 500～4 000 株,密植者为 5 000～6 000 株,甚至 7 000 株都是可以的。

☞ 128. 春薯栽培怎样田间管理?

马铃薯从播种到收获需 90～150 天,从出苗到收获 55～70 天,只有 2 个月的时间,外界条件又很是不利早春播种后前期温度偏低,不利于茎叶生长,后期温度高又不适块茎膨大，起码在中原二作区这个矛盾是非常突出的，其他一些产区也同样有这个问题。这就需要掌握田间管理技术，来调整和缩小外界气候与马铃薯生长发育的矛盾，促进稳产高产。前期的管理要早动手，早管早发，猛促茎叶生长，到了后期要适当控制，这样才能保证产量。

(1)出苗前的管理

出苗以前的管理主要为整薯出苗创造条件。在北方一作区，马铃薯播种后约需经过30天时间，幼苗才能钻出土面。在马铃薯出苗前，往往已经杂草丛生，特别是一些一年生杂草，如狗尾草、灰灰菜、野苋菜等，只要有适当的湿度，很快就会长出来，待马铃薯出苗时，杂草已经满布田园，对马铃薯的出苗影响很大，造成幼苗生长势减弱，所以出苗前管理的第一件事情就是对付杂草。

第一个办法是在马铃薯出土以前3～5天进行一次中耕除草，此时杂草还很小，也很幼嫩，地下部只有一条主根，须根很小或者还没有长出须根，用铁耙中耕一遍，效果很好，大部分杂草都会被消灭。当然，除草要在晴天进行。第二个办法是使用除草剂。马铃薯出苗以前是使用除草剂的最理想时间。因为马铃薯对不少的除草剂都很敏感，药雾若喷到马铃薯叶片上，轻者叶片变形，叶面皱缩，重者会使叶片枯死。所以除了少数除草剂可在出苗后使用外，一般都应在出苗前使用。

(2)追肥

由于马铃薯管理上实行前促后控的原则，追肥也必须及早进行，一般在底肥充足的基础上应追肥两次。第一次追肥应在刚出苗后进行，马铃薯的苗期很短，但也是扎根发棵和结薯奠基的关键时期，苗出齐后力求抓紧时间早追肥，并结合查苗补苗，及早中耕或浇水。追肥应以速效性氮肥为主，每 667 m^2 可施入氮磷钾复合肥 10 kg 或碳酸氢铵 40～50 kg，施其他氮肥也可以，但以纯氮量计算，每 667 m^2 应施足 3～5 kg。苗期中耕要在行间深锄，要灭净杂草，并结合中耕浅培土。第二次追肥在马铃薯开花初期进行。每 667 m^2 可施入氮磷钾复合肥 15～20 kg，也可以施入尿素 10～15 kg。一般第二次追肥结合培土进行，但应根据马铃薯生长情况决定，如果底肥充足，生长势旺，可以少追或不追。氮肥过多，易引起后期枝叶徒长，影响养分积累。追肥也可以用硝酸铵或硫酸铵，但要避免使用氯化铵或氯化钾等含有氯离子的肥料，否则会影响马铃薯体内淀粉的合成，降低块茎品质。追肥后要注意灌水，提高肥效。

(3)灌水

马铃薯是既不耐旱也不耐涝的蔬菜作物，浇水应根据需要来进行。应该说，春薯栽培前促后控，浇水也要及早安排，但在马铃薯苗期地温和气温都偏低，浇水会把地温降得更低。再说这个时候，植株小，叶片少，叶的蒸腾量小，土壤蒸发量也小，即使土壤水分少，只要不是特别干旱，就可以通过深中耕来解决，因为“锄头有水”，中耕不仅可以保墒，且能提高地温，有利于根系向纵深发展，增强根系的吸收能力，使幼苗茁壮成长。只是在土壤过干时才浇水，浇水后要及时中耕，防止土壤板结。

到了现蕾开花以后，地上部已成长为强大的株丛，地下部块茎也进入膨大盛期，气温也在不断提高，就必须及时供水，因为这一时期是马铃薯需水量最大的时期，缺水则对生长影响很大。要经常保持土壤湿润，不要让地表发干。多数情况下 7～10 天一水。当然，水分如果过多也不利于马铃薯的块茎膨大，且对植株的正常生长有影响，所以在生长后期尤其要注意排水，以免烂薯。

(4)培土

马铃薯的培土工作一般都结合中耕进行，为的是给马铃薯的块茎生长创造一个深厚疏松、保水通气的良好环境。培土主要是在出苗后到开花期之间进行2或3次，最后要形成15～20 cm的高垄。如果是三次培土，第一次是在苗高5～6 cm时进行；第二次是在苗高20～25 cm时进行；第三次在开花前进行，培土厚度逐渐增加。两次培土的，第一次可在现蕾初期进行，培土厚度3～4 cm，这时候马铃薯匍匐茎顶端已经开始膨大，及时培土可以防止地下茎窜出地面形成新的植株；第二次培土在开花初期进行，培土厚度4～5 cm，这时块茎膨大已进入盛期，及时培土还可以防止块茎露出地面。

培土的主要作用是培成的高垄土壤疏松，土壤与空气的接触面大，夜间散热快，昼夜温差大，浇水不淹顶，垄上不板结，有利于块茎肥大。不培土或培土过浅时，块茎露出土壤表面会见光变绿，块茎内龙葵素等毒素增加，降低食用品质，或基本失去商品价值。

如果发现马铃薯茎叶徒长，可进行深耕，但只能在封行前进行，也可用控制浇水的方法进行抑制。使用抑制剂效果更好，可以用50～100 mg/kg的多效唑或1～6 mg/kg的矮壮素喷施叶面，这样可加速茎叶中的养分向马铃薯块茎中转移。

(5)收获

马铃薯的生长期越长，产量越高，北方一季作区应尽可能地延迟到茎叶枯黄时收获。当然，在实际栽培中，为了提早供应市场，也可以在规定的收获期以前半个月陆续收获。种用薯也要提前收获，以免后期的高温和蚜虫带来病害和降低种性。商品薯则可以在不受雨季影响的情况下多长些日子，提高产量。中原地区的早熟品种一般在 6 月底前收获，中晚熟品种在 7 月上旬收获。

收获马铃薯要避免淋雨日晒，应在雨季前收获完毕，因为即使雨季之后收获也易形成烂薯。一般应选晴天，上午 10 时以前或下午 3 时以后进行，尽量避开烈日暴晒。大面积收获应提前 1～2 天先割去地上部茎叶，然后用犁冲垄，将块茎翻出地面，人工采拾，最后是隔行犁收，收得干净，面积小的可以人工刨收。随刨随收随运，中午运不走的要堆成堆，用茎叶盖严，防止日晒。

☞ 129. 秋薯栽培怎样播种？

秋薯栽培的季节一般是从 8 月份开始，到 11 月份收获的，气候变化的规律与春薯完全相反，前期温度高，日照长，后期温度低，日照短，前期适宜地上部茎叶的生长，后期适宜地下块茎的膨大。这就是说，秋季的气候比春季更为适合马铃薯的生长发育。只要讲究种薯处理和播种技术，保证全苗，一促到底，就会有好的收成。因为秋薯是有秧就有薯，前期加强管理，形成强大的茎叶，合成和制造足够的养分，后期低温短日，且有较大的昼夜温差，很有利于块茎的养分积累和膨大。具体播种技术如下。

(1)整薯播种

秋薯栽培播种期正是 8 月份高温多雨的季节，切块播种很是困难，轻者烂块死秧，重者全都死亡，这种例子实在是太多了，这是多年来影响马铃薯秋栽发展的主要原因。自从推广了整薯播种以及相应的管理技术之后，为秋薯栽培，特别是二季作区的秋薯栽培解决该问题，大大减少了秋季烂秧死苗，防止了退化，提高了产量。

①整薯的标准。秋播用的整薯应是春季种子(春薯)提

前收获，并经过精选的50 g左右的小薯块。因为只有提前采收，才能使种薯免受高温影响，也才能免受蚜虫危害，很少感染病毒病，或者病毒性退化较轻，从而使种性更好，后代产量高。

整薯播种，需种量一般比切块播种量多1倍以上，这就是说，每667 m^2 需要50 g左右的小薯块300 kg左右。这些小薯块都应该无伤，无病，无裂痕，皮色鲜艳，大小适中。如果每个小整薯偏大，还需相应增大播种量。

如果不进行严格的选种，只是一般的小种薯播种，是达不到目的的。因为春薯作种，病毒含量高，退化严重，退化植株上所结之薯块也不符合要求，不仅有病，而且瘦小，利用这种小整薯播种便形成恶性循环。因此，一定要选健康无病的不退化植株上所结小整薯作种，且应提前收获，才能达到上述目的。

整薯播种比切块来讲，薯块较大，母壮儿肥，播种后幼苗粗壮，生长发育正常，病害少，产量高，一般情况下，比切块播种的田块增产50%，管理好的可成倍增产。

整薯播种田出苗率都在95%以上，不仅因为无切块伤口很少有杂菌感染，且因整薯有完整的皮层保护，播种后遇有干旱、雨涝，甚至下大雨或田间短时间积水，也能正常出苗。当然也杜绝了由于切块时借切刀传播病毒的机会。整薯播种要比切块简单得多，很受农民欢迎。

整薯播种的成本并不高，虽说播种量比切块多了1倍，但用来整薯播种的50 g左右的小薯基本上没有商品价值，或者说商品价值很低，多数地方只是用作饲料，因此实际上的投资并不大，再加之整薯播种产量增加，就更合算了。

②整薯的处理。整薯播种后较切块播种出苗慢，加之春薯作种，秋播时种薯还处在休眠状态，除了一些休眠期极

短的品种，如丰收白、郑薯3号等，能直接出苗外，都不能正常出苗。因此，整薯必须在播种前进行催芽或药物浸种催芽，才能正常出苗，现将处理方法介绍如下。

整薯秋天播种，须用较高浓度的"920"（赤霉素）溶液处理，才能打破块茎休眠，确保苗齐苗壮。休眠期短的品种，可用2 mg/kg的"920"（赤霉素）溶液浸泡20～30 min，休眠期长的品种用10 mg/kg的"920"（赤霉素）溶液浸泡20～30 min，然后用湿沙催芽。一般品种可用5 mg/kg的"920"（赤霉素）溶液在播种前5天浸泡5 min，然后捞出随即埋入湿沙中催芽5天，待芽长1～2 cm时播种。

"920"（赤霉素）溶液的配制一定要准确，因为马铃薯对"920"（赤霉素）很敏感，要先用酒精或高浓度白酒溶解，然后加水配成水溶液，配成的水溶液只能使用1天。购买"920"（赤霉素）溶液一定要注意厂家，要看清楚所标的有效含量，否则无法配制。比如配制5 mg/kg，如果有效成分含量为85%，则1 g"920"（赤霉素）粉剂应加水170 kg，市场上出售的粉剂赤霉素含量85%的较多，如果是100%的含量，则应加水200 kg，如含量为50%，则加水100 kg。马铃薯品种的休眠期越长，浓度越大，浸种时间越长。各个品种都有各自的适应浓度，处理前注意调查研究，切勿乱用。在湿沙催芽期间不要随便喷水。

如果时间来得及，也可以在播种前25天左右用沙床催芽，不用"920"浸种。办法是先用干净井水将整薯浸一下，捞出后埋入湿沙中，铺沙5 cm，摊放薯块厚20 cm，上面和四周均盖湿沙5～6 cm，每2天喷水一次，芽长2 cm时即可播种。严防湿度过大烂种。

③整薯的来源。整薯秋播，优点很多，从哪来那么多整薯呢？这里介绍一下阳畦整薯的培育技术。就是利用风障

阳畦在冬季播种马铃薯,早春收获,秋季再种的方法。也可以使用塑料大棚和塑料小拱棚。一般均需在冬前建好,并施足腐熟的有机肥料,整地待播。

阳畦播种期要适期早播,中原二作区一般应在11～12月份播种,翌年3月份收获,且采用高密度,每平方米40个为宜,双行单垄,垄距60～65 cm,垄内小行距10 cm,行内株距8～10 cm,每667 m^2栽植9 000～10 000株,按每株结薯3～4个计算,每平方米可收得小薯120～160个。

播前半个月盖膜提温,夜间应加盖草毡。播种选晴天进行,开浅沟播种,覆土12～15 cm,并加盖地膜。出苗前密闭保温,出苗后白天应保持22～28℃,夜间10～14℃,草毡应设法早揭晚盖,以保证充足的光照,阴雨天也应揭开,以防止植株黄花。天暖时要适当通风,浇水1～2次,并667 m^2 追氮磷钾复合肥10 kg。

待块茎的直径长到3～4 cm时即可收获,应该在当地有翅蚜发生高峰期前收获完毕,且应保证种薯收后能有4个月的贮藏期。收获早的产量较低,但秋播后出苗早,苗齐苗壮,产量高。因此,收期不可太晚。收后装筐,放在温暖、通风、无光的室内,以使种薯达到生理适龄,有利于秋播。贮藏期间有顶芽萌发的要将其掰掉,以促进侧芽发生,增加种薯芽数。

以这种办法获得的小整薯比起大田春薯作种秋播,不仅出苗早而齐,无死苗,而且阳畦对传播病毒的蚜虫有季节隔离作用,阳畦夜间温度控制在14℃以下,种薯含病毒量少,使得种薯的病毒性退化大大减轻。同时由于收获期比春薯提前了很多,到秋天播种时已基本达到或接近生理适龄,结果必然是早出苗,早结薯,生长旺盛,稳产高产。

不过,到秋播时,有些也是没有达到生理适龄的,如阳畦薯收获过晚，到秋播达不到 4 个月以上，因而秋播后萌芽少而慢，这就需要和大田春薯作种一样，要进行种薯处理。除了以上介绍的处理方法之外，这里再补充说明一下。一个是先用 1 g“920”加水 100 mL 配成母液，应用时再加水使用。一个是在“920”液中加入 1 000 倍的代森铵杀菌剂消毒。

(2)播种期

秋播马铃薯，太早了炎热多雨，极易烂薯缺苗，病毒病和疮痂病严重，太迟了则生育日期不足，霜来了还形不成产量。多年的经验告诉人们，应以当地枯霜期为准进行计算，往前推，其见光日数加上出苗日数，就是该地马铃薯秋播适期。

比如说，当地的平均枯霜期是 10 月 25 日，马铃薯应有的见光日数是 60 天，秋日马铃薯出苗一般为 15 天，播种期则应在 8 月 10 日左右，而且应该依栽培目的和播种材料不同灵活掌握，小整薯播种一般都早，作为商品食用的也要适当早播。种用薯晚播，切块薯种的也比较晚。以郑州为例，商品食用薯在 8 月上旬播种，种薯留种田在 8 月 15 日左右播种，切块播种则在 8 月 20～25 日播种。华北地区均在 8 月上旬播种，下旬齐苗。广东、海南利用冬闲和早春栽培两季马铃薯，秋播则在 9 月下旬至 10 月下旬播种，冬播在 1 月上旬到 1 月下旬。应充分利用水稻田的地力，增加收益。

(3)切块播种

秋薯栽培切块播种也是可以的，只要掌握好播种期，处理好切块，精心操作，不仅可以节省种薯，也便于打破休眠，有利发芽，也可以保证全苗，取得较好的收成。目前仍有不少农民采取切块播种，也有成功的范例。

首先是切块的场所，高温季节必须选择清爽阴凉的地方，一般都在室内。第二是所用刀板等用具应严格消毒，切刀要快、薄，绝对干净，这样才能切出剖面光滑的切块，伤口很快愈合，减少病菌的感染。第三是薯块切好后，及时用干净的井水淘洗 3～4 次，然后摊在室内干净的席上晾干，需要 3～4 h。切勿在室外晾种，以免刀口变褐，催芽中烂块。第四是在沙床催芽。下铺 5 cm 厚湿沙，将切块摊在上面，不要重叠，然后盖沙以看不见切块为准。上面再放一层切块，也别重叠，再盖沙，最多可以盖 4 层，最后一层上面再盖 5 cm 厚沙。沙要干净、湿润，催芽 5 天使刀口愈合，切勿浇水，以防腐烂，要比小整薯沙床催芽认真，沙的湿度稍微偏干有利刀口愈合。一切都在整薯以后进行，整薯在 8 月初播种后开始切块，催芽，切块播种以 8 月 20 日左右为宜。这就是中原二作区秋季的播种处理情况。

(4)播种方法

秋薯的播种一般不同于春薯的播种，因为春薯播种期正处于早春低温期，播种力求设法提高地温，提高种薯周围的温度，以便满足种薯对温光条件的要求，顺利发芽、出苗。比如说，春季实行朝阳坡播种，就是为了争得更多的光和热，有利于发芽出土，也可避开风雪低寒。而秋薯播种正处在高温强日季节，为了能创造较为冷凉的环境，就不能在向阳坡播种，而选择背阴坡播种，背阴坡不受阳光直射，温度低，薯块较少受到高温影响，出苗早，出苗齐。

从一天中来讲，秋薯也要避开中午，最好在 10 时以前、3 时以后进行，阴天则可全天进行。而且要随开沟，随播种，随盖土。不能开完沟再播种，否则沟内温度升高，容易烂种。也要挖好排水沟，因为这时正是雨季，田间很易积水，导致烂薯死苗，所以雨后要及时排水。

秋薯栽培，密度较大，每 667 m^2 要求 9 000～10 000 株，

如按每一种薯萌芽 2 个计算，行距应是 60 cm，株距 20 cm。播种田应选在高燥、易排水的田块上，在施肥和深耕后，按计划行距用绳打印，可用犁或锄在绳印的南边开 10 cm 深的沟，开出的土放在沟的南面，将种薯按 20 cm 摆在沟底的南端，然后用沟北边的土覆盖10 cm 厚，镇压保墒。当然，在墒情好的地方可在平播后起垄，雨水较多的地区实行套播，这和春薯栽培是一样的。华北地区多采用浅播起大垄的播种方式，在平地划浅沟播种，然后培土成三角形大垄，结合播种施用种肥，每 667 m^2 施入硫酸铵 5 kg 或尿素 2.5 kg。

130. 秋薯栽培怎样田间管理？

(1)浇水

前面已经提到，播种后要立即浇水，保持垄沟不干。当然水量不能太大，且应在浇水后进行中耕，松土保墒，增加土壤的通气性，力争早出苗。出苗后的管理也要及早进行，秋薯栽培时间的生育期短，幼苗期和发棵期两个时期的管理要一气呵成，华北地区在秋分前后就要把薯秧催起来。

每浇一次水，都要中耕垄沟一次，结合宽垄培土，以利根系和叶片的生长。出苗后的气温仍是很高，土壤蒸发量大，要小水勤浇，保持土壤湿润，10 月份以后，天气转凉，茎叶已覆盖地面，土壤蒸发量减少，地上部茎叶生长也慢下来，块茎膨大进入盛期，可减少浇水次数，只在霜前浇 1 次大水以防霜冻，以后不再浇水，直到收获。

(2)追肥

秋薯栽培，播种后 10 天左右即可出苗，生长很快，追肥必须抓紧，促进前期地上部茎叶的生长，扩大同化面积，为制造养分打好基础。出苗后及早追肥，齐苗后应立即追施速效化肥，每 667 m^2 施入硫酸铵 10 kg 或尿素 5 kg，也有的是施入碳酸氢铵 50 kg，追后灌水，并注意中耕，第二次追肥多在苗高 20 cm 左右时进行，每 667 m^2 施入尿素 15 kg，如果茎叶瘦弱、叶片发黄时，还可以适当加大追肥数量或增加追肥次数，但一定要在地上部茎叶 9 月底 10 月初封行前进行。

我国南方广东、广西、台湾等马铃薯二季作区秋播栽培，每5～7 天追肥一次，可追 5～6 次，开沟追肥或株旁穴施，在植株封行后停止追肥。追肥过晚，秋播栽培到了后期温度偏低，植株生长缓慢，吸收量小，肥料不能发挥充分的作用，效果不好。

(3)中耕除草培土

秋薯栽培，播种季节正是温度高、湿度大的季节，杂草很多，应及时喷除草剂，最好在秋耕时施入 1.5 kg 三氯醋酸钠粉剂，对马铃薯田间较多的野苋草、灰灰菜、白荠等灭杀效果很好。如果已经出苗，杂草很多，可以喷洒指定的除草剂，不能随便使用。譬如在野燕麦成灾的地方，可喷燕麦灵，每 667 m^2 用量 40 g，加水 20 kg 喷施。其他杂草可用 2,4-D 苯丙酸甲酯乳化剂，每 667 m^2 用量 36％的乳化剂 230 mL，加 15～20 kg 水稀释后喷施。

中耕松土除草也应尽早进行。出苗后第一次中耕可以深一些，可将在背阳坡堆放的土锄平，要结合第一次追肥进行。第二次中耕松土的目的主要是消灭杂草，可以浅一些。苗高 20 cm 左右时进行第三次中耕，并结合第一次培土。到了开花初期实行第二次培土，培土不要埋住下部茎叶。一般情况下的第三次培土可在 10 月下旬霜降前进行，以保护块茎不受霜冻，这次培土可以厚一些，用沟内的土封南边的垄，以使植株向南边倾倒，免受霜害，延长茎叶生长时间，提高产量。

(4)收获

秋薯的收获期可按计划进行。南方二作区不能影响下茬作物的安排，在块茎长到一定大小时及时收刨。北方地区为了提高秋薯产量，可等马铃薯生长到最后，尽量延长田间生长的时间，直到11月上旬，有的在11月中下旬，茎叶被酷霜打死后才开始收获。

收刨时要选晴天，从上午9时开始到下午4时前结束。上午刨收后可在田间晾晒3～4 h，然后将块茎分门别类，根据不同的品种挑选出种薯，下午运输入窖。对于病株、死株、杂株、退化株等不该要的块茎，应该在10月中下旬霜打以前拔除，并刨出地下块茎进行处理，切勿混入健薯，以免烂窖。

秋薯收获正处秋冬季节，一切安排都与春薯不同，春薯怕热怕晒，秋薯则注意防霜防冻。

☞ 131. 马铃薯怎样与农作物间作套种?

马铃薯是间作套种的理想作物，我国很多地方都有与其他作物间作套种的习惯，不仅是粮棉不少收，多收一茬薯，总的效益比单作提高不少，而且套种后充分利用了土地、时间、空间和光能，变一年两熟为三熟、四熟，增加了复种指数。马铃薯较耐低温，播种早，收获早，植株矮，根系分布浅，与套种作物共生期短，相互影响小。与马铃薯间作套种的农作物主要有玉米、棉花、小麦、西瓜、甘薯等。

(1)马铃薯与玉米间作套种

这是一种粮产区的普通办法(图37)。实行宽窄行种植，两行马铃薯，加两行玉米。马铃薯间行距较大，窄行距约60 cm，宽行距约90 cm，株距20 cm，便于马铃薯的中耕除草、培土和追肥灌水。在宽窄行内种植两行玉米，行距 30 cm，株距 25 cm 或 30 cm，按播幅 150 cm 计，每 667 m^2 栽植马铃薯 4 444 株，玉米 2 962 株。如果按播幅 120 cm 算，玉米和马铃薯的株行距均定为 30 cm，则每 667 m^2 播种马铃薯和玉米各 3 700 株。如果玉米和马铃薯的植株比较高大，可适当加宽株行距，播幅可以在 200 cm，用 3 ∶ 2 种植方式，3 行玉米 2 行马铃薯，玉米行距为 40 cm，株距 30 cm；马铃薯行距 60 cm，株距 20 cm；马铃薯与玉米的距离为 30 cm，播种马铃薯时中间空出 140 cm，可播种 3 行玉米，每 667 m^2 播种马铃薯和玉米各 3 333 株。

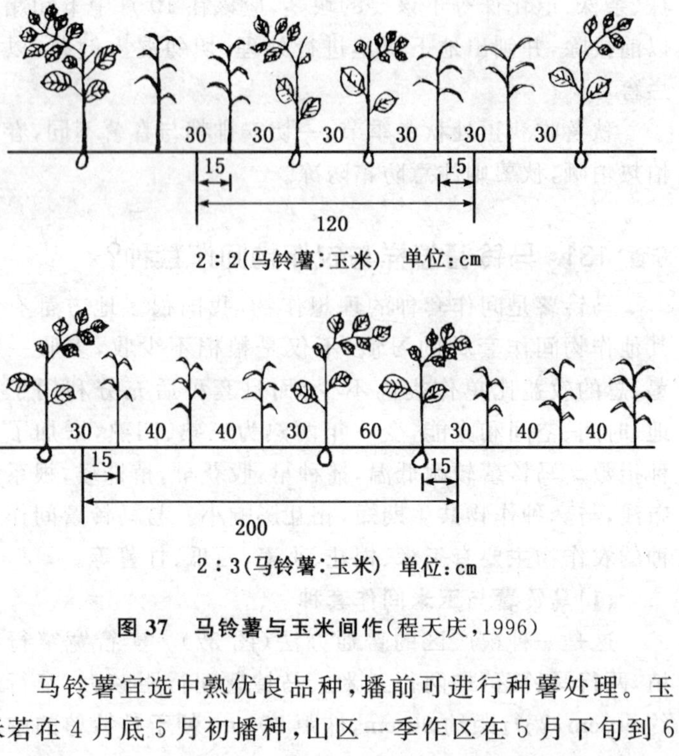

图 37　马铃薯与玉米间作(程天庆,1996)

马铃薯宜选中熟优良品种，播前可进行种薯处理。玉米若在 4 月底 5 月初播种，山区一季作区在 5 月下旬到 6

月上旬播种，两者共生期不超过 50 天为宜。这样，玉米播种前就要做好马铃薯的中耕培土和追肥灌水工作，在马铃薯收获后，才对玉米进行追肥培土和灌水，且可将马铃薯茎叶埋入玉米棵处，浇水后会很快腐烂作优质绿肥，供玉米植株生长。这是一种马铃薯双垄玉米双行宽幅套种，也可以采用马铃薯 4 垄玉米 2 行宽幅播种。

(2)马铃薯与棉花间作套种

栽培模式有好多种。有的是采用两垄马铃薯两行棉花。180 cm 宽播幅，马铃薯间的行距为 60 cm，株距为 20 cm；中间空出 120 cm 种植棉花，行距为 40 cm，株距为 20 cm，每 667 m^2 种植马铃薯和棉花各 3 703 株。马铃薯早播 1 个月，出苗后种棉花，当棉花发棵时马铃薯进入成熟期，且由于马铃薯田间管理的湿度较大，棉蚜的危害相对减轻，而且生长迅速的马铃薯给棉苗提供了天然屏障，大大削弱了 4 月份的冷空气和 5 月份干热风的侵袭。

也有的是采用双行马铃薯四行棉花。播幅宽 246 cm，马铃薯的行距为 60 cm，株距为 20 cm，每 667 m^2 栽苗 2 527 株；棉花的行距为 48 cm，株距为 18 cm，每 667 m^2 栽苗 5 614 株。马铃薯要尽量早播早收，浇水应在薯行间进行，不应浸过薯棉交界处，以免影响棉花的生长发育。

(3)马铃薯与小麦间作套种

可以是马铃薯播种 1 行，小麦种 3 行，马铃薯行距 74 cm，株距 20 cm，667 m^2 栽苗 4 504 株；9 月下旬或 10 月上旬再在马铃薯行间播种小麦 3 行，行距为 17 cm，马铃薯与小麦间距 20 cm。小麦播前要对马铃薯浇水中耕，这样对小麦出苗有利。马铃薯收获后还需将原来的垄培起来，以免盖住小麦影响其生长发育。来年春季还可于垄上点种玉米等。

(4)马铃薯与甘薯间作套种

马铃薯的块茎和甘薯的块根虽然都是生长在土壤中，但两种作物共生期间并不矛盾，且可充分利用土地，获益匪浅。办法有好几种。一种是早春先起甘薯垄，垄距 74 cm，在垄中播种马铃薯，因马铃薯耐寒，要比甘薯播种早，甘薯必须在晚霜过后或在天暖以后才能进行扦插栽植，行距是 74 cm，株距是 33 cm。每 667 m^2 栽马铃薯苗 5 290 株，甘薯苗 2 645 株。甘薯前期发根长蔓都比较晚，待其茎蔓分枝，生长旺盛时，马铃薯已经成熟，等马铃薯收获后，再给甘薯扶垄，且可每隔 2～3 垄甘薯套种夏玉米一行。

另外，两行马铃薯，两行甘薯的办法也是可行的。播幅为165 cm，马铃薯两行，行距 60 cm，宽行 105 cm 栽两行甘薯，行距 35 cm，甘薯距马铃薯为 35 cm。马铃薯株距 20 cm，每 667 m^2 栽苗 4 040 株，甘薯株距 30 cm，每 667 m^2 栽苗 2 693 株。马铃薯前期培垄，以便于浇水，马铃薯收后，再给甘薯扶垄，并不影响甘薯的生长发育。

132. 马铃薯怎样与其他蔬菜间作套种？

马铃薯与其他蔬菜瓜果间作套种的方式很多。现举例说明。

与南瓜间套作，播幅宽 5. 4 m，种马铃薯 8 垄，行距 60 cm，株距 20 cm，每 667 m^2 栽 4 764 株，只留出瓜畦 60 cm 种瓜，行距50 cm，株距 30 cm 种两行瓜，每 667 m^2 栽南瓜 953 株。马铃薯收后，瓜蔓爬入，南瓜收后种秋菜。

西瓜、冬瓜、笋瓜，可用 200 cm 或 260 cm 宽播幅，种马铃薯3 行或 4 行，窄行 60 cm，宽行 80～97 cm，宽行种瓜，株距 50 cm。在马铃薯收获前，瓜蔓顺行爬，收获后将瓜蔓整理成与行垂直爬，马铃薯每 667 m^2 栽苗 5 012 株，瓜类每 667 m^2 512 株。

与茄子和甜椒套种时，一般幅宽 1 m，种马铃薯 2 行，株行距是 15 cm×20 cm，每 667 m^2 栽植 6 666 株，培成大垄，晚霜过后定植茄子于垄的一侧，株距 50 cm 或 60 cm，每 667 m^2 栽植 1 333 株或 1 075 株，也可定植甜椒，株距 33 cm，穴栽双株，每 667 m^2 栽植 4 040 株。收马铃薯后将茄子或甜椒培成大垄。但一般情况马铃薯不应与同科植物间作套种，尤其是种薯生产时既不能和茄科植物茄子、甜椒等套作，也不能邻近种植，否则茄科病毒等很易危及马铃薯。

与甘蓝间套作时，幅宽 2 m，种一行马铃薯，株距 20 cm，每 667 m^2 栽植 1 668 株，马铃薯垄间做畦，定植中晚熟甘蓝，株行距为50 cm×50 cm。

秋播马铃薯可以和大葱间作，初夏开沟栽植大葱，沟距 1 m，株距 5 cm，每 667 m^2 栽植 12 000 株，秋初播种马铃薯，株距 20 cm，距大葱 25 cm，每 667 m^2 栽植 3 333 株。

其他方式还不少，但要根据茬口、劳力、肥料和水利等条件科学安排，应尽量避免间套作物相互之间争水、争肥、争劳力。要加强管理，减少病虫危害。

133. 马铃薯的退化现象是怎么回事？

马铃薯的退化现象是很严重的。在田间看的非常明显，不知怎么植株就变矮，分枝变少，叶面萎缩，块茎减小，产量一年不如一年。在五六十年代，我国中原地区由于马铃薯的严重退化，生产面积锐减，马铃薯栽培受到严重挑战，世界上其他国家也发生过类似的情况。具体原因很多年没有搞清，各种派系争论不休，有的说是长期无性繁殖造成，有的说是高温引起的。1955 年，法国人莫勒尔和马丁用退化的马铃薯茎尖分生组织，培养出完全无病毒的马铃薯植株，并使马铃薯植株恢复了原来的健康状态，人们才知道了这是因为病毒侵染所引起的。因此，也叫马铃薯病毒性退化。

目前发现能够侵染马铃薯的病毒有20多种。当然除了病毒致病外，还有菌原质引起的马铃薯丛枝病、紫顶萎蔫病，还有纺锤块茎病毒，也称为类病毒等，很难根治。这些病毒、类病毒以及菌原质的传播方式主要有4种：一是由农具、操作人员等接触性传毒，二是通过蚜虫等昆虫传毒，三是线虫传毒，四是真菌传毒。因此，在防治马铃薯病毒性退化的技术措施上应尽量选用抗退化的品种，拔除病株，防治蚜虫，春季早种，秋季晚播，整薯播种，选健株留种，培养无毒苗使用无毒薯，也可利用实生种子生产种薯。

细菌病害可以用整薯播种得到控制。在一季作区是将种薯贮藏到夏季播种，秋季冷凉时结薯，夏播留种法对于早熟品种有很明显的保种效果。二季作区利用阳畦或塑料棚，从11月份到翌年2月初播种，每平方米40株，3～5月份收获，用来繁殖小整薯，收后放在25℃通风室内贮藏，促使种薯提早萌芽和增多芽数。秋季在大田整薯播种，繁殖来年生产用种等都是很好的办法。但在各种留种方式中都要严格选种，淘汰病株，控制蚜虫危害，因为马铃薯的各种病毒均可借种薯携带传播。

☞ 134. 生产脱毒种薯怎样进行病毒检测?

马铃薯茎尖脱毒技术发明以后，世界上许多地区均采用组织培养的方法开展无病毒种薯的生产，使得马铃薯的产量和质量有了稳定的提高。我国从20世纪70年代引进了马铃薯茎尖脱毒技术，用脱毒苗生产无病毒种薯，这在解决我国马铃薯种薯严重退化、产量低下等问题上发挥了重要的作用。可以肯定的是，脱毒种薯的增产作用是非常显著的，已受到越来越多农民的欢迎。马铃薯脱毒种薯病毒检测包括以下两部分。

(1)茎尖培养前检测

作为茎尖培养的材料，应首先用聚丙烯酰胺凝胶电泳法对纺锤类病毒检测，发现有的要坚决剔除，这种病毒依靠茎尖脱毒很难脱去。在无纺锤类病毒的条件下，可以对其他病毒进行检测。采用的方法有电镜法、血清法和指示植物法等，检测后要做好登记工作，便于培养后核查。

(2)培养成苗后检测

目前在我国马铃薯最常见的有 7 种病毒，其中最容易通过茎尖脱毒脱掉的是卷叶病毒(PLRV)，最难脱掉的是 S 病毒(PVS)。其脱毒难易程度分别为 PLRV＜PVA＜PVY＜PAMV＜PVM＜PVX＜PVS。脱毒苗的病毒检测必须严格，在使用了电镜法和血清法后，必要时还要经过指示植物接种加以确定。指示植物是一些通过筛选，对马铃薯某种病毒有专一性反应的特殊植物，如千日红是对 X 病毒(PVX)接种后在叶片上出现红色病斑的一种指示植物，酸浆对 Y 病毒(PVY)的反应是在接种后叶片出现小枯斑，地霉松对 A 病毒(PVA)的反应是接种后叶片上出现许多小型点状病斑。经过指示植物法检测的脱毒苗可以最后确定为无毒苗，可用于生产无病毒种薯。

135. 生产脱毒种薯怎样制备培养基?

马铃薯茎尖培养所用的培养基一般都是 MS 培养基，其成分如下(mg/L)：①大量元素：硝酸钾 1 900，硝酸铵 1 650，氯化钙 440，硫酸镁 370，磷酸二氢钾 170；②微量元素:硫酸亚铁 27.8,硫酸锰 22.3,硫酸锌 8.6,硼酸 6.2,硫酸铜 0.025,碘化钾 0.83,氯化钴 0.025,钼酸钠 0.25;③有机成分:乙二铵四乙酸钠 37.3,腺嘌呤 5,甘氨酸 2,肌醇 100,烟酸 0.5,维生素 B_1 0.1,维生素 B_6 0.5,吲哆乙酸 1,6-苄基嘌呤 1,蔗糖 30 000,琼脂 8 000,最后要调整 pH 值为 5.7。

136. 生产脱毒种薯怎样进行茎尖培养?

(1)材料消毒

剥取马铃薯的茎尖可用植株分枝或腋芽,在剥茎尖前要先对马铃薯的幼芽进行消毒,可把幼芽放在烧杯中用纱布把口封住,放在自来水管下冲洗 30 min,取出后在 95%的酒精中蘸一下,然后移入 5%的次氯酸钠溶液中浸泡 20 min,再用蒸馏水冲洗 3~4 次,即可进入无菌室进行茎尖剥离。

(2)剥离茎尖和接种

马铃薯茎尖剥离需要在无菌室超净工作台上进行,为了防止杂菌污染材料,首先应对无菌室进行消毒,一般可用 5%的石炭酸水进行室内喷雾,并用紫外线灯照射 30 min 以上,关闭紫外灯20 min 后操作人员可以进入无菌室。超净工作台应在打开半小时后进行工作。操作人员应穿上消毒过的工作服和鞋、帽、口罩等,手要用肥皂洗净并用 70%的酒精棉球擦拭,操作工具也要用 70%的酒精棉球擦洗消毒。

将消毒过的幼芽置于 30~40 倍的解剖镜下,用解剖针一层一层剥去马铃薯芽顶的嫩叶片,待露出 1~2 个叶原基和生长锥后,用解剖刀把带有 1~2 个叶原基的生长锥切下,长度为 0.2~0.3 mm,然后快速接种在试管内的培养基上，每个试管只能接种1个茎尖，试管要编上号码，便于出苗后进行检查。剥离完一个茎尖后要把解剖针和刀具放在酒精灯上烧一下，然后放入酒精杯中浸泡，再剥离另一个茎尖时要用另一个解剖针和刀具，两套工具轮流使用，有效避免病毒污染。

(3)茎尖培养

接种后的茎尖要放在培养室内进行培养，室内保持20～25℃的温度，每天保持16 h的连续光照，光强为2 000～3 000 lx。正常情况下，马铃薯茎尖接种成活1个月左右即可看到明显的生长。在叶原基形成小叶后如未生根，可把茎尖转入无生长调节剂的培养基上生根。经过4个月左右茎尖即可成长为小植株，待小植株长到4～5节时，要进行单节切段接种，过30天后再把切段后的植株接种到三角瓶中。待瓶中苗长到10 cm左右高时，要抽样检测小苗的带病毒情况。经过检测确实不带任何病毒的试管苗可以肯定为无毒苗，可进行下一步的繁殖工作。

☞ 137. 生产脱毒种薯怎样繁殖脱毒苗?

脱毒苗应在试管中繁殖，繁殖所用的培养基仍为MS培养基，不过培养基的有机成分和微量元素可酌情减少，蔗糖可改用食用级白糖，0.8%的琼脂可减少到0.5%，以节省培养基的投资，降低生产成本。不过使用这种简易培养基要注意试管脱毒苗的长势，出现幼苗衰弱、细长等不良现象时，要及时改用全成分的培养基，而且可适当增加萘乙酸和6-苄基腺嘌呤等生长调节剂等加入量，使脱毒苗长势健壮。用于生产试管薯(微型薯)的培养基，不能随意减少培养基的成分，而且要加入0.1%～0.5%的活性炭，以便培养壮苗，利于块茎膨大。

在正常情况下，试管脱毒苗繁殖得很快，如果按照每瓶有5个苗计算，每个苗每次切5节繁殖，6个月即可繁殖15 625株苗；如果一开始以20瓶苗（100株苗）作基础，6个月即可繁殖1 562 500株苗。用试管苗移栽即可生产小薯原原种。

138. 生产脱毒种薯怎样进行试管苗移栽?

试管苗移栽即是将试管中的脱毒苗移栽到防虫温（网）室中，由于试管苗移栽的死亡率较高，因此必须采取切实有效的管理防护措施。

首先要培养壮苗，对于准备移栽的马铃薯试管苗，要在其培养基中加入矮壮素或比久10 mg/L，培养室的温度降至15～18℃，光强增加到3 000～4 000 lx，每天仍保持16 h光照。在实际操作中，有的在移栽前将试管苗放在室内窗户口照射散射日光5天左右，增强试管苗的抗逆性，再进行移栽，效果不错。也有的因地制宜采取其他一些措施，只要能有效提高试管苗的移栽成活率，都是可以的。

另外，马铃薯脱毒苗移栽的温（网）室，除要防止蚜虫、粉虱、螨虫等的为害外，还要给移栽苗的生长创造一个良好的营养条件。移栽脱毒苗的基质应由草炭、蛭石、珍珠岩、粗沙和腐熟的马粪组成，并且要在高压消毒后使用。为了使基质的养分更加全面，还应在基质中掺入一些化肥。如每立方米的蛭石和草炭（1∶1）可掺入1 kg磷酸二铵，必要时还可在移栽后叶面喷施0.2%的磷酸二铵和铁、镁、硼的混合液。基质要铺10～12 cm厚，移栽前要先把基质浸湿，并按行距4～5 cm，株距3 cm左右开浅沟将幼苗栽入。移栽试管苗结束后，要用塑料薄膜覆盖在基质上方搭建的小拱棚上，要盖严，保持湿润的小气候。待7～10天后幼苗移栽成活后再逐步撤掉薄膜，进行正常管理。

试管苗在移栽的过程中注意要把根部所带的培养基洗掉，防止霉菌寄生后烂根。运送幼苗到温（网）室一定要注意保持湿度，防止萎蔫。温（网）室的气温不应超过 25℃，否则极易烂苗。脱毒苗成活后，要每隔 1～2 天喷施一次水雾或浇一小水，苗势弱时可叶面喷施营养液。一般每隔 60 天左右即可收获一次小薯。由于小薯是由脱毒苗直接生产获得的，因此也称为原原种薯。利用原原种薯即可在隔离条件好的地点（地势高寒、蚜虫极少、土壤不带病毒）或网棚中繁殖生产一级原种薯。利用一级原种薯即可繁殖生产二原级种薯和生产用良种薯。生产用良种薯又分为一级良种薯和二级良种薯，第一次用原种薯生产的种薯属于一级良种薯，用一级原种薯再繁殖一次获得的即是二级良种薯。一级原种薯的种薯量大时可直接用来生产一级良种薯，一级良种薯所收获的种薯量大时，即可直接作为生产供种。

☞ 139. 生产脱毒种薯怎样诱导微型薯（试管薯）？

在马铃薯二季作区，夏季高温高湿，不适合马铃薯试管苗的移栽和切段扦插，这时可把无毒试管苗的培养转入微型薯生产，也就是利用试管苗在室内进行暗培养或短光照处理，并适当调整培养基，进行试管薯的诱导。微型薯虽然很小，但也是与试管苗质量相同的无病毒薯块，可以用来进行种薯繁殖。把试管苗培养和微型薯生产结合起来，交替进行，这样在二季作区就可一年四季连续不断地生产无毒薯苗，对加快无毒种薯的推广工作非常有利。

诱导微型薯的第一步是培养健壮的试管苗，即把脱毒苗切去顶部和基部，把长到 3～4 节的茎段放入液体培养基中培养，液体培养基采用 MS 培养基，并加入 6-苄基腺嘌呤

0.5 mg/L,加入赤霉素 0.4 mg/L,加入蔗糖 2%。也可是 MS 培养基中加入 6-苄基腺嘌呤 1 mg/L,以及萘乙酸 0.1 mg/L 和活性炭 0.15%、蔗糖 3%。两种配方均不加琼脂,在三角瓶中进行浅层液体的静止培养,茎段要有一半露出液面。培养室的温度保持在 20～25℃,每天保持 16 h 的连续光照,光强为 2 000～3 000 lx。茎段培养 3 天后即可生出腋芽,30 天左右瓶内长满小苗,这时即可转入暗培养。

诱导微型薯的第二步暗培养应在生长箱中进行,也可在装有空调的暗室进行。暗培养所采用的培养基仍以 MS 培养基为基础,另外,加入矮壮素 500 mg/L、6-苄基腺嘌呤 5 mg/L 以及 8%的蔗糖。也可在加入 0.5%的活性炭。整个培养基为液体形态,不加琼脂。培养基的 pH 值为 5.8。进入暗培养时,要在无菌室更换培养基,防止培养基污染,将原液体培养基倒掉后迅速加入新诱导培养基,封口后在暗培养室进行培养,诱导微型薯。暗培养室的温度保持在 18～20℃,一般培养 5 天即可看到微型薯出现,再过 2 个月即可收获微型薯。一般 250 mL 的三角瓶培养 4～5 个茎段,可收获 30～60 个微型薯。微型薯是由腋芽转化而成的,结薯多少、大小与苗的健壮程度和品种有关。微型薯的直径一般为 5～6 mm,小的 3 mm,大的有 7～8 mm 的;微型薯平均块茎重量在 60～90 mg,小的在 40 mg 左右,大的有 150～170 mg。微型薯的休眠期比大田生产的要长,早熟品种的微型薯要比大田条件下生长的其休眠期长 30～45 天,但品种间差异也较大。

最近,中国农业大学蔬菜系研究成功一种全新的马铃薯脱毒种薯的繁育方法,获得了国家发明专利(专利号:200510011945.4),其核心是通过优化设计的繁种程序,先利用脱毒苗雾培繁育出原原种种薯,再通过基质栽培繁育出原种种薯，然后将85%～90%的原种种薯在本地繁育可直接供应生产的一级种薯。其余10%～15%的原种种薯在气候冷凉的异地繁育一级种薯（不供应生产），再利用该一级种薯在气候冷凉的异地繁育直接供应生产的二级种薯。采用此方法繁育马铃薯种薯，可在保证马铃薯种薯质量和数量的前提下显著减少马铃薯异地调种费用，降低马铃薯种薯的生产成本。

☞ 140. 阳台也能生产马铃薯吗？

据统计，我国接近3亿城镇居民都生活在有阳台的房间里，而利用阳台进行园艺生产，更是近年来的国际新潮流。家庭阳台的类型一般分为完全封闭式、封闭式、半封闭式、开放式，此外还有屋顶平台、家庭庭院等。阳台的形式多种多样，既有走廊式，由几户人家合用的大阳台，中间用隔板隔开；也有伸出墙壁外，独立形成一个小阳台（多为一家一户使用）。总的来讲，家庭阳台的结构是多种多样的，其用途也是多功能的，既可以用于夏季纳凉，冬季沐浴阳光，又可以作为晾晒衣物、被褥的良好场所。阳台具有一定的小气候特点，所以在阳台上发展马铃薯生产是完全可行的，但也要依其特点，选用适合的马铃薯品种和简单适用的栽培技术，充分体现阳台园艺的经济实用功能和观赏娱乐功能。

☞ 141. 阳台生产马铃薯需要什么工具？

阳台生产马铃薯是一种微型生产项目，所需要的工具主要是小型的，有很多工具设备可以采用代用品或自制。比如，栽培用工具可采用小铲、小耙、小锄、小箱子等；修剪、嫁接工具可采用果树剪、镊子、小镰刀等；绑架材料可采用竹竿、木条、铁丝、塑料绳、线绳等；浇水工具可采用喷壶、塑料管、水桶、微型水泵等。

142. 阳台生产马铃薯需要什么栽培容器？

大致有以下 3 类栽培容器可用于阳台生产马铃薯。

(1)盆栽容器

常见的盆有以下几种：

泥盆：又称瓦盆，用黏土烧制而成，通常有灰色、淡黄色及砖红色等。具有渗水性强、通气性能好的特点，而且价格低廉，但分量重，造型欠佳，易破损，使用过久盆表面易出现青苔，有碍观瞻等。

釉盆：用陶土烧成，然后上釉，有光泽，色彩鲜艳。因在盆外上了一层釉，故渗水性、透气性不良，由于外表雅致，造型美观，因此宜做套盆，也可直接用于栽培。

瓷盆：用陶土烧成，外面再上一层釉，有青、白、蓝、紫红等色，有的盆上描绘彩色花卉、动物图案，质地细致，但透气性、渗水性差，适合做套盆。

紫沙盆：江苏宜兴出产的紫沙盆久负盛名，色彩调和，古朴雅致，造型多样，美观大方，尚能适宜植物生长，但分量重，容易破损，价格较高，通常做套盆装饰。

塑料盆：自 20 世纪 50 年代以来，塑料工业蓬勃发展，国际上许多国家都用塑料盆代替素烧瓦盆。塑料盆具有轻巧美观、式样大方、使用方便、耐用的特点。但渗水性及排水性差，如果能采用科学方法合理配制疏松而富含养分的基质，就称得上为一种最理想的阳台马铃薯栽培容器，现已普遍应用。

盆栽主要应用于梯架式、悬挂式、墙承式及立柱式栽培。

(2)筐栽容器

主要用藤条、竹片、木板、柳条、白蜡条等装订、编织而成，由于体积较大，适合平放或梯架栽培。

(3)袋栽容器

塑料袋材料可分为聚乙烯、聚氯乙烯、聚丙烯 3 种，其中聚乙烯不耐高温，聚丙烯耐高温，聚氯乙烯温度较高时有有毒气体放出，栽培时一般用聚乙烯或聚丙烯塑料袋。根据颜色可分为白色、绿色和黑色 3 种类型，为适于马铃薯根系发育，栽培时一般选用黑色塑料袋。根据实际需要选用适当规格的塑料袋。栽培方式主要有立柱式、平放式 2 种，并可用于无土栽培。

☞ 143. 阳台马铃薯怎样防暑降温与保温?

阳台马铃薯所处的环境条件因栽培季节、阳台类型、种植方式的不同而有很大变化。夏季光照强，温度较高，而冬季气温较低；封闭式阳台温度高而稳定，开放式阳台温度变化较大；将马铃薯、多种花草进行多层次栽培可保持温度稳定。为更有利于阳台马铃薯的正常生长，可考虑在不同季节对不同类型及种植方式的阳台马铃薯采取降温防暑或保温措施。

(1)利用阳台原有条件

封闭式阳台可利用纱窗、花色玻璃或在玻璃上涂抹遮荫物质等方法很方便地进行遮荫，并可通过开闭窗子来调节温度和湿度。无封闭阳台可利用阳台外层种植喜光花草，内层种植耐阴花草，同样可取得较好的栽培效果。

(2)利用塑料薄膜

可利用黑色塑料薄膜、透光性差的旧薄膜或遮阳网进行遮荫，亦可利用透光性好的薄膜进行保温。封闭式阳台可将薄膜或遮阳网固定在铁丝、竹竿上，做成窗帘，推拉可调节光照强弱和改变室内温度；开放式阳台应预先在窗台外沿做一支架，上覆薄膜，支架应牢固，抗一定风力。

(3)利用藤蔓植物

同样预先在窗台外做一牢固的篱式架，架下盆栽蔓性耐弱光的豆类、瓜类或蔓性花草，待爬满架后即可起到遮荫作用，应注意支架不可过高，上面的枝蔓不可过密，以免遮光过多，影响架内马铃薯生长。

☞ 144. 阳台马铃薯怎样制备盆栽土壤?

阳台马铃薯由于空间有限和摆放便利原因，往往利用花盆、塑料盘、木箱等容器栽培，统称为盆栽。盆栽是一种特殊的小环境，因盆土容量有限，盆栽马铃薯根系伸展受到控制，营养面积大大缩小，对水、肥的缓冲能力较差，故盆栽用土要求较严格。好的盆栽用土应当疏松，透水和通气能力比较好，无病虫害，同时也要有较强的保水、持肥能力，还要重量轻，资源丰富。土壤疏松、透气性好有利于根系的生长发育和根际菌类的活动；排水好，不会因积水导致根系腐烂；保水好，持肥能力强，可保证经常有充足的水分和肥料供马铃薯生长发育。因此盆栽用土应精心配制，保证水、气、热协调。

阳台盆栽土壤既可以采用配制育苗土的方法进行配制，也可以采用下列类型进行配制：

①腐叶土：由阔叶树的落叶堆积腐熟而成。可在秋季将森林、行道树和园林中的各种落叶收集起来，拌以少量的粪肥和水，堆积成高 1 m、宽 2～2.5 m，长数米的长方形堆。为防止风吹可在表面盖一层园土。每年翻动 3 次左右，使堆内比较疏松透气，有利于好气性微生物活动。不可

过于潮湿，否则透气性不好，造成嫌气性微生物发酵，养分损失严重，影响腐叶土质量。经 2～3 年的堆积，春季用粗筛筛去粗大未腐烂的枝叶，消毒后使用。若离林区比较近，可以到阔叶树山林中靠近沟谷底部收集腐叶土。去掉表层尚未腐烂的落叶，挖取已经变成褐色，手抓成粉末状又比较松软的一层，通常只有 10～20 cm 厚，再向下面含沙石和土壤母质比较多，质量不太好。腐叶土含有大量的有机质，疏松、透气和透水性能好，保水、保肥能力强，质轻，是优良的传统盆栽用土。

②堆肥土：又称腐植土，其原料及原理基本同堆肥，即利用秸秆、杂草、落叶、垃圾等为主要原料，混合一定数量的人粪尿和泥土经堆置发酵而成。堆置方法：选避风向阳、地势高燥、不易被雨水冲刷的地方做堆积场所，随时收集随时堆积，常年不断。堆积成长条形的堆，高 1.5 m，宽 2.5 m，长度不定。堆积时要一层层地堆，不要压紧，可加少量废旧的培养土或沙质园土，添加部分牛粪、骡马粪和少量粪稀效果更好。每年翻动 2～3 次，翻动时将土移至堆后 1～2 m，再重新堆起，把上面和两侧露在外面未腐烂的材料翻到中央，经过 3 年堆积即可作为盆栽用土。使用前过筛，过筛后的堆肥土经过消毒再应用。堆肥土稍次于腐叶土，但仍是优良盆栽用土。

③泥炭土：又称草炭、黑土，通常分为两类，即高位泥炭和低位泥炭。高位泥炭是由泥炭藓、羊胡子草等形成的，主要分布在高寒地区，我国东北及西南高原很多。高位泥炭含有大量的有机质，分解程度较差，氮和灰分含量较低，酸度高，pH 值为 6 左右。低位泥炭是由低洼处、季节性积水或常年积水地方生长的需要无机盐养分较多的植物如苔草属、芦苇属和冲积下来的各种植物、残枝落叶多年积累形成

的。我国西南、华中、华北及东北有大量分布。一般分解程度较高，酸度较低，灰分含量较高。目前世界各园艺事业发达国家多以泥炭土为主要盆栽基质。泥炭土含有大量的有机质，疏松，透气、透水性能好，保水保肥能力强，质地轻，无病害孢子和虫卵，是优良的盆栽用土，在农林园艺生产上有广泛的前途。泥炭土在形成过程中由于长期的淋溶，本身肥力甚少，因此在配制营养土时可根据需要加进足够的氮、磷、钾和其他微量元素肥料。泥炭土在加肥后可以单独盆栽，也可以和珍珠岩、蛭石、河沙等配合使用。

④混合土：锯末、刨花、稻壳、椰糠、火山灰等可以和泥炭土混合后做盆栽基质，物理性能较好。也可以用细河沙或沙土、珍珠岩、蛭石、煤渣等与腐叶土、堆肥土、泥炭土等混合配制盆栽营养土，效果也很好。

145. 阳台马铃薯怎样进行施肥管理？

由于营养面积所限，阳台栽培土本身所含营养对于马铃薯完成其生育周期所需养分数量是远远不够的，因此盆栽马铃薯施肥管理极其重要。

(1)基肥管理

将已腐熟的禽畜粪和过磷酸钙、骨粉等在培养土配制时施入并充分混合，目的在于提高土壤的肥力，供给马铃薯生长需要。北方习惯在盆低部施用一部分基肥，即将发酵过的豆饼、粪干和未发酵的蹄脚片等置于盆的底部或盆下部的周围。但忌数量过多与植株距离过小。目前更多的是将有机肥料和无机肥料混合施用，这样就可以保证马铃薯生长得到持续稳定的养分供给。

(2)追肥管理

追肥常用的肥料有化学肥料和利用有机肥料制成的肥

液，可将化肥和液肥随水浇施入盆，一般每周一次，生长盛期可连续多次施用。施用化肥必须严格注意肥料的浓度，一般应控制在0.05%～0.2%，不可太浓，否则马铃薯容易受到毒害。天气冷凉后减少或停止施肥。追肥也可采用固态有机肥料如以发酵的粪干和饼肥干粉，可撒施于盆土表面，通过松土将肥料与盆土混合，浇水后肥料可被植株吸收。

(3)根外追肥

用喷雾器将稀薄的化肥（浓度0.05%～0.2%）或微量元素肥料溶液直接喷洒在马铃薯的叶面上，使肥料通过叶片被吸收。这种方法可及时补充根部吸收养分的不足，在马铃薯旺盛生长期和表现缺乏微量元素时通常采用。

四、马铃薯病虫害防治技术

146. 怎样防治马铃薯病毒病？

【症状】马铃薯病毒病是马铃薯发生普遍而又严重的病害，世界各地都有发生，是马铃薯退化变质减产的主要原因。其中一些病毒还侵染番茄、甜椒、大白菜等。马铃薯发生病毒病的主要症状是花叶型、卷叶型和条斑型。

花叶型症状在叶片上出现绿色和淡绿色相间的斑驳或花叶，叶片缩小，叶尖向下弯曲，植株矮化，严重时全株发生坏死性花斑，甚至枯死。温度过高或过低时病状隐蔽，属接触传染，也叫皱缩花叶病。一般蚜虫无传毒能力，通常可减产10%～20%。

卷叶型症状是病株下部叶片边缘以主脉为中心向上卷

曲成勺形，重者成筒状，叶片变厚变硬，发脆，卷叶由下而上，节间缩短，植株矮化，有些品种叶色褪绿，叶背呈紫红色，块茎切面呈网状坏死斑。一般叫卷叶病，由蚜虫传毒，通常可减产 40%～60%。

条斑型症状是植株顶部叶片的叶脉产生斑驳，背面叶脉坏死，严重时沿叶柄蔓延至主茎，主茎上发生褐色条斑，导致叶片坏死，植株矮化，茎叶变脆，节间缩短，花叶状丛生。一般称条斑病，也叫束顶病或重花叶病。主要是由接触和蚜虫传毒，通常可减产 50%。

【病原】导致花叶症状的多是马铃薯 X 病毒，导致卷叶症状的多由马铃薯卷叶病毒引起，导致条斑症状的多由马铃薯 Y 病毒引起。这几种病毒主要在带毒的种薯中过冬，并且可以由种薯的调运作远距离传播。

【防治方法】马铃薯病毒病的主要防治方法是设法选用无病毒或少病毒的种薯，推广抗病毒品种，及时防治蚜虫，加强栽培管理，利用夏播或秋播留种。选用少病毒或无病毒的种薯主要是通过单株留种。也可以通过茎尖脱毒培养的方法或通过实生苗法避免或减轻病毒危害。整薯播种，阳畦留种，在凉爽的山区建立留种田也都是有效的办法。将马铃薯的播种期推迟到夏季，使结薯期避开高温，在一年二作的产区，春薯早收后可用 1%的硫脲浸种4 h，打破休眠后催芽秋播，在冷凉季结薯，这样马铃薯薯块内的病毒都比较少。利用抗病毒病的品种也可以减轻病毒病危害。

☞ 147. 怎样防治马铃薯晚疫病?

【症状】马铃薯晚疫病是我国各地特别是中北部地区普遍发生的一种寄生性真菌病害，严重时可减产 20%～40%，茎叶和薯块均可染病。在阴雨连绵，温度较低，湿度较大的地区最易发病。

茎叶发病时，初期呈不规则的黄褐色斑点，水浸状，外界湿度大时病斑迅速扩大，早晨叶背面病斑有茂密的白色霉层。中心病株出现后，1 周内可蔓延全田，茎叶发褐枯死。孢子落入土壤中侵染块茎。病薯初期也是褐色斑点，稍凹陷，皮下呈红褐色，向四周和内部扩大，严重时块茎腐烂，入窖更易传染。

【病原】该病原菌属于鞭毛菌亚门，疫霉属真菌。菌丝无色，无隔膜，在寄主细胞间隙生长，以很少的丝状吸器伸入寄主细胞内吸取营养。病斑上的白霉是病菌的孢囊梗与孢子梗。孢囊梗 3～5 根成丛，由叶背气孔伸出，病薯上也能形成孢囊梗，由皮孔或伤口处外露。孢囊梗纤细，上部常有 3～4 个分枝，其顶端膨大形成孢子囊。孢子囊的长度可达 1 mm，基部宽约 10 μm，孢子囊无色、单孢、卵圆形，大小为(22～32)μm×(16～24)μm，顶端有乳头状突起。在低温高湿条件下能产生 6～12 个游动孢子，从孢子囊顶端乳头状突起处释放出来。在高温下孢子囊直接萌发产生芽管侵入寄主。

【防治方法】首先是选用中晚熟品种，早熟品种一般对晚疫病的抗性都比较差。第二是要精选种薯，不断淘汰病薯，在每个生产环节均需认真处理种薯，精挑细选，减少初侵染源。播种催芽前对种薯进行灭菌消毒，可用 200 倍的甲醛水溶液浸种 5 min，堆闷2 h，晾凉后催芽播种。第三是要加强田间管理，尽量避免在低洼地、土壤黏重地栽培，要施足有机肥，合理追肥灌水，促进植株健壮生长，增强抗病力。及时进行中耕除草和培土，大雨后要及时排出积水。发现病株后及时拔除并异地深埋或烧毁。在该病大流行年份和地区，应该提前割蔓，过 10～15 天再挖收块茎。第四可采用药剂防治。发病初期可用1∶1∶200倍的波尔多液或1 000倍的硫酸铜液，或66％的代森锌可湿性粉剂500倍液，或50％的托布津可湿性粉剂500倍液，或75％的百菌清可湿性粉剂600倍液，或40％乙磷铝可湿性粉剂300倍液，或25％瑞毒霉可湿性粉剂1 000倍液，或64％的杀毒矾500倍液，或58％甲霜锰锌400～500倍液，或40％疫霉灵200～250倍液，每隔7天喷施1次，连喷2～3次，效果不错。

☞ 148. 怎样防治马铃薯环腐病？

【症状】环腐病也是马铃薯栽培中常见的毁灭性病害，北方尤其严重，通常会减产10％～30％，重者没有收成，贮藏期间也会造成烂薯。危害马铃薯茎叶和块茎，但只侵染维管束组织，从而引起茎叶枯萎和块茎腐烂。染病后植株萎缩，生长缓慢，分枝少，叶片小，病株在现蕾开花以后症状明显，叶片褪色，叶脉间变黄，出现褪色病斑，叶缘向上卷曲，自下而上凋萎、死亡，但叶片不脱落。茎部和中上部叶片前期仍保持绿色。切开茎基部维管束不变色或浅褐色，用手挤压可溢出乳黄色或乳白色黏液。病薯外观也无明显症状，只皮色暗淡，后脐部皱缩凹陷，芽眼发黑枯死，有的表面龟裂，切开挤压可有乳黄色黏液，重者病部呈黑紫色、环状空洞，挤压时极易与薯皮分离。

【病原】该病原菌属于棒状杆菌属细菌。菌体具有多型现象，大小为(0.4～0.6)μm×(0.8～1.2)μm，没有荚膜和芽孢，无鞭毛，不能游动，革兰氏染色为阳性。好气性，生长缓慢，在固体培养基上经过8～10天才能形成针头大小的菌落，白色，薄而半透明，有光泽。块茎带菌是环腐病的主要来源。和病薯一起堆积极易传播，播前切块，切一刀病薯可传染20个健薯。生长期中多由地下害虫咬破伤口侵入。病原菌在土壤中不能越冬。

【防治方法】首先是注意植物检疫，严禁从病区调运种薯。采用整薯播种，避开切口一刀污染。或严格消毒刀具，切刀要准备多把，先将种薯脐部削切一刀，发现维管束变色时立即剔除，无病的集中削切，消切后立即消毒。可在火炉上烧烤 30 s，也可在开水中煮 2～3 min，但均应在浸水或晾凉后使用。也可以选用整薯在两年未种过马铃薯的地块上培育无病种薯。

夏播马铃薯生长期短，病菌侵入机会少，可进行夏播留种。催芽晒种也可以在较高的温度下淘汰病薯。切块后用纯草木灰拌种也有一定消毒作用。贮藏窖和操作工具应用5%的硫酸铜液消毒或用福尔马林熏蒸。栽培上可晚播早收，缩短生长期。及时发现和拔除病株，带出田间异地深埋或烧毁。注意选用抗病品种，在播种时穴施或沟施过磷酸钙，用 50 mg/kg 的硫酸铜溶液浸泡种薯，也具有一定的防除效果。应清楚目前多数品种都是感病的，应以预防为主，在马铃薯生长期间用药基本没有作用。

149. 怎样防治马铃薯疮痂病?

【症状】在北方二季作区马铃薯疮痂病对秋栽马铃薯的侵害尤其严重，不抗病的品种几乎每个块茎均会感染上此病，有的块茎表皮全部被病菌感染，块茎外皮和品质受到严重影响。马铃薯疮痂病主要为害块茎，一开始先在块茎表皮生出褐色斑点，以后逐渐扩大，破坏表皮组织，病斑中部下陷，有疮痂状褐斑。病斑只限于块茎皮部，不深入薯块内部，疮痂凹陷达 3～4 mm。疮痂可相互连在一起，有时造成很深的裂口，引起局部薯肉硬化。发病后可见病斑上有白色或灰色粉末。染病块茎不耐贮藏。

【病原】该病原菌属于放线菌属，菌丝有分枝，末端呈螺旋状，并连续分割生成圆筒形孢子。病菌能在土壤中腐生，也能在种薯中越冬。主要是由种薯和土壤传病，由皮孔及伤口处侵入块茎，块茎表面木栓化组织形成后就难侵入。在微碱性土壤上发病较重，酸性土壤和湿度高的土壤上发病较轻。二季作区秋薯栽培的结薯期若遇上气温和土温偏高的时候，发病明显较春薯严重，播种期早的地块更是普遍发生。

【防治方法】防治马铃薯疮痂病应注意严格检疫，不要从病区调运种薯，防止种薯带菌。应选择无病田留种，繁殖无病种薯，提倡轮作，勿与根菜类蔬菜连作。不要在碱性土壤上种植秋薯，施用的有机肥应充分腐熟。秋薯栽培时应适当晚播，块茎膨大初期采取小水勤浇，保持土壤湿润。另外，可用药剂浸种，用0.1%升汞水浸种1.5 h，然后用水洗净催芽播种。秋耕时，每667 m^2 施入硫磺粉1.5～2 kg，进行土壤消毒。也可在播种前用对苯二酚100 g加水100 kg，配成0.1%的水溶液浸种30 min，捞出后晾干播种。其他防治方法同马铃薯环腐病。

150. 怎样防治马铃薯癌肿病？

【症状】癌肿病在世界上产马铃薯的国家普遍发生，损失很大，我国在西南地区发生，不抗病的品种感染了癌肿病，可造成毁灭性的损失，发病轻的减产30%左右，感染上病原菌的块茎品质严重变劣，臭烂，连猪饲料也不能充当，完全失去使用价值。这种病还侵害番茄、龙葵等。病菌在土壤中潜存多年，很难防治。马铃薯受害后，肿瘤遍及全株，除了根部外，都会形成大小不一的肿瘤，小肿瘤如油菜籽大小可长满薯块全身，甚至比块茎本身还大，可以大到百倍以上。瘤状组织初为黄白色，露出土表后变成绿色，后期变为黑褐色，腐烂，恶臭，贮藏期间继续侵染。

【病原】癌肿病病原菌属于真菌性菌属。癌肿病菌孢子在土壤中潜存的时间可长达20年以上，除了马铃薯块茎带病传播外，操作人员、农具、役畜等携带的有菌土壤均可能传播。病薯块和薯秧等混入堆厩肥中也会使肥料传病。癌肿病的休眠孢子抗逆性很强，80℃高温情况下可存活20 h，在100℃沸水中能存活10 min。游动孢子侵入块茎的适温为5～24℃，最适温度为15℃。在土壤湿度为最大持水量的70%～90%时，地下部发病最严重。

【防治方法】首先应严格检疫，对疫区严格封锁，病区种薯绝不能外调使用，病区土壤也不能外运。其次要选用抗病品种，如米拉、费乌瑞它等，其中以米拉的抗癌肿病性最好。另外，病田要长期与非茄科植物轮作。

151. 怎样防治马铃薯青枯病？

【症状】马铃薯青枯病以黄河以南、长江流域诸省发病最重。严重发病的地块损失产量达80%以上，属于毁灭性病害。马铃薯植株发病时首先出现一个主茎或一个分枝萎蔫青枯，其余枝叶照常生长，但不久也相继枯死。病菌是由维管束侵入茎内，从匍匐茎侵入块茎，脐部组织最先出现黄褐色病斑。切开后的薯块还可以看到从脐部到维管束环的病色症状，发病后期用手挤压块茎病处可出现乳状病液，但薯肉和皮层并不分离。染病重的薯块芽眼首先发病，不能发芽并导致全块腐烂。

【病原】该病原菌是细菌性青枯假单孢菌，菌体短杆状，单细胞，两端圆，单生或双生，大小为(0.9～2.0)μm×(0.5～0.8)μm，级生鞭毛1～3根，革兰氏染色阴性。主要通过块茎、寄生植物和土壤传病，播种时有病块茎可通过切块的切刀传给无病薯，种植的病薯也可通过根系互相传病；但种薯传病是最主要的，特别是潜伏状态的病薯，在低温下不表现症状，遇到高温、高湿则会大发展。

【防治方法】目前还没有免疫品种，需要综合防治。首先要选用抗青枯病的品种，如阿奎拉等。另外要使用无病种薯，在山区无病害的地方建立种薯基地，利用脱毒的试管苗生产种薯，供应各地生产用种。采取整薯播种，并实行轮作，消灭田间杂草，浅松土，锄草尽量不伤到根系，减少传病机会。要坚决避免病区调种。

152. 怎样防治二十八星瓢虫？

主要包括马铃薯瓢虫和酸浆瓢虫。前者又叫大二十八星瓢虫，后者又叫小二十八星瓢虫或茄二十八星瓢虫。马铃薯瓢虫主要分布在北方，以东北、华北和内蒙古为主；茄二十八星瓢虫以江南受害最重。

【形态特征】马铃薯瓢虫较大，成虫体长 7～8 mm，赤褐色，鞘翅基部 3 个黑斑，后方的 4 个黑斑不在一条线上，两鞘翅合缝处有 1～2 对黑斑相连。茄二十八星瓢虫较小，体长 6 mm，黄褐色，鞘翅基部 3 个黑斑，后方的 4 个黑斑几乎在一条直线上，两翅合缝处黑斑不相连。虫体均为半球形。马铃薯瓢虫的幼虫也较长，均为 9 mm，蛹长 6 mm，茄二十八星瓢虫的幼虫和蛹都较小。

【生活习性】两种瓢虫均以成虫和幼虫危害马铃薯叶片，幼虫在叶背啃食叶肉，仅残留一层表皮，老熟幼虫和成虫危害全部叶片，仅剩下主叶脉，还取食花瓣和萼片，严重时只剩下茎秆。在华北地区 5 月份开始活动，6 月上中旬为产卵盛期，6 月下旬至 7 月上旬为第一代幼虫危害期。8 月中下旬为第二代幼虫危害期。一共发生两代。茄二十八星瓢虫一年可发生3～6代。马铃薯瓢虫成虫必须取食马铃薯叶片才能顺利完成生活史。

【防治方法】由于其成虫和幼虫均有假死习性，可以拍打植株使之坠落到盆中，人工捕杀。产卵也是集中成块状在叶背上，且颜色鲜艳，易于发现，可及时摘除叶片。在收获后清除残株落叶，深翻土地，以消灭越冬成虫。药剂防治应在幼虫分散前施药，因为幼虫在2龄后才分散到其他叶片上为害，可用90%敌百虫或50%辛硫磷1 000倍液，或2.5%溴氰菊酯3 000倍液，或40%菊马乳油2 000～3 000倍液喷洒，效果不错。可以每隔6～7天喷药1次，连续喷施2～3次。

☞ 153. 怎样防治马铃薯块茎蛾？

马铃薯块茎蛾又名马铃薯麦蛾或烟潜叶蛾，主要为害茄科植物，但以马铃薯、烟草和茄子的受害最严重，其次是甜椒和番茄等，在我国马铃薯产区普遍发生，分布于西南、中南以及江西、安徽、河南、山西、陕西、甘肃、台湾等地。在西南地区发生较多，一年可发生6～9代。

【形态特征】成虫体长5～8 mm，灰褐色，前翅黄褐色或灰褐色，狭长，翅间稍向下弯，有长毛分布，后翅烟灰色，翅间柄状延伸，翅形略呈菜刀状。幼虫颜色不一，取食叶片的体色为青绿色，取食块茎的体色为灰白色，老熟幼虫长10～14 mm，头部棕褐色，前胸盾板和胸足为黑褐色，臀板为淡黄色。卵长0.5 mm左右，椭圆形，初产时为黄白色，卵后期演化为黑褐色并带有蓝紫色光泽。蛹长6～7 mm，圆锥形，藏于灰白色的茧中。

【生活习性】马铃薯块茎蛾主要以幼虫在窖藏薯块或田间遗留残薯以及附近残株中越冬，其蛹可以在墙壁缝隙中越冬，第二年3～4月份进入田间为害马铃薯植株，9～10月份开始越冬。其成虫昼伏夜出，有一定的趋光性，飞翔性较差；幼虫取食叶片，多潜入叶内，蛀食叶肉，可致使嫩茎与叶芽枯死或整株死亡，取食薯块是从芽眼潜入，可引起表皮皱缩，严重的会吃空薯块。卵主要在薯块芽眼、破损皮部、裂缝等处产出，该虫的抗寒性较差，冬季严寒年份发生较轻，涝年发生也较轻，干旱年份发生一般较重。马铃薯播种较浅、培土较薄时发生也较重。

【防治方法】贮藏入窖时应注意清洁窖室，用90%的敌百虫晶体200～300倍液或2.5%的溴氰菊酯2 000～3 000倍液喷洒消毒，晾干后再贮藏薯块，要关闭门窗，这样既可以防止成虫飞进去产卵，也可以把成虫挡在室外，严寒来临时即可冻死。另外可用药剂熏蒸的办法进行种薯消毒，每200 kg种薯均匀放入磷化铝片剂或粉剂1 kg，用塑料膜盖严杀虫，外界气温在20℃时盖3天，10℃时要盖5天。用二硫化碳时，每立方米种薯用药7.5 g，并在15～20℃室温下熏蒸70 min。此虫发生较多时，应在田间喷药防治，可用90%敌百虫或50%辛硫磷1 000倍液，或2.5%溴氰菊酯3 000倍液，或40%菊马乳油2 000～3 000倍液，每隔6～7天喷药1次，连续喷施2～3次，效果不错。

154. 怎样防治蚜虫？

【形态特征】蚜虫又叫棉蚜，属于同翅目蚜科，全国各马铃薯产区均有分布。除为害马铃薯外，也为害棉花、瓜类、豆类以及十字花科作物。主要是以成虫或若虫吸食嫩叶和嫩梢上的汁液，造成叶片卷曲畸形，并且传播病毒。一般无翅成蚜的体长为1.5～1.9 mm，体色夏季多为黄色，春秋季节多为蓝绿色或蓝黑色，表面有蜡粉覆盖。有翅成蚜的体长为 1.2～1.9 mm，体色为黄色或淡绿色，腹部背面两侧有 3～4 对黑斑，有的还带有 2～3 条黑色间断横带。卵为椭圆形，颜色为橙黄色至深褐色，并有光泽。

【生活习性】蚜虫属于两性生殖和孤雌生殖交替进行的害虫，每年春夏均进行孤雌生殖，秋末冬初进行两性生殖。每年发生20～30 代，以卵的形式藏在杂草堆中越冬。翌年春季孵化，在越冬杂草上繁殖几代后就开始产生有翅蚜迁飞到马铃薯等植物上为害。蚜虫繁殖的最适温度为16～22℃，气候和土壤干旱时容易使蚜虫大发生。当气温在 25℃以上，相对空气湿度达到 75％以上时能有效抑制蚜虫发生。另外大暴雨也可直接冲刷掉植株上的蚜虫，迅速降低虫口密度。

【防治方法】可利用食蚜蝇、瓢虫、蜘蛛、蚜茧蜂等蚜虫的天敌进行生物防治。药剂防治可用 40％的乐果 1 500 倍液，或 70％的灭蚜松 2 500 倍液或 2.5％的鱼藤精 600 倍液，或 40％的氰戊菊酯 6 000 倍液，或 20％的灭扫利乳油 2 000 倍液，或 2.5％的功夫乳油 4 000 倍液喷洒防治，一般在点片发生时施用效果较好。

地老虎、蛴螬、蝼蛄、金针虫等防治技术请参考山药一章的相关内容。

五、马铃薯贮藏与加工技术

155. 怎样进行室外沟藏？

这是一种秋季马铃薯收获后进行冬季贮藏的办法，各地普遍采用。沟的宽度多是1～1.5 m,深度为1～2 m ,长度可根据马铃薯的数量来决定。挖沟时可以上面宽一些,下面窄一些。沟挖好后还要在沟底铺上无病虫的玉米秸秆,厚约10 cm,也可以铺上5 cm厚的干沙。沟壁也要用玉米秸秆等将块茎与沟土隔开,以免薯块接触湿土发芽。一般1 m深的贮藏沟要码放薯块的高度应在70 cm左右。为通风散热,在摆放薯块时每隔2 m应埋一捆玉米秸秆,然后在薯块上面盖好秸秆,随着气温的下降,应在沟上将秸秆用木棍架起来,上面盖土,并随气温下降逐日增加覆土厚度。沟两边要留好出入口,因沟内湿度一般偏大,要随时检查,严格控制窖温,湿度大了很易发芽。出入口既是通风口,也是检查出入口,天气转凉时应注意封小出入口。

马铃薯贮藏的适温是1～4℃,切忌过高,因为6℃块茎即可发芽,低于0℃则会发生冻害。贮藏期最适宜的空气相对湿度是80%～85%,湿度高于此限薯块易发芽或发生腐烂,湿度过低时则会失水干缩。有的地方是分别摆放两层或三层,隔一层放一层干沙,沙厚10 cm左右,薯块厚30～40 cm,上面盖好稻草,并随着外界气温下降陆续盖土保温,一般覆土的厚度为60～80 cm,要求覆土总厚度不能少于当地冻土层。这种贮藏办法需要由有经验的老农严格把关。目前在我国中原地区采用此法的不少。

☞ 156. 怎样进行室内贮藏?

秋季马铃薯收获后,天气转凉,也可在室内贮藏,但对贮藏的要求是一样的。这就是说,在贮藏期间一定设法维持1～4℃的适宜温度和80%～85%的空气相对湿度。收获后在阴凉处堆晾6～7天,剔除病薯、烂薯、破伤薯和冻薯,将好薯贮于室内。下面铺好5 cm厚的干沙,上面摆放马铃薯，厚度一般不要超过 30 cm，因为块茎刚刚收获，呼吸作用还相当旺盛，只能薄一点，凉一点，避免过厚引起薯堆发热，造成烂薯，且应随时注意通风。

经过一段预贮之后，呼吸作用减弱，气温也不断下降，就可以堆厚一些。多数地区是在 12 月中下旬，将薯堆加大，高 80～90 cm，宽 150 cm，长度可随贮藏室的长度和薯块多少而定。然后在上面和四周用沙或土覆盖，厚度 10 cm。天寒地冻后，温度进一步下降，薯堆不能维持 1～4℃的适温，可在上面和四周继续加盖草毡，也可以将沙土加厚，以防受冻，不使温度降到 0℃。当然，温度过高时要随时撤除草毡和沙土，一旦超过 6℃，则会消耗过多的水分和养分，降低商品价值。通过休眠期的块茎便会发芽。

室内贮藏应注意创造黑暗条件，不使薯块在任何情况下见光。因为即使微弱的散射光线，块茎的表皮也会变绿，降低品质或失去食用价值。在中途搬运转销的过程中，也需注意避光保鲜。近几年我国产业化商品化生产发展很快，东北的马铃薯秋收后，大量运往华北和华南，在长途运销过程中，不仅要注意不要伤了薯块，也要严格按照贮藏保鲜的要求进行。

☞ 157. 怎样进行窖藏?

北方农家小窖都是个体贮藏，但也需符合马铃薯对贮藏条件的要求，秋季收获后堆放到接近 0℃才能入窖。入窖初期要加强通风，设法将温度降下来，最好降到 5℃以下。一般的甘薯窖不能进行马铃薯贮藏，因为马铃薯块茎超过 6℃就会发芽，而甘薯贮藏的适宜温度是 9～14℃。和甘薯放在一个窖中，马铃薯春季播种时，往往芽子过长，一般可长到 20 cm，耗去大量的水分和养分，生理上已经衰老，作种必减产，严重影响上市供应。

☞ 158. 怎样进行通风库贮藏？

随着马铃薯产业化经营的发展，各地建立起不少贮藏库，从而进一步使马铃薯的贮藏更加安全可靠。这样，收获的马铃薯只要稍晾一下即可入库，没有必要晾1周。库中病菌也少，事先已用福尔马林液熏蒸消毒。马铃薯要装筐码垛好，堆高1～2 m，宽2 m的薯堆应每隔2～3 m放一个垂直通风窗。

通风库贮藏过程中处理也很科学，为了更好地防止薯块发芽，延长贮藏期，块茎入库2个月后即要进行药剂处理。用98%萘乙酸甲酯150 g，溶于300 g丙酮或酒精中，再拌入10～12.5 g细土，均匀撒在薯块上，可处理5 000 kg的马铃薯。使用萘乙酸乙酯也可以。撒好药土后封盖一层纸或麻布，使药物在比较密闭的环境中逐渐挥发，抑制发芽。

作为抑制发芽的办法，还可以在收获前15天用0.25%的青鲜素水溶液进行田间喷雾。也可以在块茎收后用^{60}Co-γ射线（0.8万～1.5万伦琴）照射，均可延长贮藏时间。

☞ 159. 怎样进行夏季贮藏？

马铃薯二季作区的春薯栽培，收薯正处在炎热的夏季，一时不能上市的也需进行贮藏保鲜。夏季贮藏马铃薯的办法也可有室内贮藏、室外沟藏以及半地下室贮藏等，但与秋冬贮藏是不同的，应特别注意贮藏的场所要严格消毒，贮藏过化肥、农药、油类物品的地方，不能再贮藏马铃薯，也不能和葱蒜类蔬菜放在一起贮藏，否则易引起块茎腐烂。种薯贮藏不能放在低温处，准备秋播的马铃薯更应注意，以免到秋季播种时块茎没有度过休眠期，影响播种质量，不出苗或出苗晚，降低产量和品质。食用薯贮藏应尽量保持低温，尽量避光保存。设法降低自然损耗。长时间的见光薯块必然变绿，结果常使薯块食味发麻，甚至失去食用价值。

夏季贮藏一般都在薯堆上盖上薄薄的一层沙，也可盖些报纸或薄的草毡。室内贮存时白天应关闭窗户，并在窗户上搭上荫棚，避免烈日高温，晚上开窗通风。贮藏地面可铺干沙 5 cm，薯块精选后放在上面，厚度不要超过 30 cm，且应不断检查，随时剔除烂薯。夏秋季节，贮藏室温度往往在 30℃以上，必须设法通风降温，保持 25℃左右，相对湿度保持 80%左右。特别是贮藏前期，块茎呼吸作用旺盛，放出大量水分、二氧化碳和热量，会引起贮藏室的高温高湿，造成烂薯。所以通风降温，保持空气干燥非常要紧，最少每隔 20 天要全面检查一次，确保贮藏安全。

☞ 160. 怎样进行马铃薯简易加工？

马铃薯的贮藏保鲜目前还不能达到半年以上，长期贮存的困难很大，因此马铃薯的简易加工技术就显得相当重要，经过加工的马铃薯可延长保存 1～2 年，并可随时取用，方便快捷，有利于马铃薯周年均衡供应，也便于长途运输。良好的马铃薯加工方法，不但可以保存大量有效营养成分，还可以有效增加其色、香、味；另外，马铃薯加工制品还是许多工业生产的重要原料，目前的马铃薯加工技术正在朝着深度和广度的方向迅速发展。下面介绍 2 项农民易于掌握的实用加工技术。

(1)油炸马铃薯

选择淀粉含量多(一般要高于 13%)、还原糖含量低

（低于0.5%）、水分含量少的薯块，大小要整齐一致，不能有绿皮和芽子，去皮后洗净，按照不同规格尺寸切成不同形状的薯条或薯片，先放入沸水中烫漂，再用热空气吹干。油炸马铃薯一般用豆油和氢化的棉籽油的混合油，其他的油一般不用，炸好后捞出，沥干，冷却。

冷却后的油炸马铃薯应立即快速冻结，温度应在零下30℃以下，在冻结的条件下将马铃薯装袋，然后在-18℃的冷库中贮存。

（2）马铃薯淀粉

选择无病虫侵染的健壮薯块，用水洗净，再用磨碎机将块茎磨碎成马铃薯浆，然后用振动筛加水将马铃薯浆中的杂质筛出，淀粉液由筛孔渗下。淀粉液流进沉淀池中进行分离，淀粉沉淀在池底，残液分离出去。然后将池底的淀粉加入净水搅拌再进行沉淀分离，最后将淀粉乳剂灌入离心机中进行脱水，日光晒干或用干燥机烘干，干燥机的温度为70℃左右，干燥机干燥的时间为25～50 min。干燥后经过筛分即可包装入库。

参 考 文 献

1　程天庆. 马铃薯栽培技术. 2 版. 北京：金盾出版社，1996.
2　吴志行. 蔬菜生产手册. 北京：金盾出版社，1997.
3　赵冰. 五分钟学种蔬菜. 北京：中国农业大学出版社，2001.
4　赵冰. 山药栽培新技术. 北京：金盾出版社，1998.
5　赵冰. 山药无公害栽培技术. 北京：金盾出版社，2003.
6　赵冰. 蔬菜早上市栽培要点. 北京：科学出版社，1998.
7　赵冰. 随行就市蔬菜生产指南. 北京：中国农业出版社，2000.
8　赵冰. 薯芋类蔬菜高产优质栽培技术. 北京：中国林业出版社，2000.
9　赵冰. 蔬菜高品质栽培入门与提高. 北京：中国农业出版社，2001.
10　赵鸿钧. 塑料大棚园艺. 2 版. 北京：科学出版社，1994.
11　中国蔬菜，2001-2005.
12　长江蔬菜，2001-2005.